保全生態学の挑戦

空間と時間のとらえ方

宮下 直・西廣 淳 ［編］

東京大学出版会

Challenges for Conservation Ecology in Space and Time
Tadashi Miyashita and Jun Nishihiro, Editors
University of Tokyo Press, 2015
ISBN 978-4-13-060228-0

はじめに

　地球の歴史は46億年といわれている．その十数億年後に生命が誕生して以来，地球環境は生物の進化の歴史とともに大きく変化してきた．光合成をするバクテリアや植物が，酸素に満ちた大気とオゾン層を形成し，緑豊かで生き物にあふれる地球をつくりだしたのである．大規模な地殻変動や隕石の衝突などで，過去に5度の大量絶滅の洗礼を受けてきたが，そのたびに生物は進化と適応放散によって切り抜けてきた．現在，地球上には記録されているだけで180万種，おそらく実際には数千万種の生物が存在している．

　こうした「揺りかご」のなかで私たちヒトが誕生したのは，今から5万年ほど前である．アフリカに端を発したヒトは，数万年かけて南極を除く地球全土にその生活圏を広げるに至った．ヒトは長年，生態系の一構成員として，自然とうまく共存しながら繁栄の道を歩んできた．しかし，産業革命以降になるとそのバランスが崩れ始め，20世紀後半には森林の消失，水や大気の汚染，そして地球温暖化などで生態系は大きく劣化してしまった．こうした状況は今世紀になっても改善の兆しはなく，多くの生物種が危機的な状況に置かれている．ここ500年間で，わかっているだけで300種以上の脊椎動物が絶滅した．生物の個体数も減少が激しく，最近40年間で脊椎動物や昆虫は，およそ30-60%もその数を減じている．

　今，私たちは「第6の大量絶滅の時代」に突入しているといわれている．前回の大量絶滅は，白亜紀末の隕石の衝突による恐竜たちが滅んだイベントであり，この表現はやや大げさに思えるかもしれないが，じつはそうでもない．恐竜が完全に滅んだのは，隕石衝突から数万年も後だったと推定されており，意外と緩やかなペースだったことがわかっている．もし近い将来，たとえば200年のうちに，IUCN（国際自然保護連合）で指定されている絶滅危惧の脊椎動物の種がすべていなくなれば，過去5回の大量絶滅に匹敵する絶滅速度に達するという．絶滅危惧種は本来，絶滅の可能性があるのだから，これは杞憂とはいえないだろう．

　だが，今ならまだ手遅れではない．絶滅の崖っぷちで踏みとどまることは十分可能であり，それこそが過去5回の大量絶滅とは根本的に違う点である．そ

れを実現するには，自然環境の劣化や生物多様性の減少を引き起こしている直接要因や背景要因を科学的に評価し，社会と連携しながら実効性のある対応策を模索していくことが急務である．日本は食料や木材の自給率が低く，アジアをはじめとする他国へ負荷をかけて発展し，今日が成り立っている．日本の森林面積が過去 60 年以上にわたって 68% 前後で維持されているのはその表れであり，私たちにはグローバルな視点から生物多様性の保全に取り組む責務がある．

保全生態学は，そうした時代の要請から生まれた学問である．わが国では，『保全生態学入門──遺伝子から景観まで』（鷲谷いづみ・矢原徹一著，1996 年，文一総合出版）が契機となり，生物多様性や生態系の保全にかかわる研究や，それを標榜する研究者の数が飛躍的に増えた．その後 2010 年に開かれた「第 10 回生物多様性締約国会議」（COP10）により，保全生態学の社会的認知度はさらに高まってきている．そうしたなか，2009 年から 5 年間，九州大学と東京大学の連携による「自然共生社会を拓くアジア保全生態学」（代表：矢原徹一，副代表：鷲谷いづみ）というプログラムが実施された．世界でもっとも高い生物多様性を持ち，劇的な経済成長を遂げているアジアを対象に，遺伝子から生態系までを含む学際的かつ実践的な研究や教育を行うプログラムである．

保全生態学が扱う課題は，ここ 10 年ほどで多様化してきている．生息地の破壊や汚染，外来種の影響はもとより，シカなどの野生動物の急増，人口減少に起因する耕作放棄地の増加など，人為の間接的な影響が顕在化している．また，狭義の保全に加え，農林水産物の持続的な利用や生産についての研究も保全生態学の範疇となっている．さらに，地球温暖化や貿易による生物多様性への負荷など，国際的な取り組みが必須となる課題も重要度を増している．これらの課題を解決するには，旧来の保全生態学が扱ってきた空間と時間の軸を拡張した新たな視座が求められる．

本書では以上の背景をふまえ，「アジア保全生態学」のプログラムで取り組んできた研究課題を中心に，若手・中堅研究者を執筆者とした保全生態学の新たな挑戦を紹介している．

第 I 部は，空間スケールの視点を軸に据えた内容で構成されている．ここでいう空間の視点は，たんにいろいろな場所や地域で研究を行うこととは違う．空間的な「つながり」の重要性を強く意識し，問題解決につなげようとしている点が肝である．つながりの発想自体は，生態系ネットワークに代表されるように必ずしも斬新とはいえない．だがここで強調したいのは，表層的な概念論

ではなく，問題の発見から解決法の提示に至る過程で明らかになった自然と社会の双方を含んだ具体的なつながりである．ウナギや渡り鳥，国境を超えた大気汚染から明らかになった課題は，国家間での協働や協調の必要性を強く示唆している．また，淡水魚類類の多様性維持にとって，河川内外の環境とのつながりが正にも負にも効くという状況依存性は，今後の生息地の保全や再生のあり方を考えるうえで重要な視点であろう．さらに，農地の外側の土地利用も含めた広域害虫管理は，コンフリクトの生じがちな供給サービスと調整サービスの両立に貢献できる可能性がある．

　第II部では，時間スケールの視点を中心に取り上げている．ここでも，たんに長期間の研究が必要だという一般論を取り上げることが目的ではない．生態系の状態は時間とともに非線形に，ときとして突発的に変化する．こうした時間的変化は，社会の状態にも共通して見られる．保全生態学は社会の要請に応えるための実践的な学問だから，長期戦が必至なことが多く，良きにつけ悪しきにつけ，予期せぬ結果に出会うこともある．しかし，これは完全な予測不能性を意味しているわけではない．東南アジアの熱帯林の回復過程や，シカ問題の解決への道，外来種マングース駆除の道のりは，いずれも生態系と人間社会の相互関係から生じる非線形な振る舞いを示しているが，丹念に分析すれば，それなりに合理的な説明ができる．時間的な非線形性は，生物側に内在する寿命や分散制限などによるタイムラグも関与している．草原や分断化景観，富栄養化した湖沼で見られる時間遅れの効果を予知できれば，生態系の再生も可能である．もちろん，不確実な将来を予測するには，モニタリングデータを用いたモデリングが有効になるはずだ．

　保全生態学の課題は，生態系や社会の状況によって時間とともに変化する分野である．これは問題解決型の学問の宿命ともいえる．本書が，新たな視点の提供や問題提起となり，生物多様性の保全と持続的利用の実現に少しでも貢献できることを祈念している．

　　2015年4月

宮下　直

目　次

はじめに……………………………………………………………………………i

第Ⅰ部　空間スケール

第1章　東アジアのつながり
　　　　──ニホンウナギの保全と持続可能な利用……………………3
1.1　ニホンウナギの生態……………………………………………………3
　　　(1) ニホンウナギの生活史　3　　(2) 川のウナギと海のウナギ　6
　　　(3) ニホンウナギの個体群構造　8
1.2　ニホンウナギの現状……………………………………………………10
　　　(1) ニホンウナギの減少　10　　(2) 減少の理由　11
　　　(3) 現在とられている対策　13
1.3　保全と持続可能な利用に向けて………………………………………15
　　　(1) ニホンウナギ保全のむずかしさ　15
　　　(2) サンクチュアリか，広域にわたる保全か　15
　　　(3) 東アジアの協働へ向けて　16

第2章　渡り鳥のつながり──クロツラヘラサギが結ぶアジア………22
2.1　「生命のゆりかご」──干潟-沿岸湿地生態系……………………22
2.2　クロツラヘラサギと沿岸湿地…………………………………………23
　　　(1) クロツラヘラサギの生物学　23
　　　(2) 注目されるクロツラヘラサギ──世界一斉個体数調査　24
　　　(3) 干潟生態系のシンボル──繁殖地と越冬地　25
2.3　宇宙から鳥の移動を見る………………………………………………26
　　　(1) 広域移動する個体の追跡　26　　(2) 日韓共同プロジェクト　28
　　　Box-2.1　衛星追跡──アルゴスシステムとGPS　27
2.4　アジアを結ぶ──見えてきた渡りのルート…………………………29

          (1) 内陸で越冬？——明らかとなった意外な生息地 29
          (2) 「繁殖地」と「越冬地」を結ぶ「中継地」34
          (3) 1日の個体の動きを追う 35
     2.5 渡り鳥でつながる湿地——国を超えるネットワーク……36
          (1) 東アジア・オーストラリア地域フライウェイ 36
          (2) 干潟の「つながり」の消失はなにをもたらすか 37

第3章 大気と水のつながり——国境をまたぐ汚染と流域圏管理……40
     3.1 東アジアにおける越境大気汚染——国と国のつながり……40
          (1) 東アジアにおける窒素汚染の増加 40
          (2) 日本に運ばれる大気汚染物質 42
          Box-3.1 輸送中における汚染物質の化学変化 42
     3.2 流域生態系への影響——森-川-海のつながり……………43
          (1) 窒素がなぜ「悪」なのか——生態系，生物多様性への影響 43
          (2) 森林のメタボ化——森林の窒素飽和 46
          (3) 森林が下流域・海域の水質に与える影響——博多湾流域の事例 46
          Box-3.2 生態系における窒素循環 44
     3.3 流域圏管理における新しい課題………………………………49

第4章 ヒトと淡水魚類のつながり
          ——東・東南アジアの生物多様性………………………………53
     4.1 局所スケール……………………………………………………53
          (1) 河川の瀬淵構造が支える魚類多様性 53
          (2) 護岸や直線化により失われる生態的機能 56
     4.2 流程スケール……………………………………………………56
          (1) 水質汚染がもたらす魚類多様性の劣化 56
          (2) 濁度と魚類多様性 58   (3) 大型ダムの影響 58
     4.3 生態系スケール…………………………………………………59
          (1) 氾濫原——淡水生物の揺籃の地 59
          (2) 熱帯泥炭湿地——黒い水が育む特異な生物多様性 59
          (3) 大規模プランテーション 61
     4.4 人間と魚の直接的な関係………………………………………62

　　　　　（1）食料としての淡水魚類 62　　（2）外来魚の影響 64
　　　　　（3）希少魚と観賞魚 65
　　4.5　実践的なアジア淡水魚類多様性保全へ向けて……………65

第5章　河川のつながり——淡水魚類の移動と分散………………69
　　5.1　淡水魚類の地理的分布を規定する要因…………………69
　　　　　（1）本来の日本の河川環境 69
　　　　　（2）淡水魚類の地理的分布パターン形成機構 71
　　5.2　淡水魚類の減少と絶滅を引き起こす要因………………73
　　　　　（1）「タテ方向」の連結性の喪失 73
　　　　　（2）「ヨコ方向」の連結性の喪失 74
　　5.3　河川の空間要因を考慮した淡水魚類の保全・再生策……74
　　　　　（1）「タテ方向」の連結性の改善策 74
　　　　　（2）「ヨコ方向」の連結性の改善策 76
　　　　　（3）改善の際の留意点 77
　　5.4　淡水魚類の生息場所としての河川空間環境の将来展望……77
　　　　　（1）先行事例の参照 77　　（2）目標となる魚類相の検討 80

第6章　水田と周辺環境のつながり——稲害虫の広域管理…………86
　　6.1　水田と生物多様性…………………………………………86
　　6.2　水田におけるIPM…………………………………………88
　　6.3　水田における害虫と農薬の変化…………………………89
　　　　　（1）斑点米カメムシの台頭——スペシャリストからジェネラリストへ 89
　　　　　（2）新たな化学農薬ネオニコチノイド 92
　　　　　Box-6.1　スペシャリストとジェネラリスト 90
　　6.4　ランドスケープを視野に入れた害虫管理…………………94
　　　　　（1）生物的防除から広域害虫管理へ 94
　　　　　（2）分断化の効果による広域管理 96
　　　　　（3）見直される「分断化」の効果 99
　　　　　Box-6.2　分断化と個体群サイズの非線形性 97
　　6.5　農業政策と広域管理………………………………………100

第 II 部　時間スケール

第 7 章　熱帯林の消失・回復と時間
──過去を復元し現在の多様性を知る……………………………109

7.1 過去 20 年間の東南アジアにおける熱帯林消失と社会的背景……………………………109
(1) 世界のなかでの東南アジア熱帯林　109
(2) 熱帯林が増加している国と減少している国──その社会的背景　110

7.2 カンボジアの生物多様性と種同定………………………113
(1) 東南アジアにおけるカンボジアの生物多様性　113
(2) DNA バーコーディング　115
(3) カンボジアのコンポンチュナン州，コンポントム州での適用例　115
(4) 種多様性と系統的多様性の違い　117

7.3 カンボジアのコンポントム州における過去 12 年間の森林動態……………………………117
(1) 12 年間の森林動態（違法伐採，枯死，新規加入）　117
(2) 違法伐採，枯死，新規加入の多様性への影響　119
Box-7.1　種多様性と系統的多様性　118

7.4 カンボジアの生物多様性の維持・回復に向けて…………121
(1) 違法伐採に影響を与える要因　121
(2) 熱帯林の回復に向けて　121

第 8 章　ヒトとシカの時間──屋久島の生態系とシカ個体群変遷……126

8.1 ヒトとニホンジカ…………………………………126
(1) ニホンジカの個体数増加とその影響　126
(2) シカの個体群管理　129

8.2 ニホンジカの歴史と生態………………………………130
(1) ニホンジカの移住の歴史と地理的分化　130
(2) シカの生命表　132

8.3 ヤクシカについて…………………………………135

　　　　（1）ヤクシカの特徴・起原　135
　　　　（2）屋久島生態系とヤクシカ　137
　　　　（3）ヤクシカの個体数変遷　138
　　　　（4）1990年代以降のヤクシカ急増について　141
　　　　（5）2010年以降の捕獲活動による効果　142
　　　　（6）ヤクシカによる影響　143
　　　　（7）ヤクシカの個体群管理の行方　144

第9章　外来生物対策と時間──マングース対策と在来種の回復⋯150
　9.1　マングースによる島の生物への甚大な影響⋯⋯⋯⋯⋯⋯150
　9.2　フイリマングースの影響が強い理由⋯⋯⋯⋯⋯⋯⋯⋯⋯152
　9.3　マングース駆除対策の到達点と4つのブレイクスルー⋯154
　　　　（1）救世主から害獣へ　155
　　　　（2）報奨金制度から雇用従事者制度へ　156
　　　　（3）生け捕り罠から捕殺罠へ　156
　　　　（4）混獲致死ゼロの呪縛からの脱却　157
　　　　（5）第5のブレイクスルー　158
　9.4　衰退から回復へ──ようやく得られた喜ばしい一成果⋯159
　　　　（1）マングース駆除の劇的な効果　159
　　　　（2）マングースを減らせても回復が見られない地域　160
　　　　（3）回復傾向の高止まりをどう説明するか──回復度の評価基準
　　　　　　の提示　161
　9.5　理解されなかったマングース対策の成果⋯⋯⋯⋯⋯⋯⋯163
　　　　（1）行政事業レビューでのまさかの低評価　163
　　　　（2）"成果"を説明する大切さ，むずかしさ　164
　9.6　保全策と時間⋯⋯⋯⋯⋯⋯⋯⋯⋯⋯⋯⋯⋯⋯⋯⋯⋯⋯166

第10章　地域的な絶滅と時間
　　　　──景観変化が引き起こす絶滅の遅れ⋯⋯⋯⋯⋯⋯⋯170
　10.1　「過去を知る」ことの重要性⋯⋯⋯⋯⋯⋯⋯⋯⋯⋯⋯⋯170
　　　　（1）過去の記憶　170　　（2）絶滅の負債（extinction debt）　171
　　　　（3）保全上の重要性　173
　10.2　絶滅の遅れはなぜ生じるのか⋯⋯⋯⋯⋯⋯⋯⋯⋯⋯⋯174

　　　　（1）絶滅の遅れが生じるメカニズム　174
　　　　（2）タイムラグの長さに影響を与える要因　175
　　　　（3）「絶滅の負債」の検出方法　176
　　10.3　国内での研究事例——里山に生育する草原生植物の
　　　　　絶滅の遅れ……………………………………………178
　　10.4　保全への示唆……………………………………………180

第11章　湖沼生態系回復と時間——タイムラグと不可逆性………184
　　11.1　湖沼生態系における水生植物……………………………184
　　　　（1）水生植物の機能　184　（2）水生植物の衰退　185
　　11.2　環境変化にともなう水生植物の衰退と回復……………187
　　　　（1）フーア湖（Lake Fure）の長期モニタリング　187
　　　　（2）水生植物回復のタイムラグと不完全性　188
　　　　（3）種組成変化の不可逆性の要因　189
　　11.3　散布体バンクの動態と寿命………………………………191
　　　　（1）散布体バンクの動態　191　（2）湖沼の散布体バンク評価　192
　　　　（3）再生可能性に影響する要因　193
　　　　（4）植生再生への示唆　195
　　11.4　保全への示唆……………………………………………196

第12章　草地生態系回復と時間
　　　　——乾燥地の土地荒廃からの回復可能性………………199
　　12.1　乾燥地域の草地生態系とは………………………………199
　　　　（1）乾燥地の分布と特徴　199
　　　　（2）乾燥地における土地利用　200
　　12.2　土地荒廃にかかわる概念…………………………………201
　　　　（1）土地荒廃とは　201
　　　　（2）急速に起こる土地荒廃——レジームシフト　202
　　　　（3）土地荒廃からの回復のむずかしさ——ヒステリシスと不可逆
　　　　　　性　203
　　12.3　土地荒廃からの回復を検証した研究の紹介……………204
　　　　（1）撹乱の排除のみ　205　（2）多種との競合緩和　205

　　　　（3）土壌環境のモニタリング　206
　　12.4　生態系の修復へ向けた回復の枠組み……………………207
　　　　（1）生態系の状態と回復にかかる時間　207
　　　　（2）降雨の変動性と回復　208　　（3）生態系の修復へ向けて　209

第13章　予測と時間──生物多様性保全におけるモニタリング………214
　　13.1　モニタリングと予測…………………………………………214
　　13.2　一般化状態空間モデル………………………………………215
　　13.3　個体群増加率に影響を与える要因を明らかにする………222
　　13.4　捕獲データから個体数や捕獲の効果を推定する…………224
　　13.5　在不在データからメタ個体群の移入率・絶滅率を
　　　　　推定する………………………………………………………228
　　13.6　保全への示唆…………………………………………………229

おわりに………………………………………………………………………233
索　引…………………………………………………………………………235
執筆者一覧……………………………………………………………………240

I
空間スケール

第1章
東アジアのつながり
ニホンウナギの保全と持続可能な利用
海部健三

　陸水生態系の上位捕食者として重要な野生生物であると同時に，人気の高い水産資源であるニホンウナギはマリアナ諸島北西海域で産卵し，東アジアの沿岸域および河川で成長する降河回遊魚である．日本における本種の漁獲量は，1980年から2010年までの30年間で約10分の1にまで落ち込んだ．2013年2月に環境省によって日本国内の絶滅危惧種（IB類）に指定されただけでなく，2014年6月にはIUCN（国際自然保護連合）により，国際的な枠組みのなかでも絶滅危惧種（Endangered）に指定された．本種を保全し，持続的に利用するためにも早急な対応が求められるが，対策は遅々として進んでいない．その理由として，本種が単一の任意交配集団であるにもかかわらず，その成育場が東アジア全域の国や地域にまたがっていることがあげられる．ニホンウナギは，広大な空間スケールにわたって分布する国際的な共有資源であり，実効力のある保全策を実現するためには，本種分布域の国や地域全体による協働が欠かせない．本章では，ニホンウナギの保全と持続可能な利用について，現在の課題を整理するとともに，その生態的特徴から，今後のニホンウナギの保全と利用のあり方について議論する．

1.1　ニホンウナギの生態

　ウナギ属魚類の特徴である「降河回遊」を理解することなしに，本種の保全について考えることはできない．本節では，本種の生活史と多様な生息域利用および個体群構造の特徴を，その回遊生態と結びつけながら紹介する．

（1）　ニホンウナギの生活史

　魚類のうち，海水と淡水という質的に異なる2つの空間を利用することによってその生活史を完結させるものを，通し回遊魚という．通し回遊魚のうち，

本章で取り上げるニホンウナギ（*Anguilla japonica*）のように海水域で産卵し，淡水域で成長するものを降河回遊魚，サケ（*Oncorhynchus keta*）のように淡水域で産卵し，海水域で成長するものを遡河回遊魚といい，海水域と淡水域のどちらかを産卵および主要な成長の場としながら，生活史のごく一部をもう片方の空間で過ごす魚類を両側回遊魚と呼ぶ．

降河回遊魚であるニホンウナギの産卵場がマリアナ諸島の北西海域にあることが確認されたのは，1991年であった（Tsukamoto 1992）．この海域で生まれたニホンウナギは，レプトセファルスと呼ばれる葉形の仔魚に変態し，北赤道海流によって西に流される（図1.1）．その後，フィリピン沖で黒潮に乗り換えることに成功した個体は，東アジアの成育場へたどりつく（Kimura *et al.* 1994）．東アジア付近で全長約6 cm，細長いウナギ形だが色素を持たず透き通っているシラスウナギに変態したニホンウナギは韓国，北朝鮮，台湾，中国，日本などの沿岸へと近づくと，河口付近に着底して浮遊・遊泳生活から底生生活へと移行し，その後成長とともに上流または下流方向へ分散すると考えられる（Kaifu *et al.* 2010；図1.2）．この時期の個体は黄ウナギと呼ばれ，成長期にあたる．河口から上流方向へ移動した個体はそのまま淡水域へ侵入するが，下流方向へ移動した個体は，汽水域または海水域で成育期を過ごす．ニホンウナギは一般的に海水域で産卵し淡水域で成長する降河回遊魚と考えられているが，一部の個体は淡水域には侵入せずにその一生を終えることになる（Tsukamoto and Arai 2001）．

ある程度以上の体サイズに成長した個体は，成熟を開始するとともに胸鰭や胴体の体色が黒くなる．この時期の個体は銀ウナギと呼ばれる（Okamura *et al.* 2007）．銀ウナギは晩秋から初冬にかけて川を下り，マリアナ諸島北西海域の産卵場を目指して産卵回遊を開始する．銀ウナギの平均年齢は，オスで着底後約10年，メスで約8年であり（Yokouchi *et al.* 2009；浜名湖での研究例），体長はメスで大きく（平均659.3 mm），オスで小さい（平均527.7 mm）．

一生のなかで1回のみ産卵し，産卵を終えた個体はそのまま死亡すると推測される（たとえばBarbin and McCleave 1997）．生まれた卵は1日半程度で孵化し，新しい生活史をスタートさせる．産卵場へ向かった銀ウナギがたどる経路に関する研究はまだ緒についたばかりであり，その全貌は明らかにされていない（Manabe *et al.* 2011）．しかし，2008年に産卵海域で親魚が捕獲されたことにより，親魚に関する研究は飛躍的に進んだ（Tsukamoto *et al.* 2011）．ニホンウナギ研究のなかでも，今後のさらなる発展が期待される分野である．

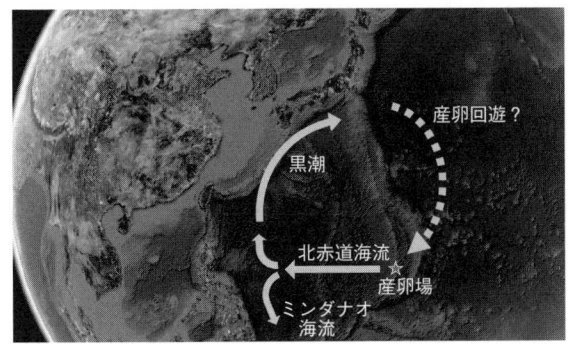

図 1.1 ニホンウナギの産卵場と回遊ルート．産卵場で生まれたニホンウナギは，レプトセファルスとなって北赤道海流により，西へ流される．その後，一部は黒潮に乗って北上し，シラスウナギとなって東アジアへたどりつくが，ミンダナオ海流によって南方へ流されたものは，死滅すると考えられている．東アジアの沿岸や河川に侵入したウナギは，黄ウナギとして数年から十数年を過ごし，ある程度以上の大きさにまで成長すると，銀ウナギになって産卵場へ旅立つ（画像は google earth）．

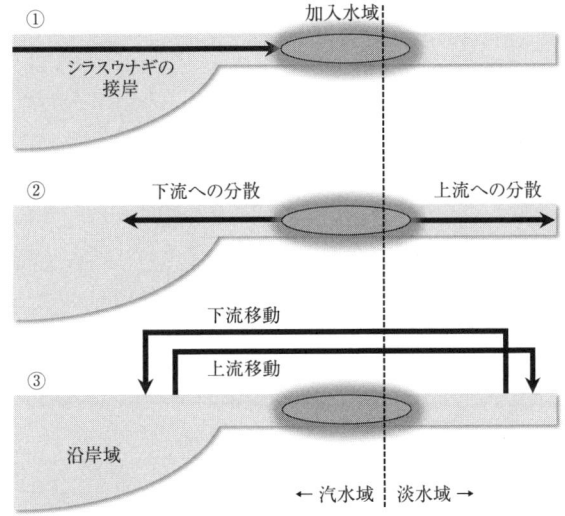

図 1.2 ニホンウナギ加入後の移動分散過程．①外洋から接岸したシラスウナギは，河川河口域に侵入，着底する．②色素が定着し黄ウナギとなった後に，成長しながら上下流方向へと分散する．③一部の個体は河川から沿岸へ，または沿岸から河川へとダイナミックに移動する（海部 2011 より改変）．

(2) 川のウナギと海のウナギ

耳石解析

ニホンウナギは降河回遊魚であるが,一部の個体は淡水域に侵入することなく成熟を開始する(Tsukamoto and Arai 2001).河口域や沿岸域の塩分を含む水のなかにニホンウナギが生息していることは,古くから知られていた.しかし,淡水域と汽水域の利用パターンの個体差まで明らかになったのは,耳石の微量元素分析がウナギ属魚類に応用されるようになってからのことになる.

耳石は平衡感覚や聴覚などに関係する,内耳の一部を構成する硬組織で,炭酸カルシウムを主成分としたアラゴナイト結晶(あられ石)である.耳石は体成長とともに大きくなるが,体成長が停滞する時期は耳石の成長速度も遅くなるため,体成長の速度と相関した輪紋が形成される.耳石輪紋は体成長の日周性や年周性を反映して日周輪または年輪となり,日齢および年齢を推測するための重要な情報を提供する.また,耳石が成長するときには,古い組織が代謝されることなく新しい組織が表層に堆積するため,生まれてから死ぬまでのそれぞれの時期に取り込まれた物質が残されるという特徴がある.

ストロンチウム(Sr)は,カルシウム(Ca)と同族でよく似た物理化学的性質を持つため,環境水中のストロンチウムは,カルシウムと同じように耳石を形成する材料として利用される.淡水と海水を比較すると,一般的に淡水でストロンチウムは少なく,海水で多いため,耳石のストロンチウムとカルシウムの比(Sr/Ca比)は,淡水生活期に形成された部分よりも,海水生活期に形成された部分で高い.このことを利用すると,ある個体が淡水域に生息していたのか,汽水・海水域に生息していたのか,または何歳のときに一方の生息域から他方の生息域へと移動したのか,その回遊履歴を復元することが可能になる(図 1.3).魚類の耳石解析については,大竹(2010)にくわしい.

淡水と塩水に生息するウナギの相違

Sr/Ca比に着目した耳石微量元素解析を利用してニホンウナギの回遊履歴を調べると,汽水・海水域に生息する個体の割合は,淡水域に生息する個体数に対して,けっして低くないことがわかってきた.たとえば愛知県三河湾で行われた調査では,定置網で捕獲されたニホンウナギの銀ウナギ198個体のうち,83.3%が海水域または汽水域で成長期の一部または全部を過ごしていた(Kotake et al. 2005).ニホンウナギの保全は,淡水域に生息する個体のみでな

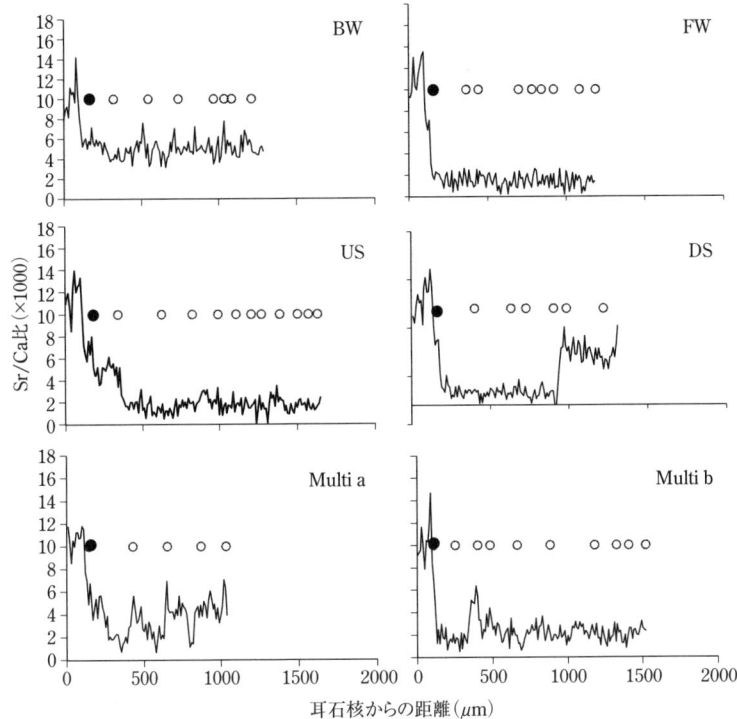

図 1.3　ニホンウナギ耳石の Sr/Ca 比．●は着底時期，○は着底から 1 年後，2 年後，3 年後を示す．BW：汽水着底個体，FW：淡水定着個体，US：汽水→淡水移動個体，DS：淡水→汽水移動個体，Multi：複数回移動個体（Kaifu et al. 2010 より改変）．

く，汽水・海水域に生息する個体の保全も重要であることが示唆される．

　淡水域に生息する個体と汽水・海水域に生息する個体には，いくつかの相違点がある．まず，淡水域に生息する個体よりも汽水域に生息する個体で成長速度が速い（Kaifu et al. 2013b；図 1.4）．これはウナギ属に共通した特徴である．筆者らの研究からは，成長速度が異なる要因として，汽水域において，体重あたりの 1 日の摂餌量が多く，年間の活動期間が長いことが関係していると示唆されている（Kaifu et al. 2013b）．そのほかにも，塩水適応のために汽水域では成長ホルモンが多く分泌されるなど，内分泌系の挙動の違いが成長速度の相違に関与していることも考えられる．成長の速い汽水域の個体は，淡水域の個体と比較してより早く銀ウナギに変態し，産卵場へと向かうことが，最近の調査研究によって示されている（海部 2011；Sudo et al. 2013）．汽水・海水域に

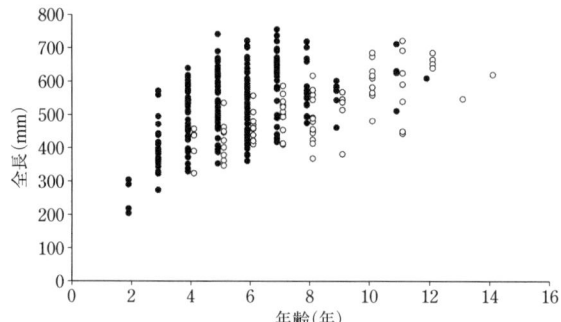

図1.4 淡水域と汽水域のニホンウナギの成長．●：汽水域，○：淡水域．岡山県児島湾・旭川水系における研究より（Kaifu et al. 2013b）．

生息する個体は，個体数が多く，再生産が可能になるまでの期間が短いため，個体群のなかでの再生産への寄与率が高い可能性がある．

（3） ニホンウナギの個体群構造

多くの生物種は，ある程度空間的に隔離されながらも，遺伝的な交流を維持した集団の集合体（生態学的にはメタ個体群）として存在している．しかし，ニホンウナギでは状況が異なる．Han et al.（2010）はニホンウナギの集団構造を明らかにするために，台湾，中国，韓国，日本の合計9河川で採集された総計1770個体のシラスウナギのマイクロサテライトを比較した．その結果，河川間で遺伝的分化の度合いは非常に小さく，本種は単一の任意交配集団であると結論づけている．その後，Minegishi et al.（2012）は，シラスウナギ724個体のマイクロサテライトを用いてニホンウナギの集団構造を検討し，Han et al.（2010）の結論を支持する結果を得ている．

ニホンウナギと同様に，ヨーロッパウナギ（*Anguilla anguilla*）でも河川間での遺伝的分化などの明確な構造は発見されておらず，種全体が単一の任意交配集団を形成していると考えられている（Dannewitz et al. 2005；Palm et al. 2009）．これに対して，インド洋西部から太平洋東部まで世界的に広く分布するオオウナギ（*Anguilla marmorata*）は，少なくとも4つの繁殖集団から成り立っていると報告されており（Minegishi et al. 2008），同じウナギ属魚類であっても，種によって集団構造が異なっていることが確認されつつある．

東アジア全域に広がる広大な分布域を持ちながらも，ニホンウナギが単一の任意交配集団を保つことができる理由は，その回遊生態にあると考えられてい

る．たとえ東アジアのなかのある成育場において，その地域に特有の選択圧によって生残個体に遺伝的な偏りが生じたとしても，単一の産卵場においてさまざまな生育場に由来する個体が交配し，その子孫が再度成育場へ受動的に輸送されることによって，遺伝的な偏りは均質化される（Minegishi et al. 2012）．外洋に産卵場を持ち，沿岸に成育場を持つ降河回遊生態によって，ニホンウナギの広大な分布域と均質な集団構造は両立していると推測される．

コモンズの悲劇

　漁業資源として考えた場合，東アジア全域に分布しながらも単一の任意交配集団を形成しているニホンウナギはどの国家にも帰属しない，東アジア全体の共有資源であるといえる．共同利用されている牧草地などのように，所有者が特定できない共有資源は過剰な利用によって枯渇しやすい（Hardin 1968）．この傾向は「コモンズの悲劇」（または「共有地の悲劇」）として広く知られているが，国境を超えて分布するウナギ属魚類では，国際的スケールでの「コモンズの悲劇」が生じていると考えられる．たとえば，ヨーロッパウナギはヨーロッパおよび地中海沿岸諸国に広く分布しているが，近年の急激な減少を受け，IUCNのレッドリストで最高ランクの絶滅危惧 IA 類（CR）に分類されている．2007 年には CITES（通称ワシントン条約）の附属書 II に掲載され，国際的な取引が管理されるようになった．しかし，当事者国の許可さえあれば取引は可能であるため，EU は同種の保全を目的として，2010 年に EU 域外とのヨーロッパウナギの取引を禁止した．ところが，EU に加盟していない国は，国の許可さえ得られれば輸出が可能なため，現在も多くのヨーロッパウナギが地中海沿岸の非 EU 諸国から東アジアへと輸出されている．この状況だけでも十分に「コモンズの悲劇」が生じているといえるが，実際には EU 諸国からも相当量のヨーロッパウナギが域外へと輸出されており，非 EU 諸国のみが非難されるのは正当ではない．たとえば EU 加盟国のなかでもフランス，イギリス，スペインなどでは現在も年間合計で数十トンのシラスウナギが漁獲されている．暫定的な数値とはいえ，2013 年には漁獲されたシラスウナギのうち 43％に相当する 27 トン以上が「喪失（loss）」と報告されている（ICES 2013）．喪失したとされたシラスウナギが非正規に EU 域外へと輸出されていることは，想像に難くない．以上のように，EU 域内および域外において，もはや持続的ではないことが明白な資源に対する，際限のない利用が続けられている．

ヨーロッパウナギと同様に単一の任意交配集団を形成し，東アジアの共有資源であるニホンウナギにも，同じく「コモンズの悲劇」が生じているのではないだろうか．このことに関する議論は 1.3 節でくわしく行う．

1.2　ニホンウナギの現状

（1）　ニホンウナギの減少

2013 年 2 月 1 日，環境省は第 4 次レッドリストに，ニホンウナギを絶滅危惧 IB 類として加えたことを発表した．それまでは情報不足に分類されていたニホンウナギだが，一転して絶滅リスクが高いと判断されたことになる．また，IUCN は 2014 年 6 月に発表した "The IUCN Red List of Threatened Species" で，本種を絶滅危惧種のうち Endangered に指定している．環境省の絶滅危惧 IB 類と IUCN の Endangered は，どちらのリストにおいても絶滅危惧種のうち 2 番目に絶滅リスクが高いとされているカテゴリーである．

環境省レッドリストや IUCN Red List にニホンウナギが掲載されるにあたって参考にされたおもなデータは，農林水産省が公表している全国主要河川および湖沼におけるウナギの漁獲量である（農林水産省大臣官房統計部 1956-2010 より；図 1.5）．環境省は，この漁獲量データにもとづき，過去 3 世代におけるニホンウナギの減少率が 50% を上回っていると判断した．IUCN では，日本の河川におけるウナギ漁獲量のほか，日本国内の各県・各水系のウナギ漁獲量，日本の天然産種苗（おもに養殖のために漁獲されたシラスウナギ）漁獲量，および中国と台湾のシラスウナギ漁獲量などのデータを用い，多角的な解析を試みている．なお，世代時間について，環境省では 1 世代時間を 4 年から 15 年，3 世代時間を 12 年から 45 年と設定している．一方で IUCN は世代時間の長いメスを基準とし，メスの平均世代時間を 10 年，メスの平均三世代時間を 30 年と設定している．

利用された漁獲データは，内水面漁業協同組合に対するアンケートにもとづいて作成されており，このデータから下された判断が正しいのかどうか，議論の余地もある．しかし，養殖に用いられる天然種苗のシラスウナギは，品不足に起因する異常な価格高騰（2013 年は 1 kg あたり約 250 万円）を示しており，また最近では，ニホンウナギの分布域が縮小を始めているとの推測もある（小島ほか 2012; Kaifu *et al.* 2014）．その程度を正確に把握することは困難だが，

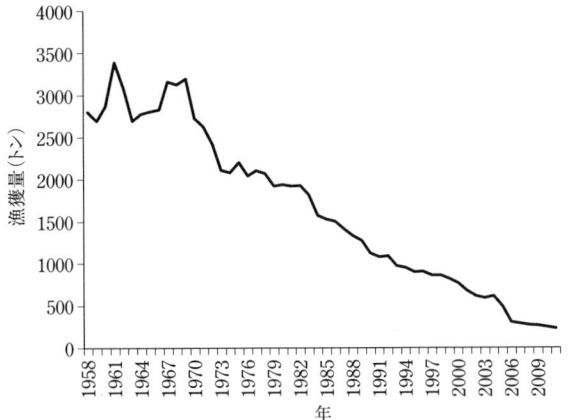

図 1.5 日本における天然ウナギの漁獲量.「天然ウナギ」とは,河川や沿岸など,自然環境のもとで育った黄ウナギと銀ウナギ,および養殖場から放流された個体を指す(農林水産省大臣官房統計部 1956-2010 より作成).

ニホンウナギの個体数が急速に減少していると考えることにまちがいはない.

（2） 減少の理由

なぜニホンウナギは減少しているのか.その理由は明確になっていないものの,海洋環境の変動,過剰な漁獲,成育場の劣化の3つの要因について議論されている（EASEC 2012）.

海洋環境の変動

ニホンウナギの産卵場から成育場への移動は海流に依存する（図1.1）.したがって,海洋環境の変動によって産卵場や仔稚魚の輸送環境に変化が生じれば,仔稚魚が適切な成育場へ輸送されなくなる可能性がある（Kimura et al. 1994）.ニホンウナギの産卵場が形成されるのは,西マリアナ海嶺南部に南北に連なるパスファインダー（Pathfineder）,アラカネ（Arakane）,スルガ（Suruga）の海山列と,東西方向に形成される塩分フロントの交差する海域である（Tsukamoto 1992; Kimura et al. 1994; Tsukamoto et al. 2003, 2011）.塩分フロントは,赤道側の低塩分水塊と中緯度の高塩分水塊との間に形成される.南北に伸びる海山列の位置は,短期的にはほとんど変化しないが,東西に伸びる塩分フロントの位置は海洋の状態によって変動する.たとえば,エルニーニ

ョが生じている期間には，塩分フロントが南方へ移動することが知られている．塩分フロントとともに産卵場が南下することにより，成育場がある北方向ではなく，南方向へ輸送されるニホンウナギの稚魚の割合が増加し，東アジアに来遊するシラスウナギの量が減少すると考えられている（Kimura *et al.* 1994; Kim *et al.* 2007）．

過剰な漁獲

ニホンウナギはそのすべての生活史段階において，漁獲の対象となっている．外洋から河口域へと接岸したばかりのシラスウナギは，手網を用いた灯火採集や定置網で捕獲され，養殖に用いる天然種苗として高値で取引される．2010年には，水産総合研究センターがニホンウナギの完全養殖（F_2 の生産）に成功しているが（Masuda *et al.* 2012），現時点ではまだ人工的に生産された種苗の商業的利用は始まっていないため，ウナギの養殖は現在，100% 天然種苗に頼っている．つまり，「養殖ウナギ」と呼ばれるウナギも，すべてもとはマリアナ諸島北西海域で生まれ，東アジアまで長大な距離を旅してきた，天然生まれのウナギなのである．このほか，日本では成長期の黄ウナギと成熟開始期の銀ウナギもまた，「天然ウナギ」として珍重されている．生活史のいずれの段階かを問わず，過剰な漁獲は個体数を減少させる重要な要因となりうる．

成育場の劣化

成育場である沿岸域や河川・湖沼の量的・質的な劣化は，成長して産卵場へたどりつくことができる親ウナギの個体数を減少させている可能性が高い（Tatsukawa 2003; Tsukamoto *et al.* 2009）．Yoshimura *et al.*（2005）は，その論文が作成される時点で日本には堤高 15 m 以上のダムが 2675 個存在していたと報告している（個数で世界第 4 位，密度で第 3 位）．たとえば筆者が 2007 年よりニホンウナギの調査研究を行っている岡山県の旭川水系では，総流域面積 1810 km^2 のうち，63% を占める 1140 km^2 が堤高 45 m の旭川ダムの上流側に存在する．これらのダムや河口堰，砂防堤などの河川横断構造物は，降河回遊魚であるニホンウナギが海から河川へ侵入することを阻み，利用可能な生息域を大きく減少させている可能性が高い．

残されたアクセス可能な生息域の質的な劣化もまた，大きな問題となっている．コンクリートや矢板によって均一化された河岸は，ニホンウナギやその餌生物のすみかを奪っている．また，外来生物の侵入により，餌生物相にも大き

な変化が現れている．岡山県旭川の淡水域で捕獲されたニホンウナギを調査した報告では，胃内容物湿重量の75%を，要注意外来生物であるアメリカザリガニ（*Procambarus clarkii*）が占めていた（Kaifu *et al.* 2013a）．この水域に生息するニホンウナギの本来の餌生物がどのようなものであったのか，現在のところ知る手がかりはない．

（3） 現在とられている対策

ニホンウナギの減少に対して，現在とるべき対策はどのようなものか．先にあげた3つの要因のうち，海洋環境の変動については，（長期的な視点に立って温暖化の進行を最小限に抑えることは重要であっても）ニホンウナギの短期的な増加を見込んだ対策を立てることは現実的ではない．これに対して，過剰な漁獲と成育場の劣化については，人間の行動で状況を変化させることが可能であるため，早急に対策を講じる必要がある（EASEC 2012）．

漁業管理

漁業については，シラスウナギ，黄ウナギ，銀ウナギとすべての生活史段階において，漁獲量を削減することが求められる．シラスウナギの漁獲を削減するための対策として，人工種苗生産技術の開発が進められている（Tanaka *et al.* 2003; Masuda *et al.* 2012）．しかし現在のところ，飼育水槽で生まれたシラスウナギを商業的な養鰻場に供給する目処は立っていない．このため，シラスウナギ漁獲量を低減させるためには，漁獲規制や取引規制によって漁獲量を減少させる必要がある．

黄ウナギおよび銀ウナギについて，台湾と韓国では，天然ウナギの漁獲はほとんど行われていないという．天然ウナギが珍重されている日本では，黄ウナギ・銀ウナギともに漁業者や遊漁者によって漁獲されてきた．初冬に産卵場へ向かって降河回遊を開始する銀ウナギの漁業管理は鹿児島県，熊本県，宮崎県など養鰻のさかんな県で，2013年になってようやく行われるようになった．また，これらの地域では，銀ウナギの漁獲制限とあわせてシラスウナギ漁の漁期短縮も始まっている．

全体として，本種の漁業管理はまだ試行段階にある．ニホンウナギの漁業管理が進まない理由の1つは，漁獲量と資源量を把握できていないことにある．とくにシラスウナギは密漁と闇取引が多く，漁獲量の把握と管理が非常にむずかしいとされている．

成育場の保全と回復

　成育場の環境については，一般的な自然再生のための活動として行われている自然再生護岸や魚道の設置および，調査研究段階のものを除くと，ニホンウナギのためにとられている対策はほとんど存在しない．今後，適切なモニタリングと組み合わせた対策を実施しながら，実効性のある手法を見つけ出していく必要がある．

放流

　資源増殖のための方策として，日本の多くの川や湖では，さかんにウナギの放流が行われている．これらはおもに，漁業法（昭和24［1949］年12月15日法律第267号）に規定されている増殖義務にもとづいて，ウナギを漁業権対象種としている内水面漁業協同組合が行っている．全国の約800にのぼる内水面漁業協同組合のうち，130組合を対象に行われた調査では，2010年に合計で約17トンのウナギが，河川や湖沼に放流されている（水産庁＞平成25年度鰻生息状況等緊急調査事業報告）．漁業法にもとづく放流のほか，行政の事業として行われる放流も存在する．この，一般的に事業放流と呼ばれる放流活動は，水産庁が養鰻漁業協同組合の連合会などに事業委託することによって行われる．たとえば平成25（2013）年度の「鰻供給安定化事業」では，ウナギ放流を含む事業全体に総額3454万6000円が計上されている．

　毎年大量のウナギが河川に放流されているのは，ウナギの資源増殖を目指してのことである．しかし，ウナギの放流が実際にウナギの個体数を増加させる効果があるのか，確認されたことは一度もない．たとえばアユについては，放流の効果がよく調べられている．1990年代の後半に長良川で行われた調査では，捕獲されたアユの約90％は天然遡上のアユであり，放流魚は1割を占めるのみであった（Otake *et al.* 2002）．この結果は，放流によって漁業資源を大幅に増加させることが困難であることを示唆している．

　資源回復に対する効果が不明なだけでなく，ウナギのような高次捕食者を選択的に河川へ放流することが，既存の生態系にどのような影響をおよぼしているのかについても，まったく知見がない．今後，資源回復に対する効果と既存の生態系に対する影響を含め，放流の妥当性を慎重に検討する必要がある．

1.3 保全と持続可能な利用に向けて

(1) ニホンウナギ保全のむずかしさ

すでに述べたように，東アジア各地に成育場を持ちながらも単一の任意交配集団を形成しているニホンウナギでは，特定の成育場において生じた影響がすぐには認識されにくい．たとえば，ある水系で大量にニホンウナギが漁獲され，局所的な絶滅に近い状態が生じたとしても，産卵場からは毎シーズンつぎの世代が供給される．このことは，本種の保全策が後手に回っていることと無関係とはいえないだろう．同時に地域ごとの保全努力が報われにくいことも予測される．新しく生まれた世代は東アジアの成育場へ受動的に輸送されるため，シラスウナギが自分の親個体が育った河川へ加入する確率は，非常に低いと考えられるからだ．

(2) サンクチュアリか，広域にわたる保全か

理想的には，ニホンウナギの保全は，分布域全体，つまり東アジアのすべての国と地域で行われるべきである．しかし，国や地域によって政治的・社会的・経済的な事情は大きく異なり，分布域全域にわたって同じように保全策を進めることは困難を極める．そこで，本種が単一の任意交配集団であることを利用し，特定の地域にサンクチュアリ（聖域）を設定することによる種全体の保全の可能性についても検討する必要があるだろう．

ある水系を保護区に設定し，そこでニホンウナギの個体数を増加させることによって，産卵個体数を増加させ，結果として分布域全体のニホンウナギ個体数を増加させることは，理論上は可能である．本種の新規加入メカニズムと産卵回遊メカニズムの詳細が明らかになれば，資源回復のためにもっとも有効な地域または水系を選定し，保護することも可能になるかもしれない．単一か，ごく少数の保護区の設定であれば，利害関係のある国や地域間の合意を形成することも，比較的容易になると考えられる．

しかし，単一または少数の保護区によって本種を保全することには，問題がある．本種が単一の任意交配集団で構成されているにもかかわらず，多様な河川環境の利用が可能になっているのは，遺伝的多様性の高さや表現型可塑性の高さが関与している可能性がある．少数の保護区での保全ではこれらの特徴が失われ，環境変動に対するレジリエンス（回復力）の低下を招く可能性がある．

本種の保全のためには，やはり分布域である東アジア全体で保全努力を払うべきだろう．保護区を設定する場合も，異なる環境を含んだ複数の保護区を，分布域全体に広がるように配置することが重要になる．

（3） 東アジアの協働へ向けて

合意形成

これまで見てきたように，本種の保全のためには，東アジアの各国および地域の協働が欠かせないことは自明である．しかし，東アジアの各国および地域が合意を形成し，機能的に協働していくためには，乗り越えなければならない，いくつもの大きなハードルがある．

大きな空間スケールの問題として，国家間の合意形成があげられる．それぞれの国にはさまざまな思惑があり，事情があるのは当然だが，東アジアにおける問題点は，関係各国（または地域）が同じテーブルにつくことがむずかしいという，非常に基本的な部分にある．事実上の独立国家として機能している台湾を，中国は自国の領土の一部として扱い，日本も公式にはその主張を認めている．このため台湾と中国とが対等に話し合う場を設けること自体が，すでに大きな困難となっている．この問題に対しては，国家ではなく経済的な単位で参加主体を規定しているAPEC（アジア太平洋経済協力）の枠組みを利用することで，各ステークホルダーの議論への参加を可能にする試みが始まっている．異なるステークホルダーがかかわる問題では，適切な合意形成を達成するために，あらゆるステークホルダーが対等の立場で議論することが欠かせない．しかし歴史的，政治的な事情により，議論の場をつくりだすことさえ困難であるのが，現在の状況である．

より小さな，国家内のスケールでも，合意形成に関する問題は存在する．たとえばシラスウナギからウナギを養殖し，蒲焼として売る養鰻業，餌料業，流通業，外食産業，小売業などにかかわる人々は，シラスウナギの漁獲は維持したいが，黄ウナギや銀ウナギなどのいわゆる天然ウナギの漁獲は，産卵親魚を確保するために規制してほしい．反対に，昔ながらの天然ウナギ漁を河川や沿岸域で行っている漁業者は，天然ウナギを捕る権利は守りたいが，加入量を確保するためにシラスウナギの漁獲量は少ないほうが好ましい．立場が異なれば，利害が衝突するのは当然のことであるが，ニホンウナギをめぐる利害対立は，この生きものを利用している産業の経済規模が大きいだけに，より深刻である．

科学的モニタリング

　ステークホルダー間での適切な合意形成を得るためには，正確で十分な情報の共有が欠かせない．しかし，ニホンウナギに関しては，議論の基礎となるデータ自体に大きな問題がある．たとえば，ニホンウナギが減少していることを示す証拠として利用されている日本の天然ウナギ漁獲量（農林水産省大臣官房統計部 1956-2010 より）は，あくまでも漁獲量であって，個体数や密度を示す数値ではない（図 1.5 参照）．また，この数値は日本国内の内水面漁業協同組合に対するアンケートをもとに作成されており，沿岸域に生息する個体に関する情報は欠落している．さらに，近年になって漁獲量の少なくなった河川や一部の漁獲形態を調査対象から外しているため，漁獲量が減少するのは当然ともいえる．東アジア全体で見ると，漁獲量すら集計されていない国も多く，日本の統計は比較的良質であるのかもしれない．漁獲量も資源量も信頼に足る推定が存在しないなかで，適切な漁業管理方策を策定することは大きな困難をともなう．

　筆者が IUCN のワークショップで見てきたヨーロッパとアメリカのモニタリングデータの質と量は，東アジアのそれとは比較できないものであった．産卵場の発見や完全養殖の成功に代表される，ウナギの産卵生態に関する研究では，日本はまちがいなく世界のトップを走っている．しかし，基礎的なモニタリングにおいては，ヨーロッパやアメリカの足下にもおよばないのが現状である．彼らのデータの優れているところは，まず，漁業と独立した科学的なモニタリングデータが存在すること，つぎに，シラスウナギ，黄ウナギ，銀ウナギと生活史段階別のデータが存在することである．これらの豊富なデータにもとづき，EU ではヨーロッパウナギの保全において，ウナギが健全であった時代の 40% の銀ウナギを産卵回遊へ送り出すという，明確な数値目標を掲げている．数値目標とモニタリングシステムがあるために，保全の取り組みの評価が可能になり，結果が出ない場合には，それまで行ってきた保全方策を見直すこともできる．

　東アジアにおける，データに関する大きな問題は，信頼に足る過去の統計が存在しないため，数値目標を立てにくいこと，そして，科学的なモニタリングシステムが構築されていないため，現在行っている，またはこれから行おうとしている対策に効果があったのかどうか確認し，必要であれば見直すという作業が困難であることにある．現在，東アジア鰻資源協議会（EASEC）を中心としたシラスウナギのモニタリングが日本と台湾で進められているが，このよ

うな動きの幅を広げるとともに，個体群の状態をより正確に反映するであろう，銀ウナギのモニタリングシステムを早急に構築することが必要とされている．

東アジアの協働へ向けて

単一の任意交配集団であるニホンウナギは，東アジアの共有資源である．さまざまな困難はあるにせよ，本種を協働で管理する方策を見つけ出す過程を，東アジアの共有資源の管理を進めるモデルとしてとらえられないだろうか．東アジアには，海域に分布する漁業資源や鉱産資源，エネルギー資源など，共有資源または権利の所在が明確ではない資源が多く存在しており，これらを適切に管理する方策が必要とされている．ニホンウナギの場合には，産卵場が遠く離れた外洋上に存在するため，どの国も資源を占有することができないという特徴がある．占有が不可能な資源であれば，協働で管理する議論を国家間で開始することも比較的容易なはずであり，実際に本種については，すでに日本，中国，台湾，韓国，フィリピンが参加して，資源管理に関する議論が始まっている．

東アジアにおける本種資源の協働管理を進めることによって，そのほかの資源についても協働の輪を広げ，ひいてはこの地域の平和と安定に資することはできないだろうか．すべての小さな問題は，より大きな問題へとつながっている．ニホンウナギ保全の問題についても，ウナギだけにとどまらない，長期的で広範な視野が必要とされている．

引用文献

Barbin, G. P. and J. D. McCleave. 1997. Fecundity of the American eel *Anguilla rostrata* at 45 N in Maine, U.S.A. Journal of Fish Biology, 51：840-847.

Dannewitz, J., G. E. Maes, L. Johansson, H. Wickström, F. A. Volckaert and T.Järvi. 2005. Panmixia in the European eel：a matter of time.... Proceedings of the Royal Society B：Biological Sciences, 272：1129-1137.

EASEC. 2012. Statement of the East Asia Eel Resource Consortium for the protection and conservation of the Japanese eel. Emergency EASEC Symposium, 19 March 2012. http://easec.info/EASEC_WEB/EASECdeclarations Final_JPN.PDF.

Han, Y. S., C. L. Hung and W. N. Tzeng. 2010. Population genetic structure of the Japanese eel *Anguilla japonica*：panmixia at spatial and temporal scales. Marine Ecology Progress Series, 401：221-232.

Hardin, G. 1968. The tragedy of the commons. Science, 162：1243-1248.

ICES. 2013. Report of the Joint EIFAAC/ICES Working Group on Eels (WGEEL), 18-22 March 2013 in Sukarietta, Spain, 4-10 September 2013 in Copenhagen, Denmark. ICES CM 2013/ACOM, 18：851pp.

海部健三．2011．岡山県児島湾旭川水系におけるニホンウナギの資源生態学的研究．東京大学大学院農学生命科学研究科博士論文．

Kaifu, K., M. Tamura, J. Aoyama and K. Tsukamoto. 2010. Dispersal of yellow phase Japanese eels *Anguilla japonica* after recruitment in the Kojima Bay-Asahi River system, Japan. Environmental Biology of Fishes, 88：273-282.

Kaifu, K., S. Miyazaki, J. Aoyama, S. Kimura and K. Tsukamoto. 2013a. Diet of Japanese eels *Anguilla japonica* in the Kojima Bay-Asahi River system, Japan. Environmental Biology of Fishes, 96：439-446.

Kaifu, K., M. J. Miller, T. Yada, J. Aoyama, I. Washitani and K. Tsukamoto. 2013b. Growth differences of Japanese eels *Anguilla japonica* between fresh and brackish water habitats in relation to annual food consumption in the Kojima Bay-Asahi River system, Japan. Ecology of Freshwater Fish, 22：127-136.

Kaifu, K., H. Maeda, K. Yokouchi, R. Sudo, M. J. Miller, J. Aoyama, T. Yoshida, K. Tsukamoto and I. Washitani. 2014. Do Japanese eels recruit into the Japan Sea coast?：a case study in the Hayase River system, Fukui Japan. Environmental Biology of Fishes, 97：921-928.

Kim, H., S. Kimura, A. Shinoda, T. Kitagawa, Y. Sasai and H. Sasaki. 2007. Effect of El Niño on migration and larval transport of the Japanese eel (*Anguilla japonica*). ICES Journal of Marine Science, 64：1387-1395.

Kimura, S., K. Tsukamoto and T. Sugimoto. 1994. A model for the larval migration of the Japanese eel：roles of the trade winds and salinity front. Marine Biology, 119：185-190.

小島秀彰・海部健三・横内一樹・須藤竜介・吉田丈人・塚本勝巳・鷲谷いづみ．2012．福井県三方五湖-早瀬川水系におけるニホンウナギ *Anguilla japonica* 生息状況の歴史的変遷について．動物考古学，29：1-17.

Kotake, A., A. Okamura, Y. Yamada, T. Utoh, T. Arai, M. J. Miller, H. Oka and K. Tsukamoto. 2005. Seasonal variation in the migratory history of the Japanese eel *Anguilla japonica* in Mikawa Bay, Japan. Marine Ecology Progress Series, 293：213-225.

Manabe, R., J. Aoyama, K. Watanabe, M. Kawai, M. J. Miller and K. Tsukamoto. 2011. First observations of the oceanic migration of Japanese eel, from pop-up archival transmitting tags. Marine Ecology Progress Series, 437：229-240.

Masuda, Y., H. Imaizumi, K. Oda, H. Hashimoto, H. Usuki and K. Teruya. 2012. Artifical completion of the Japanese eel, *Anguilla japonica*, life cycle：challenges to mass production. Bulletin Fisheries Research Agency, 35：111-117.

Minegishi, Y., J. Aoyama and K. Tsukamoto. 2008. Multiple population structure

of the giant mottled eel, *Anguilla marmorata*. Molecular Ecology, 17：3109-3122.
Minegishi, Y., J. Aoyama, N. Yoshizawa and K. Tsukamoto. 2012. Lack of genetic heterogeneity in the Japanese eel based on a spatiotemporal sampling. Coastal Marine Science, 35：269-276.
農林水産省大臣官房統計部. 1956-2010. 漁業・養殖業生産統計年報. 農林水産省, 東京.
Okamura, A., Y. Yamada, K. Yokouchi, N. Horie, N. Mikawa, T. Utoh, S. Tanaka and K. Tsukamoto. 2007. A silvering index for the Japanese eel *Anguilla japonica*. Environmental Biology of Fishes, 80：77-89.
大竹二雄. 2010. 耳石解析.（塚本勝巳, 編：魚類生態学の基礎）pp. 100-109. 恒星社厚生閣, 東京.
Otake, T., C. Yamada and K. Uchida. 2002. Contribution of stocked ayu (*Plecoglossus altivelis altivelis*) to reproduction in the Nagara River, Japan. Fisheries Science, 68：948-950.
Palm, S., J. Dannewitz, T. Prestegaard and H. Wickström. 2009. Panmixia in European eel revisited：no genetic difference between maturing adults from southern and northern Europe. Heredity, 103：82-89.
Sudo, R., N. Fukuda, J. Aoyama and K. Tsukamoto. 2013. Age and body size of Japanese eels, *Anguilla japonica*, at the silver-stage in the Hamana Lake system, Japan. Coastal Marine Science, 36：13-18.
Tanaka, H., H. Kagawa, H. Ohta, T. Unuma and K. Nomura. 2003. The first reproduction of glass eel in captivity：fish reproductive physiology facilitates great progress in aquaculture. Fish Physiology and Biochemistry, 28：493-497.
Tatsukawa, K. 2003. Eel resources in East Asia. *In* (Aida, K., K. Tsukamoto and K. Yamauchi, eds.) Eel Biology. pp. 293-298. Springer-Verlag, Tokyo.
Tsukamoto, K. 1992. Discovery of the spawning area for Japanese eel. Nature, 356：789-791.
Tsukamoto, K. and T. Arai. 2001. Facultative catadromy of the eel *Anguilla japonica* between freshwater and seawater habitats. Marine Ecology Progress Series, 220：265-276.
Tsukamoto, K., K. Otake, N. Mochioka, T. W. Lee, H. Fricke, T. Inagaki, J. Aoyama, S. Ishikawa, S. Kimura, M. J. Miller, H. Hasumoto, M. Oya and Y. Suzuki. 2003. Seamounts, new moon and eel spawning：the search for the spawning site of the Japanese eel. Environmental Biology of Fishes, 66：221-229.
Tsukamoto, K., J. Aoyama and M. J. Miller. 2009. Status of the Japanese eel：resources and Recent Research. *In* (Casselman, J. M. and D. K. Cairns, eds.) Eels at the Edge：Science, Status, and Conservation Concerns. pp. 21-35. American Fisheries Society, Maryland.
Tsukamoto, K., S. Chow, T. Otake, H. Kurogi, N. Mochioka, M. J. Miller, J. Aoyama, S. Kimura, S. Watanabe, T. Yoshinaga, A. Shinoda, M. Kuroki, M. Oya,

T. Watanabe, K. Hata, S. Ijiri, Y. Kazeto, K. Nomura and H. Tanaka. 2011. Oceanic spawning ecology of freshwater eels in the western North Pacific. Nature Communications, 2：1-9.

Yokouchi, K., R. Sudo, K. Kaifu, J. Aoyama and K. Tsukamoto. 2009. Biological characteristics of silver-phase Japanese eels, *Anguilla japonica*, collected from Hamana Lake, Japan. Coastal Marine Science, 33：54-63.

Yoshimura, C., T. Omura, H. Furumai and K. Tockner. 2005. Present state of rivers and streams in Japan. River Researches and Applications, 21：93-112.

第2章
渡り鳥のつながり
クロツラヘラサギが結ぶアジア
西田 伸

　干潟はその生態的機能と生物多様性の豊かさから「生命のゆりかご」と呼ばれる．全世界に約2700羽．クロツラヘラサギも干潟を利用する希少鳥類である．野外観察と足環標識により，主要な繁殖地は朝鮮半島西部沿岸，そして越冬地はおもに中国沿岸・台湾南部であることがわかっている．一方で，繁殖地-中継地-越冬地の「つながり」はまだよくわかっていない．日韓共同研究として，繁殖地の幼鳥へ衛星発信器を装着し，彼らを追跡する研究が開始された．中国内陸部やカンボジアまで達した個体，日本や台湾南部へ渡った個体が確認され，干潟にとどまらない生息地の利用や渡りの多様性が見えてきた．さらに頻繁に利用される，いわば「ハブ」的な中継地の存在も示唆された．東・東南アジアの干潟は，もっとも人間活動による攪乱を受けている地域とされ，じつにその50％以上が失われた．干潟間のつながりの分断化や消失は本種の渡りにどのような影響を与えるのだろうか．

2.1 「生命のゆりかご」——干潟-沿岸湿地生態系

　2012年にIUCN（The International Union for Conservation of Nature；国際自然保護連合）から東・東南アジアの潮間帯における生物生息地の現況に関するレポートが発表された（MacKinnon *et al.* 2012）．これによると東・東南アジアの干潟を含む沿岸湿地は，今日もっとも人間活動による攪乱を受けている地域とされ，過去50年間にその50％以上が失われたとされる．そもそも干潟と聞くと砂泥が堆積し広がった海を思い浮かべる方が多いだろう．干潟とは狭義では，潮間帯の平坦な堆積地形をいうが，広義では潮間帯を中心とした地形的広がりを指し（川瀬 2014），浅海域-潮間帯-後背湿地を包括した沿岸湿地としての意味を持つ．一見，堆積物が広がり不毛に見える干潟だが，「生物生産」「生物育成」「水質浄化」「景観・緩衝」の大きく分けて4つの生態的機能

が知られる．海からだけでなく河川から流入する大量の栄養分や有機物を利用し，珪藻や植物プランクトンによる一次生産が行われるとともに，微生物や底生生物という分解者によっても堆積有機物が「浄化」される．干潟は陸-川-海をつなぐ場であり，これら食物連鎖の1つの起点として機能することで，多種多様な生物を育む場となっている．これが「生命のゆりかご」と呼ばれるゆえんである．

多くの渡り鳥，水鳥もこの干潟の恩恵により育まれ，また渡り鳥が飛来することによって離れた干潟が結ばれ，1つの生態系ユニットを形成する（天野 2006）．水鳥の渡りのルート"フライウェイ（flyway）"は世界的規模で地理的にゾーニングされており，日本は東アジア・オーストラリア地域フライウェイに属する（Boere and Stroud 2006）．このフライウェイを詳細に知ることは，すなわち干潟を含む湿地帯ネットワークを理解することにつながる．本章ではクロツラヘラサギの衛星追跡を通し，本種のフライウェイ，そしてアジアにおける湿地帯のつながりとその意義について考える．

2.2　クロツラヘラサギと沿岸湿地

（1）　クロツラヘラサギの生物学

筆者が所属していた九州大学・伊都キャンパスのすぐそばの干潟に，毎年クロツラヘラサギ（*Platalea minor*; black-faced spoonbill）が飛来する．本種はペリカン目（近年の分子系統学的研究によりコウノトリ目から移された；日本鳥学会 2012）トキ科ヘラサギ属に分類される渡り鳥である．サギ（サギ科）と名にあるが，トキに近い仲間で，クチバシがへら状となっているのが特徴である（図2.1）．英名でもヘラサギ属はスプーン（spoon）のようなクチバシ（bill），すなわちスプーンビル（spoonbill）と呼ばれている．浅い水辺でこのへら状のクチバシを水中に差し入れ，頭を左右に振って，クチバシに触れた餌生物――小型魚類や小型甲殻類を食べる．このユニークなクチバシを持つヘラサギの仲間は，世界に6種が知られている．東・東南アジア，オセアニア地域には，オーストラリアにキバシヘラサギ（*Platalea flavipes*），インドネシア・スラウェシ島-オーストラリア・ニュージーランドにロイヤルヘラサギ（*Platalea regia*），ヨーロッパ-朝鮮半島にかけてのユーラシア大陸中部とアフリカ中央・北部-インド-中国南部・日本の間で渡りを行い，広大な生息地を持つヘラ

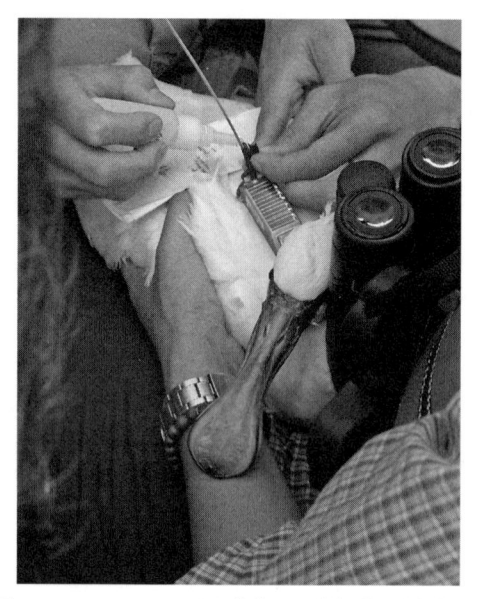

図 2.1　クロツラヘラサギ幼鳥への発信器の取り付け．

サギ (*Platalea leucorodia*)，そして東・東南アジアの北部沿岸部に生息するのが本種，クロツラヘラサギである．もっとも小さく（全長約 75 cm，体重 1500–2200 g），そしてもっとも個体数の少ないヘラサギ類である（BirdLife International 2013）．本種とヘラサギは一部分布域が重なっており，日本でもクロツラヘラサギの群れのなかに少数のヘラサギを見ることがある．クロツラヘラサギはその名にあるとおり，顔の一部・目の周囲からクチバシにかけて黒くなるが，ヘラサギは目の周囲が白く，ひとまわり体サイズが大きいことで区別できる．

（2）　注目されるクロツラヘラサギ──世界一斉個体数調査

本種の個体数については，1989 年から世界一斉での越冬個体数調査により継続的にその動態が調べられている．これは香港バードウォッチング協会，日本では日本クロツラヘラサギネットワークおよび日本野鳥の会を中心として東南アジア一円（9 カ国・地域）の自然保護団体などの協力のもと行われており，広域・一斉での調査としては類を見ないものである．国境を超えた多くの人々の本種への関心の高さがうかがえる．2013 年の 1 月初旬に行われた一斉個体

数調査によるとその数は2725羽（日本野鳥の会2013；Yu 2013）．調査報告から過去の情報を見てみると，調査が開始された1989-90年ではわずか300羽程度であった．もちろん当時の調査規模は小さいものであったと思われるため，単純な比較はできないが，1995-96年に500羽を超え，2002-03年に1000羽，そして2007-08年には2000羽を超え，調査努力やその規模の拡大を考慮しても順調に個体数は増加しているように見える．近年では2010-11年に1839羽と数を減らしたが，2011-12年は2693羽と回復し，2013年の2725羽につながる．とはいえ近縁種ヘラサギの推定個体数は，生息範囲が広大であることもあるが6万6000-14万羽とされ（BirdLife International 2012），本種の個体数がけっして多くないことがわかるだろう．さらに2000羽を超えて以降の個体数の増加率は以前に比べると小さくなっており，2012年度から2013年度はほぼ横ばいである．未知の生息地や，数え切れていない個体もあることは予想されるが，ここまで正確に世界規模で個体数が追跡され，また個体数を増やしている希少野生生物は多くない．IUCNのレッドデータリストではほかのヘラサギ類が軽度懸念（LC）とされているのに対し，本種は依然，絶滅危惧（EN）にカテゴリーされており，日本の環境省レッドデータブックでも絶滅危惧IB類である．

(3) 干潟生態系のシンボル──繁殖地と越冬地

これまでに本種の繁殖地と越冬地は，精力的な観察と後述する足環標識による調査により明らかにされてきている．朝鮮半島西部沿岸の離島がおもな繁殖地で，そのほかに中国遼東半島沿岸の離島やロシア沿海州・フルゲルマ島にも繁殖地があること，そして秋には渡り（冬の渡り）を行い，おもに中国本土沿岸・台湾南部，香港，ベトナム北部沿岸などで越冬することなどがわかってきており（BirdLife International 2013），東アジア-東南アジア北部を代表する渡り鳥の1つである．ヘラサギ属はいずれも湖沼，河川，湿地，干潟といった浅い水辺を利用するが，クロツラヘラサギを除く5種は内陸部をおもな生活の場としているのに対して，本種はその越冬地や繁殖地の分布を見てもわかるように，干潟や河口といった沿岸域を利用する海鳥の印象が強く，干潟生態系のシンボルとしてあげられることが多い．

日本へは冬鳥として越冬のために繁殖地より渡ってくる．世界の個体数の増加と同じように日本で観察される個体数も増えており，1990年には数十羽であったものが，2008年以降は200羽以上が確認されている．2013年のデータ

(日本野鳥の会2013)では熊本県（80羽；熊本港，鏡川河口）や福岡県（81羽；今津干潟，多々良川河口域）を中心に九州・沖縄，山口，そして数は少ないものの関東でも観察される．これら日本で越冬するクロツラヘラサギはどこから来て，どこへ行くのか，そのつながりはなにか．この単純な疑問が衛星追跡調査のきっかけであった．

2.3 宇宙から鳥の移動を見る

（1） 広域移動する個体の追跡

　動物の移動を知るためにはどのような方法があるか．一般的に用いられている方法は「個体標識法」である．鳥類では「足環」による標識がもっともよく利用されている．個体を捕獲し，その足に金属やプラスチック製のリングを取り付け，刻印された番号や色，その組み合わせにより個体を識別する．多くの鳥類の調査において，この標識の規格や情報は国際的に共有されており，野外観察により足環を確認することで，個体の移動を知ることができる．費用も安価でかつ多数の個体に標識をすることができるため，非常に有効かつ利便性の高い手段である．ただし，この方法では，個体の位置は「点」としてしか得ることができない．これは広域に分布する種の保全を考えるうえで，いくつかの生息地のみにしか注意が向かない危険性をはらむ．もちろん「点」と「点」を結ぶことにより，間接的に「線」のデータとして空間的つながりを持つ渡りのルートが見えてくるのだが，個体が飛翔中の場合や，立ち寄ったすべての地点において足環のある個体を発見し，その個体を識別することはむずかしい．

　それでは「線」，つまり連続した位置データを取得する方法はあるのだろうか．これを可能とするのが，個体に衛星「発信器」を取り付ける方法である．この衛星追跡／衛星テレメトリー（遠隔測定）解析技術は，一般にアルゴスシステム（CLS 2013）として知られている（Box-2.1を参照）．個体に取り付けた端末より発信された電波を人工衛星により受信することで位置を割り出すため，発信器を回収する必要なく位置情報を入手できる．ただし，その精度は最大でも250m程度，ときには1km以上の誤差を含む．そこで本研究では誤差がわずか数十mであるGPS「受信器」とアルゴス発信器とを合わせた，GPS-アルゴス端末を用いることとした．GPSは精度は高いが，受信器であるため位置情報は端末に蓄積される．このデータをアルゴスシステムにより人工衛星

Box-2.1 衛星追跡——アルゴスシステムとGPS

　アルゴスシステム (CLS 2013) はフランス国立宇宙研究センター (CNES), アメリカ海洋大気局 (NOAA) および航空宇宙局 (NASA) により構築され, 国際的な協力体制のもと運営されている. 日本も参画メンバーである. 2013 年現在, 850 km 上空に 8 基の衛星が周回している. アルゴス端末 (PTT; Platform Transmitter Terminal) から発信された電波を, 1 台のアルゴス人工衛星で複数回受信する. そのときの電波の周波数の変化, つまり電波のドップラー効果（音源もしくは観測者が動くことにより, 音の振動数がずれて観測される現象）を利用して測位する. 人工衛星で受信されたデータは地上の基地局で位置が計算され, インターネットなどを通じていつでもどこでもほぼリアルタイムで入手することが可能である. アルゴスで得られる位置情報はその誤差精度（一定の時間内に受信される電波情報の数に依存）に応じて, class 3 (誤差 <250 m), class 2 (250–500 m), class 1 (500–1500 m), 誤差情報のない class A/B とにクラス分けされる.

　一方で, GPS はアメリカの軍事技術の 1 つである. 高度 2 万 km にある複数の人工衛星から発信される電波のうち, 最低 4 つ（原理的には 3 つで測位可能で, 4 つめは時刻補正用）を地上の端末で受信し, 三角測量の原理で緯度・経度が計算される. つまり GPS 端末は受信器かつ計算機であり, バッテリー消費も大きい. 位置情報は端末に蓄積され, 端末の回収が必須である. 現在約 30 基の人工衛星が地球のまわり（周回衛星）を飛び回っており, 地球上のどこにいてもその位置をわずか数十 m の誤差で知ることができる. 発信器はもっとも高価なもので, 太陽電池式 GPS-アルゴス/22 g 端末 1 台が約 50 万円. またアルゴス利用料が受信データ量に応じて毎月加算（数千円から 2 万円程度）される.

へ送信するわけである. 野生生物に装着できる発信器の重量は, 体重の 4% 以内とされる. 追跡できる期間（端末寿命）と端末の重量は, そのバッテリー容量と消費電力（とくに GPS 測位が多くの電力を消費する）に依存する. クロツラヘラサギ幼鳥の体重は 1 kg 程度であり, 結果として米国のノーススター (NorthStar) 社の太陽電池式 GPS-アルゴス 30 g/22 g（図 2.1）を選択した. 発信器寿命は約 2 年. これにより研究室に居ながらにして, 1 個体の移動を精度よくかつ連続的に追跡することが可能となった.

(2)　日韓共同プロジェクト

　本研究の最初の障害は，個体をどのように捕獲して発信器を装着するかであった．近づくと飛んでしまう成鳥を捕獲するには，通常ロケットネット（網をバズーカのように発射する）が利用されるが，とくに干潟や岩礁などでは個体を傷つけるおそれが高い．じつは巣立ち直後の本種幼鳥はまだ飛べないため，手で捕獲できる．しかも最大の繁殖地・韓国では，これら幼鳥を捕獲して足環標識を取り付けている．本種の衛星追跡は筆者らのグループが初めてではない．日本野鳥の会を中心とする研究グループは香港および台南（1998-99），沖縄（2004-05）の越冬中の成鳥への装着に成功し，韓国繁殖地への渡りを追跡している（Ueta *et al.* 2002；日本野鳥の会 2013）．しかしながら繁殖地からの渡り，とくに潜在的により分散しやすいと考えられる，巣立ち直後の幼鳥の移動については，ほとんど知られていなかった．幼鳥は成鳥が利用しない地点にも立ち寄っている可能性がある．筆者らの研究グループは「幼鳥の渡りの追跡」を目的に設定した．

　この調査プロジェクトの統括である小池裕子氏に聞くと，初めに日本グループと韓国グループを引き合わせてくれたのは，2005年に朝鮮大学校で開催されたクロツラヘラサギ国際シンポジウムであったそうだ．朝鮮大学校ではChong, Jong-Ryol氏のもと，本種の飼育研究が行われており，国内での保全研究の第一線である．その後も数多くの人々のつながりにより，ここに国際共同研究の形が見えてきた．問題は発信器の装着方法であった．これを解決したのが，樋口広芳氏のチーム（東大グループ）である．発信器は幼鳥の背中にテフロン製のリボンを用いて，たすき掛けのように取り付けるのであるが，ここに個体への影響を最小限にし，かつ太陽光を効率的に受け，さらに外れないようにする（リボン末端を接着剤で固定し，数年の経年劣化により外れるようになっている）経験と技術が要求される（発信器の装着に関しては樋口 2005 にくわしい）．東大グループの技術は韓国グループとの現地での共同作業によって共有され，こうして技術・経験・人材の相互連携による，日本（九大-東大）と韓国の国際共同プロジェクトが実現した．2012年からは台湾グループも参画している．

2.4 アジアを結ぶ——見えてきた渡りのルート

（1） 内陸で越冬？——明らかとなった意外な生息地

　繁殖地において幼鳥へ衛星発信器を装着し，彼らの行動を追跡する研究が開始された．韓国西岸の繁殖地には大きく分けて2つのタイプがある．1つは岩礁タイプ（図2.2）で，干潟に大きな岩が突き出て並んでいるような場所である．満潮時にボートで島へ近づき上陸，親鳥が飛び去り，残された幼鳥を大きな網などで捕獲する．もう1つは島タイプで比較的大きな島の斜面に巣がある．この場合は，幼鳥も逃げる場所があるため人海戦術で，低いネットなどを用いて追い込み，1羽ずつ捕獲する．もう1つ特記すべき繁殖地がある．それは沿岸の調整池に設置された人工島ナムドンジで，干拓地の工業地帯に位置する．小さな人工島だが，ここでも繁殖が行われ，観察もしやすいことから市民による観察モニタリングサイトになっている．

　発信器は2009-13年に計11個体に装着された（表2.1, 図2.3）．残念ながら2009年と2010年のそれぞれ1個体は装着後すぐに電波を受信できなくなってしまい，これまでに9個体について追跡が成功している．バッテリー寿命を考慮し，GPS測位は1日に4回，アルゴスでの送信は3日に1回に設定した．なお，E37およびE48は2年以上の長期にわたり追跡ができている．では，い

図 **2.2**　韓国西岸の繁殖島ガクシアン．

表 2.1 衛星追跡に成功した個体とその情報.

個体番号	足環パターン	装着日	出生地	追跡期間
K84	緑白緑	2009.7.25	スハーン	2009.7.25–2010.10.30
K85	白赤黄	2009.7.25	スハーン	2009.7.25–2010.3.9
K86	白赤青	2009.7.29	ガクシアン	2009.7.29–2009.11.30
E12	青白	2010.7.1	グジド	2010.7.1–2011.4.26
E37	黄赤黄	2011.7.1	ガクシアン	2011.7.1–2013.12 現在・追跡中
E48	黄緑白	2011.7.4	セマンド	2011.7.4–2013.12 現在・追跡中
E75	緑黄緑	2012.6.20	チルサンド	2012.6.20–2013.1.14
S08	橙白	2013.6.20	チルサンド	2013.6.20–2013.12 現在・追跡中
S21	赤橙赤	2013.6.23	グジド	2013.6.23–2013.12 現在・追跡中

GPS 測位はバッテリー消費を考慮し 1 日 4 回(日本時間:4 時,10 時,14 時,18 時または 0 時,4 時,12 時,18 時)とした.

くつかの個体について彼らのフライウェイを詳細に見てみよう.

まず K84,この個体はとても興味深い移動を示した(図 2.3).2009 年 7 月 25 日に仁川国際空港そばの岩礁型の繁殖島であるスハーンにて装着後,10 月末までの 3 カ月間を繁殖地周辺(17 km 程度の範囲)で過ごし,10 月 28 日に渡りを開始して一気に黄海を横断,29 日にちょうど対岸の中国・山東半島南部を通過,11 月 1 日にはさらに南下し,江蘇省と安徽省の境にある石臼湖に到達した.沿岸から 250 km も内陸で,水田の広がる場所である.驚かされたのはここからさらに内陸へ移動したことである.最終的には湖北省の南,江西省との境に近い内陸湿地に到達した.ここはじつに 600 km 以上も内陸であった.衛星写真を見ると多くの湖が連なり,やはり水田も確認できる.K84 はこの場所およびその周辺で翌年の 5 月初旬までを過ごし,5 月 3 日に夏の渡りを開始した.自身の故郷である朝鮮半島の中部西岸へ戻ると想定していたのだが,大陸の東シナ海東岸・江蘇省塩城市沿岸の田園地帯に飛来し,渡りを終えた.電波が途絶えた 10 月 15 日までこの周辺に滞在しており,1 歳だった K84 は越冬地で夏を過ごしたこととなる.この塩城市の沿岸は自然保護区に設定されており,湿地・田園・塩田が広がる地域である.本種以外にも 1000 羽以上のタンチョウが越冬することでも知られる(正富ほか 2004).

E12 もまた筆者らを驚かせてくれた個体である(図 2.3).この個体は韓国と北朝鮮の国境線,北緯 38 度線・非武装地帯(DMZ)の西部海上にある島(グジド)で標識された.韓国側の研究者でも立ち入りがむずかしい繁殖地であり,これがグジドにおいては初めて成功した衛星追跡調査である.2010 年

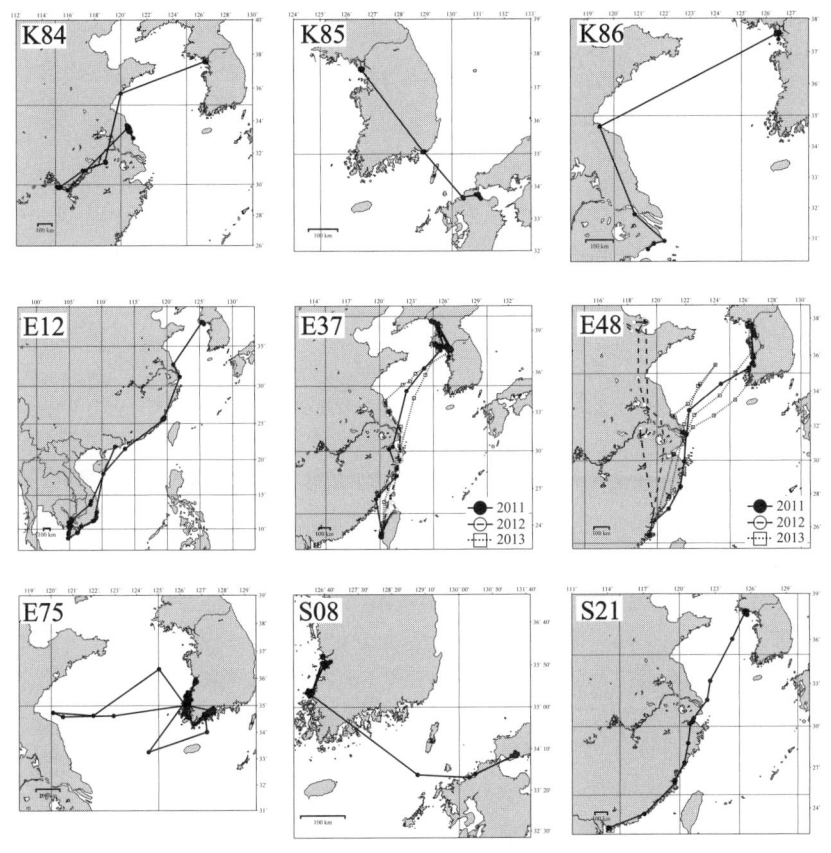

図 2.3　9個体の渡りのルート（位置情報は，GPS データとアルゴスの class 3 および class 2 をおもに利用し，明らかな外れ値は除外した）．

7月1日に発信器を装着された E12 は，20日後に 38 度線を越えて北朝鮮側の干潟へと移動した．このような冬の渡りを開始する前の繁殖地間の移動は，ほかの個体でも観測されている．たとえば E37 はソウルの西側，仁川国際空港の北にある繁殖島（北緯 37 度 35 分）で生まれた個体だが，8月末に朝鮮半島の付け根，北緯 39 度 37 分周辺（ワクサンの南）の干潟・干拓地へ移動，さらに 10 月初旬に仁川周辺に戻り，そして再び同じ北朝鮮の干潟へと飛行し，これを数回繰り返した．この2つの地点は 250 km も離れている．E37 はその後，10 月末に仁川から黄海を横断し，中国本土沿岸を経由して，本種の最大の越

冬地である台湾の台南地域に到達した．どうやら当歳児の幼鳥であっても，出生地の周辺に必ずとどまるわけではないことが，一連の衛星追跡において示された．

さて E12 に戻ろう．10 月中旬に 38 度線近く，北朝鮮側の干潟より飛び立ち，冬の渡りを開始した．黄海を斜めに一気に約 700 km を飛んだ後，先ほどの K84 が夏を過ごした塩城自然保護区に到着，さらに沿岸を南下し，上海，10 月末に福建省福州市福清市の沿岸に到達した．E12 はここからさらに南下を始めた．11 月 9 日に再び渡りを開始し，香港沖そして海南島の南を通過して，10 日にはベトナム中南部沿岸にやってきた．この間，一度も地上に降りていないように見える．わずか 1 日程度で 2000 km を飛んできたことになる．その後も，沿岸に沿うように南下し，ベトナム南部の半島をぐるりと回り少し北上，11 月 29 日ごろにベトナムとカンボジア国境付近のカンボジア側田園地帯に到着した．繁殖地からじつに 4000 km 以上の長旅であった．さらに興味深いのは，この田園地帯もまた海岸線よりおよそ 60 km も内陸であること．この国境付近の両国にまたぐいくつかの地点，そしてさらに 150 km 内陸のカンボジア・ボエンプリングの湖と周辺氾濫原にて，4 月 21 日までのおよそ 6 カ月間を過ごしている．夏の渡りを開始した直後の 4 月 26 日に中国南部・陽江市からの電波が最後となったが，途中でベトナム中部山間部のアユンハ湖（標高約 200 m）も利用していた．カンボジアでの越冬記録は本研究が初めてで，また本種の東南アジアへの渡りについて，その経路が連続的に示されたのは意義深い成果であった．E12 に関しては，もう 1 つ紹介したい個体の動きがあった．ベトナムとカンボジア国境付近で越冬したこの個体であるが，いくつか集中的に利用する場所があった．図 2.4 を見るとわかりやすい．いくつもの点が線でつながれていて，点と線が集中している部分がある．そのなかの拡大された部分を見ると，四角く色の濃い部分があることに気づくだろう．この 3 km 四方の部分は森林が残された地域で，ベトナムの森林保護区として，淡水湿地林が保護されている．周囲は田園／農地地帯である．この開発を免れた森にもクロツラヘラサギが幾度も訪れていた．

K84 と E12 が示した移動について，とくに注目するのは内陸地の利用である．内陸の越冬地の存在はこれまでの野外観測においても情報はあったが，どのような経路でその場所へ降り立ち，どの程度の期間を過ごすのかについての記録はほとんどない．両個体は完全に淡水である内陸の湖，湿地，水田を 6 カ月以上にわたり継続的に利用していた．ヘラサギ属間のミトコンドリア

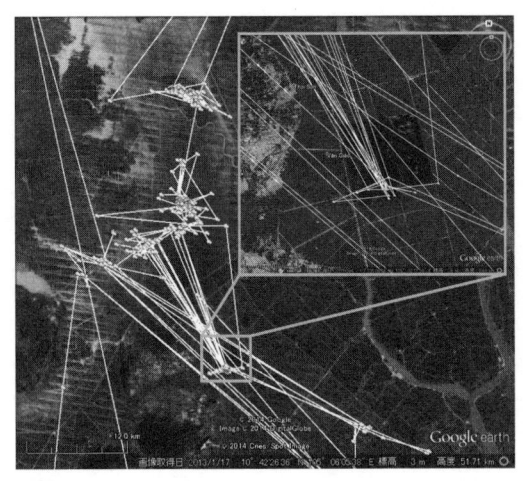

図 2.4 ベトナム-カンボジア国境の越冬地と E12 の移動.

(mt) DNA 配列を用いた分子系統解析（Chesser *et al.* 2010）では，クロツラヘラサギはロイヤルヘラサギともっとも近縁で，ヘラサギがこのクロツラ-ロイヤルグループの姉妹群となること，つまりヘラサギからこの 2 種が分岐した可能性が示唆されている．ユーラシア大陸を中心に広く分布している内陸性の強いヘラサギの，もっとも東側に生息していたグループの一部が，沿岸域の島や岩礁に繁殖地を構えることで，沿岸域に適した生態的特性が特化され，種分化したように見える．そういった系統的な歴史を考えてみると，海鳥としての印象が強い本種も，潜在的に淡水環境で生息・生育できるのであろう．多くの繁殖地や越冬地においても，干潟や河口以外に頻繁に水田も採餌場所（図 2.5）として利用しており，本種の生息に関して無視できない生息環境である可能性が高い．日本においても調査が進むにつれて，こういった内陸地の利用に関する情報が集まりつつある．筆者も福岡・今津干潟周辺にて（福岡市西区・糸島市），内陸の調整池や河川で摂餌する個体を複数回見かけた．本種は沿岸湿地を利用するシギ・チドリのような海鳥と，ツルやコウノトリの仲間や田園で見かけることの多いサギ類といった，おもに内陸水域を利用する鳥類が必要とする環境の，両方をともに利用しているように見える．このことはクロツラヘラサギの保全を考えるうえで，干潟を中心とする沿岸環境のみならず，隣接する田園や，さらに内陸の生息可能地の重要性の評価，そしてそれらのつながりも考慮していく必要があることを強く示している（Wood *et al.* 2013）．

図 2.5 水田で餌を探すクロツラヘラサギ（韓国・江華島）.

(2) 「繁殖地」と「越冬地」を結ぶ「中継地」

　発信器を装着し日本へ飛来した個体もいる．2009 年 7 月 25 日にスハーンで標識された K85 と 2013 年 6 月 20 日にチルサンドで標識された S08 である（図 2.3）．チルサンドは最南端の繁殖地で，ここで発信器が装着されたのも初めてである．K85 は 10 月 19 日に渡りを開始し，20 日には釜山に到達した．その後，11 月 18 日に日本へ渡ってきた．そこは福岡県福岡市東区の多々良川河口で，翌日には隣接する和白干潟にも飛来した．和白干潟と多々良川河口域は日本有数の渡り鳥の越冬地として有名で，2003 年と 2013 年にそれぞれ国指定鳥獣保護区に指定されている．本種もこれら干潟を訪れる重要な種としてリストアップされている．K85 の渡りはここで終わりではない．21 日には福岡県北東部・苅田町と行橋市の間に流れる今川の河口へ移動し，少なくとも電波の途絶えた 2 月 8 日までこの地で過ごした．S08 も日本への玄関口として福岡を選択した個体だ．発信器の装着後，チルサンドから 75 km 北にあるキムジェ市沿岸のセマングム干潟内部とその周辺との間を数度往復している．なおこの干潟では韓国最大の干拓事業が推進されており，2006 年に 30 km を超える防潮堤も完成し，将来この干潟の大部分は消失する．福岡へは 10 月 16 日に飛来した．その場所は今津干潟の冒頭で述べた瑞梅寺川河口の小さな島である．翌日のデータは山口県山口湾椹野川の河口干潟からのものであった．そして

21日には福岡・和白干潟に舞い戻り，さらに23日には再び山口湾，100 km近くの距離を往復していた．2013年12月現在，S08は山口湾で越冬している．

この2例でも示されているのは，渡りの最終目的地に到達するまでに，中継する場所が複数あるということである．K85とS08はともに福岡市博多湾を中継地として利用していた．ほかの追跡個体も同様で，最終的な越冬地は，カンボジア，香港，台南，福建省福州などであったが，そこへ到達するまでに，黄海の中国本土側沿岸（塩城市沿岸や上海）や福建省福州などが頻繁に利用されている．さらに博多湾も含めてこれら本種の中継地（一部個体は越冬も行う）は，ほかの多くの渡り鳥にとっても主要な渡りのルートの一部であることは興味深い．このような中継地は渡り鳥にとって，長旅のエネルギー補給のために必要不可欠であり，よい中継地の存在が，渡りや渡り後の個体の生存率に影響を与えることが知られている（ギル2009）．本種も例外ではなく，これら中継地／越冬地のつながりが彼らの分散にとって重要であることは想像に難くない．まだ研究が進行中であるが，今津干潟の中継地としての重要性は，DNA解析データからも明らかになりつつある（Cho et al. 2010）．繁殖地ととくに日本国内における越冬地から脱落羽毛を集めて，そのmtDNAのタイプが解析されたところ，今津干潟で検出されたタイプ数はほかの地域よりも多い傾向があった．つまりさまざまな地域からさまざまなDNAタイプを持った個体が博多湾を訪れて，さらにその先の目的地へ向かっている可能性がある．これら頻繁に利用されている中継地は，いわば国際空港――「ハブ」と表現される．本衛星追跡により「ハブ」的生息地がより明確になったとともに，「点」であった各生息地が「線」で結ばれた．

(3)　1日の個体の動きを追う

衛星追跡ではこれまでに述べてきたような長距離にわたる個体の移動のほかに，1日のなかでの小さな移動，つまり日周行動も追跡可能である．図2.6はS08の山口湾周辺での動きである．図の中心部に線が集中し，そこからおもに河口および河川上流へ複数の線が伸びていることがわかる．今後詳細な解析が必要ではあるが，この湾の線が集中する場所には小さな2つの砂州があり，どうやらS08はこの場所を休息や睡眠に利用し，そこから周辺へ飛び立って，昼夜を問わず餌を探しているようである．このような越冬地や，繁殖地における1日の行動を追跡することで，「摂餌場所」と「休息場所」が特定できるだけでなく，本種の生息においてとくに重要な地点を地点間のつながりとして抽

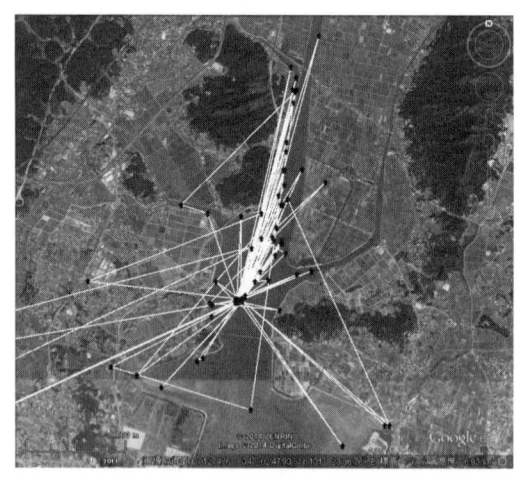

図 2.6 山口湾での S08 の動き.

出することが可能となる．内陸地利用の様子もより詳細に明らかになるだろう．こういったいわゆる地理情報（GIS）解析は，もちろん本種の保全を考えるうえで非常に有効かつ必要な情報を提供するだろう．

2.5 渡り鳥でつながる湿地——国を超えるネットワーク

（1） 東アジア・オーストラリア地域フライウェイ

これまでの研究によりクロツラヘラサギがじつに広域にさまざまな環境を利用し，内陸地の利用も含めて変化に富む渡りのルートを持つことが見えてきた．初め「点」であった情報が，「線」としてつながり，これらは広域な「面」を構成している．この本種の渡りが示す「面」は，東アジア・オーストラリア地域フライウェイ（EAAF）に共有され，その大きな部分を占めている．1996年のラムサール条約第 6 回締約国会議を契機に，「アジア・太平洋地域渡り性水鳥保全戦略」が締結され，2006 年に EAAF パートナーシップ（EAAFP）として，各国の生物多様性国家戦略とも連携した地方自治体・市民・NGO による国際ネットワークが稼働している（EAAFP 2013）．関連国は 22 カ国にのぼる．EAAFP では地域から 700 以上の重要湿地を抽出し，さらにラムサール条約湿地登録基準と照らし，113 の地点を重要湿地ネットワークとしてい

る．またこの湿地ネットワークのカギとなる種（key species）として，シギ・チドリ類，ツル類，ガン・カモ類などから 33 種が取り上げられ，クロツラヘラサギも EAAFP を象徴するキー（key）種の1つである．第1章のニホンウナギを通した東アジアのつながりでも触れられているが，広域に分布する種の保全を考えるうえで，異なる国や組織，そしてそれらを超えた協働なしにはこれは成り立たない．EAAFP では 2012 年に新たな保全への実施戦略を採択した（EAAFP 2012）．本種のみならず複数の種と多くの生息地，そして国を超えた人々を結ぶ面的ネットワークによる，広域生態系保全への取り組みも進んでいる．

（2） 干潟の「つながり」の消失はなにをもたらすか

現在，沿岸湿地帯は確実に減少し続けている．過去 50 年間に本種の最大の繁殖地である韓国ではその 60％ を，中国では 50％，日本においても 40％ を失った．干潟とその生態系は渡り鳥に限らず多くの生物にとって良好な生息地であるし，避難所そして採餌場所である．干潟の消失は，簡単にいうとこれら生物の絶滅を招く．実際に干潟を利用するシギ・チドリ類の研究では，1970 年代初頭から 1985 年までに，日本へ渡来する個体数が 40-50％ 減少したとされる（天野 2006）．

個体数を増やしているクロツラヘラサギは安全なのだろうか．もちろんそうではない．DNA 解析（現在の遺伝的多様性）から推定された過去の歴史的な個体数は1万 320（95％ 信頼区間：1976-37254）個体（Yeung et al, 2006）とされ，現在の個体数よりも 3.5 倍程度大きい．それにもかかわらず，個体数の増加率は頭打ちの傾向にあり，現在の生息地面積では，その収容力の最大に達している可能性もある．日本への渡来が増加してきたのは，さらには一部の内陸地の利用も含めて，もしかすると消えていく生息地を追われ，あふれてしまった個体の分散を示しているのかもしれない．では，少数の重要とされる干潟のみを保全すればよいか．これも当然，NO である．衛星追跡においても，いくつもの中継地の存在が明らかとなった．まだ体力のない幼鳥にとっては，中継地はとくに重要であることは容易に想像できる．一見，地理的に離れているように見える干潟や内陸湿地も，多種多様な渡り鳥によってつながれ，物質とエネルギーを相互に移動させている．渡り鳥もまたこのつながりによりその個体数を維持できるといえる．「つながり」の消失・分断は，すなわち生物多様性の減少へと直接的につながるわけである．本来，干潟や湿地は遷移帯である．

河川から土砂が運ばれ，陸地が広がるとともに，干潟も徐々に沖へとその場所を移していく．現在の沿岸環境を見ると，堤防や港湾設備により護岸は固められ，いわば遷移を食い止めている状態といえる．もはや干潟の維持そのものもヒトの手で管理しなければならなくなっているのが現実である．クロツラヘラサギの追跡と目視調査，遺伝学的研究から見えてきた事実は，ヒトによる攪乱を受け続け，かつ生物により広域につながるこれら湿地帯を，いかに持続的に保全していくのかという課題を改めて認識させ，本研究プロジェクトやEAAFPといった国際協働による取り組みの重要性をよりいっそうに浮かび上がらせている．

引用文献

天野一葉．2006．干潟を利用する渡り鳥の現状．地球環境，11：215-226.

BirdLife International. 2012. *Platalea minor*. In IUCN 2013. IUCN Red List of Threatened Species. Version 2013.2. http://www.iucnredlist.org

BirdLife International. 2013. Species factsheet：*Platalea minor*. Downloaded from http://www.birdlife.org

Boere, G. C. and D. A. Stroud. 2006. The flyway concept：what it is and what it isn't. *In*（Boere, G. C., C. A. Galbraith and D. A. Stroud, eds.). Waterbirds around the World. pp. 40-47. The Stationery Office, Edinburgh.

Chesser, R. T., C. K. L. Yeung, C.-T. Yao, X.-H. Tian and S.-H. Li. 2010 Molecular phylogeny of the spoonbills（Aves：Threskiornithidae) based on mitochondrial DNA. Zootaxa, 2603：53-60.

Cho, H.-J., M. Eda, S. Nishida, K.-S. Lee, J.-R. Chong and H. Koike. 2010. Revealing the genetic structure of the Black-faced spoonbill by mitochondrial DNA analysis. Abstracts book on International Symposium on "Ecology, Migration and Conservation of the Black-faced Spoonbill". Global COE Program for Asian Conservation Ecology. Fukuoka, Japan.

CLS. 2013. ARGOS User's Manual. CLS, France. 63pp. http://www.argos-system.org/files/pmedia/public/r363_9_argos_users_manual-v1.5.pdf

EAAFP. 2012. 東アジア・オーストラリア地域フライウェイ・パートナーシップ実施戦略（2012-2016年）．日本語翻訳版．http://www.eaaflyway.net/the-partnership/strategies/implementation-strategy/　EAAFP, 13pp.

EAAFP. 2013. East Asian-Australasian Flyway Partnership Information Brochure. http://www.eaaflyway.net/resources/eaafp-publications/　EAAFP, 20pp.

ギル，フランク．B．（山岸哲日本語版監修；山科鳥類研究所訳）．2009．鳥類学［原書第3版］．新潮社，東京．

樋口広芳．2005．鳥たちの旅――渡り鳥の衛星追跡．日本放送出版協会，東京．

川瀬久美子．2014．干潟はどこで育まれるか——干潟の地形の多様性の整理と検討．（山下博由・李善愛，編：干潟の自然と文化）pp. 1-17．東海大学出版部，秦野．

MacKinnon, J., Y. I. Verkuil and N. Murray. 2012. IUCN situation analysis on East and Southeast Asian intertidal habitats, with particular reference to the Yellow Sea (including the Bohai Sea). Occasional Paper of the IUCN Species Survival Commission No. 47. Gland, Switzerland and Cambridge, UK：IUCN. 72pp. http://www.iucn.org/asiancoastalwetlands

正富宏之・古賀公也・井上雅子・胡東宇．2004．中国のタンチョウ越冬地「塩城自然保護区」における現状と課題．保全生態学研究，9：141-151．

日本鳥学会．2012．日本鳥類目録改訂第 7 版．日本鳥学会，東京．

日本野鳥の会．2013．ウェブページ——クロツラヘラサギ調査研究プロジェクト．http://www.wbsj.org/activity/conservation/endangered-species/bfs-pj/

Ueta, M., D. S. Melville, Y. Wang, K. Ozaki, Y. Kanai, P. J. Leader, C. C. Wang and C. Y. Kuo. 2002. Discovery of the breeding sites and migration route of Black-faced Spoonbills *Platalea minor*. Ibis, 144：340-343.

Wood, C., H. Tomida, J.-H. Kim, K.-S. Lee, H.-J. Cho, S. Nishida, I. Djamaluddin, W.-H. Hur, H.-J. Kim, S.-H. Kim, H. Koike, G. Fujita, H. Higuchi and T. Yahara. 2013. New perspectives on habitat selection by the Black-faced Spoonbill *Platalea minor* based upon satellite telemetry. Bird Conservation International, 23：495-501.

Yeung, C. K.-L., C.-T. Yao, Y.-C. Hsu, J.-P. Wang and S.-H. Li. 2006. Assessment of the historical population size of an endangered bird, the Black-faced Spoonbill (*Platalea minor*) by analysis of mitochondrial DNA diversity. Animal Conservation, 9：1-10.

Yu, Y. T. 2013. The International Black-faced Spoonbill Census 2013. The Hong Kong Bird Watching Society, Hong Kong.

第3章 大気と水のつながり
国境をまたぐ汚染と流域圏管理
智和正明

　近年，PM 2.5（微小粒子状物質）が全国的な話題となっているように，東アジア大陸からの越境大気汚染が著しい．PM 2.5以外にも窒素の越境大気汚染が問題になっている．大気からの窒素供給が過剰になると，森林生態系が窒素飽和し，余った窒素が河川水として流れ出る．生態系における窒素供給量の増加は生物多様性の低下を引き起こす場合が多い．従来，窒素の河川汚濁の原因はおもに都市域・農地であり，森林からの寄与は小さいとされてきた．しかし，近年の森林生態系の窒素飽和や，国内における過去20-30年の農地・都市域の土地利用の変化は，各土地利用からの汚染源の大きさを相対的に変化させている可能性がある．このような流域内における環境変化を考慮したうえで河川汚濁における森-川-海のつながりを意識することは，近年の流域圏における水質管理に重要である．本章では，国境をまたいだ越境大気汚染やそれによる森林からの河川汚濁について述べ，さらにそれが下流域・海域の水質に与える影響について述べる．

3.1 東アジアにおける越境大気汚染――国と国のつながり

（1） 東アジアにおける窒素汚染の増加

　産業革命以降，大気中へ排出される窒素化合物は増加し始めた．とくに1960年以降，地球規模で急激に増加し，現在は産業革命以前の排出量の約10倍に至っている（Galloway 2005）．近年はアジアでその増加が顕著である．図3.1に北半球における窒素酸化物（NO_x）排出量の近年の経年変化を示す．北米や欧州では1980年以降ほぼ一定であり，さらに1990年以降は欧州では減少傾向にある．一方で，アジアのNO_x排出量は1970年代は低かったが，それ以降は顕著に増加し，1990年代中期には北米や欧州を上回っている．アンモニ

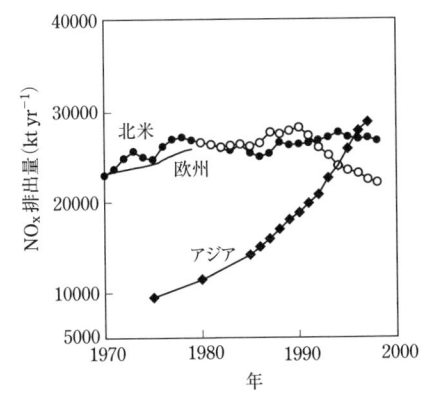

図 3.1 北米（アメリカ合衆国，カナダ），欧州（ロシア，中東を含む），アジア（東，東南，南アジア）における人為的に発生した窒素酸化物（NO_x）排出量の経年変化（Akimoto 2003 より改変）．

ア（NH_3）排出量も，1990 年と比べて 2000 年には 35% 程度上昇している（Street et al. 2003）．アジアにおける窒素汚染は今後も悪化することが懸念されている（Ohara et al. 2007）．

アジア地域のなかでも，とくに中国は近年の経済発展によって NO_x 排出量の増加が大きい．Ohara et al.（2007）は，1980–2003 年におけるアジア地域の NO_x を含めた大気汚染物質の排出量をまとめた．その結果，1980 年代と比べて 2003 年では 1.8 倍増加していることを報告している．アジア地域の NO_x 排出量のうち中国は約 65% を占めている．2000 年以降も NO_x 排出量は増加している（Liu et al. 2013）．さらには，NH_3 排出量も，アジア地域の排出量の約 50%（2000 年）を占め（Street et al. 2003），1980 年と比べて 2010 年には約 2.5 倍程度増加している（Liu et al. 2013）．

一方で日本国内の窒素化合物排出量は，近年は減少傾向にある．国内の NO_x 排出量は近年ほぼ横ばいか，若干減少している（Ohara et al. 2007; Regional Emission Inventory in Asia, http://www.nies.go.jp/REAS/）．さらに，NH_3 も近年の農業の衰退によってその排出量は減少しているものと考えられる．実際に，2000 年と比べて 2008 年の NH_3 の国内の排出量は 10% 程度低下している．しかし，東アジア地域において増加しているため，今後は国家間スケールでこの問題に取り組む必要がある．

Box-3.1 輸送中における汚染物質の化学変化

　大気中に放出された窒素酸化物やアンモニア（NH_3）などの窒素化合物は，たんに風によって運ばれるだけではなく，輸送中にもさまざまな化学反応が起こる．窒素酸化物は大気中で酸化され，硝酸（HNO_3）が生成される．NH_3 は以下に示したような式（1）と（2）のように硫酸（H_2SO_4）や HNO_3 と中和反応し，粒子態（エアロゾル）となる．なお，これらのエアロゾルのうち粒子径が 2.5 μm 以下のものが PM2.5 であり，硝酸アンモニウムや硫酸塩は PM2.5 の主成分である．

$$HNO_3(g) + NH_3(g) \rightleftarrows NH_4NO_3(p) \qquad (1)$$
$$NH_3 + H_2SO_4 \rightarrow (NH_4)_2SO_4 \qquad (2)$$

　これらの反応のうち，H_2SO_4 との反応（2）が優先的に行われる．さらに，NH_3 と HNO_3 との反応は化学的に平衡であるため，大気中で NH_4NO_3 と平衡状態で存在する NH_3 は H_2SO_4 との反応が進むことで NH_3 が奪われる．こうして，NH_4NO_3 から NH_3 が生成する反応が進む．このために，H_2SO_4 を中和するまで反応（2）が進む．もし，NH_3 が少ない場合，NH_3 による H_2SO_4 の中和は不完全となる．さらには HNO_3 との中和も不完全となり，NH_4NO_3 の生成も少なくなる．その場合，HNO_3 の一部は，Na や Ca といった海塩粒子と反応して，硝酸エアロゾルとなる．

$$NaCl + HNO_3 \rightarrow NaNO_3(s) + HCl(g) \qquad (3)$$
$$CaCO_3 + 2HNO_3(g) \rightarrow Ca(NO_3)_2 + H_2O + CO_2 \qquad (4)$$

　これら海塩粒子との反応は SO_2 よりも HNO_3 のほうが効率的に行われるとされている．このように，窒素化合物が東アジアから日本に運ばれてくる間にさまざまな化学反応を経ており，変成される物質は，H_2SO_4，SO_2，NH_3 の量によって変わることになる．

（2）日本に運ばれる大気汚染物質

　大気中に排出された窒素化合物は雲に溶け込んだり，風によって運ばれたりすることで広域的に輸送されうる．東アジア地域は，とくに冬期や春期に偏西風が顕著である．このため，東アジア大陸の東側に位置している日本は，東アジア大陸からの汚染物質の輸送による影響を大きく受ける可能性がある．そのような国をまたいだ汚染物質の輸送が 1980 年代ごろから指摘され始め，おも

に硫黄化合物を主体とした報告がなされた（Mukai *et al.* 1990）．最近では，これに加えて，光化学オキシダント（Yamaji *et al.* 2006）やPM 2.5（Seto *et al.* 2013）の輸送が顕在化している．

このような汚染物質の輸送を解析するために，日本各地で後方流跡線解析による解析が行われている．後方流跡線解析とは，ある地点の大気がどこから輸送されてきたのかを知るために，気象モデルを使って過去（数日間前）の気塊の流れを追跡する解析方法のことである．流跡線解析の結果，冬期の北西季節風に乗って空気が東アジア大陸から屋久島（永淵 2000），北九州地方（Chiwa 2010；Seto *et al.* 2013），立山（Watanabe *et al.* 2010）や日本海側に面する地域（畠山 2003）に輸送される過程が明らかとなっている．

このような大陸スケールの汚染物質の輸送によって，日本国内の窒素沈着量（大気から地表面への供給量）が増加していることが報告されている．Morino *et al.*（2011）は日本国内の窒素の湿性沈着量が1989–2008年において年間2–5％ずつ増加していることを報告しており，その原因として中国からの長距離輸送の増加を指摘している．さらに，Chiwa *et al.*（2013）も九州山岳地域における窒素沈着量が1991年と比べて2009–11年では2–3倍増加していることを報告している．このように，東アジア地域における窒素化合物の排出量の増加によって日本における窒素沈着量が増加しており，国境をまたぐ汚染が引き起こされていると考えられる．

3.2　流域生態系への影響——森–川–海のつながり

（1）　窒素がなぜ「悪」なのか——生態系，生物多様性への影響

窒素はアミノ酸などの生体物質に含まれており，すべての生物にとって必須元素の1つである．窒素ガス（N_2）は大気中の78％を占めているが，化学的に安定であるため，ほとんどの生物は大気中のN_2を直接利用することができない．したがって，反応性窒素が増えることは生物にとって有益のはずである．もちろん，大気中の反応性窒素は反応性に富むため，NO_x，硝酸（HNO_3），ペルオキシアシルナイトレート（PAN）といった窒素化合物は生物の生理活性に有害な物質となりうる．しかし，ここでは生物の必須元素である窒素がなぜ「悪」になりうるのかを考えてみたい．

窒素の流入源としては通常は大気由来であり，その量はその生態系が要求す

Box-3.2 生態系における窒素循環

　生物に必要な窒素は通常は岩石に存在しない．このため，窒素の供給源は大気となる（図3.2）．N_2 はほとんどの生物が利用することができないが，窒素固定菌と呼ばれる特定の細菌は大気中の N_2 をアンモニウム塩（NH_4^+）に変換することができる．この作用はハーバー・ボッシュ法のように人工的に N_2 を NH_4^+ に変換する窒素固定に対して自然界で起こることから，生物的窒素固定という．

　このほかの経路として大気沈着がある．この沈着経路としては，降水によって地上にもたらされる湿性沈着と，大気中の窒素化合物が地表面に直接到達する乾性沈着がある．湿性沈着は大気沈着の主要な経路であり，数〜数十 kg N ha^{-1} yr^{-1} 程度である．乾性沈着は，湿性沈着と比べると通常は少ないとされる．しかし，都市域や都市近郊域では，大気中の窒素化合物濃度が高いために乾性沈着量が湿性沈着量に匹敵するかそれ以上になる場合がある（Chiwa *et al.* 2003）．

　このようにして生態系に入ってきた窒素は生物によって利用される．無機態窒素（NO_3^- や NH_4^+）は，微生物や植物によって吸収され，アミノ酸などの有機物として取り込まれる．これを窒素同化と呼ぶ．その後，同化された有機態窒素は落葉などによって林床や土壌へ供給され，その後微生物によって分解され，NH_4^+ が分泌される．この過程を窒素無機化もしくはアンモニア化と呼ぶ．さらに，この NH_4^+ は場合によっては，中間生成物として NO_2^- に酸化され，さらに NO_3^- に酸化される．この過程を硝化と呼ぶ．こ

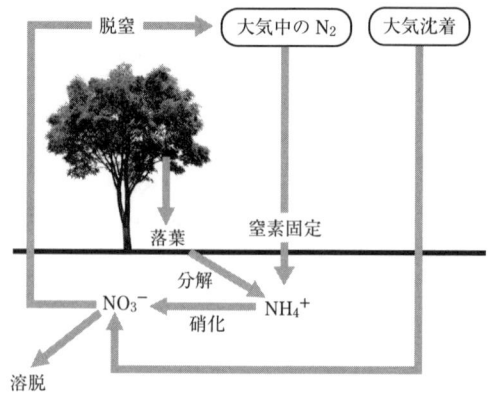

図 3.2　森林生態系における窒素循環の概略図．

れらの過程で生成された無機態窒素は，植物や微生物によって再び同化される．このように森林生態系に供給された窒素が系内で同化，分解を繰り返し窒素が循環している．この循環を内部循環と呼ぶ．

森林生態系内部で窒素が循環する際に，窒素が系外に出ていく経路がある（図3.2）．土壌中のNO_3^-は酸素濃度が低く有機物が多い状態のときに脱窒菌によって亜酸化窒素（N_2O），N_2となり大気へ放出される．この過程を脱窒と呼ぶ．さらに，土壌中のコロイド粒子は通常は負に帯電しているため，土壌中のNO_3^-は吸着されない．このため，NO_3^-が同化されないと水とともに渓流水として系外に流出される．この過程を溶脱と呼ぶ．

る窒素量と比べると少ない．このため，温帯林の生態系は通常は窒素制限にあるとされる．窒素制限下にある生態系は窒素沈着量が増えると，生産量が向上することが知られており，窒素沈着量の増加で森林のCO_2吸収量の増加が見られるという報告もある（De Vries et al. 2006; Magnani et al. 2007）．

しかし，増加した沈着量がさらに長期的に生態系に入ってくると，生態系内に窒素が蓄積され，それまで窒素制限下にあった生態系はもはや窒素制限ではなくなる．そうすると窒素が増加しても，その生態系は成長量の上昇といった反応を示さなくなる．このように生態系内において流入する窒素が要求する窒素よりも多くなる状態を窒素飽和という．Moore (1995) は，このような状態を"too much of a good thing（ありがた迷惑）"と表現した．つまり，供給される窒素はありがたいが，多すぎるわけである．成長量の上昇などの反応を示さなくなるだけであれば問題ないように思われるが，このような過剰な窒素供給は植物に「悪」影響を与えることが知られており，冬期における耐寒性の低下（Skeffington and Wilson 1988; Sheppard et al. 2008）や病虫害被害の助長（Skeffington and Wilson 1988）が指摘されている．

さらに，このような窒素供給量の増加によって生物多様性の低下を引き起こすことが懸念されている．Salaらは，2100年における陸域生態系の生物多様性の変化を解析したところ，窒素沈着は土地利用の変化，気候変動についで生物多様性に与える影響が大きいとしている（Sala 2000）．とくに，北部温帯林では土地利用の変化がすでに起こっているため，今後は窒素沈着による影響がもっとも大きいと考えられている．多様性低下のメカニズムは生態系のタイプによって異なるが，主要なものとして種間競争のバランスの変化を介した多様

性低下があげられる．たとえば高層湿原のように，もともと低い窒素供給によって特徴づけられる場所の生態系は，そのような環境に適応した固有性の高い生物相で構成される場合が多い．窒素供給量が増えると，もともとは生育できなかった競争力の強い種が侵入しやすくなり，固有な生物相が失われることが予測される．

（2） 森林のメタボ化——森林の窒素飽和

　大気から過剰に窒素が供給され続けると，先述したような窒素飽和が森林生態系でも起こると考えられる．森林生態系が窒素飽和した結果，同化されない無機態窒素が増加し，硝酸イオン（NO_3^-）の溶脱が増加することが知られている（Stoddard, 1994）．Dise and Wright (1995) は，欧州の65カ所の森林において窒素沈着量と流出量（溶脱量）の関係について調査した．その結果，窒素沈着量が 10 kgN^{-1} yr^{-1} を下回る場合は，NO_3^- の溶脱量の増加は認められないが，窒素沈着量が 10–25 kgN^{-1} yr^{-1} の場合は，NO_3^- の溶脱がいくつかの森林で認められることを指摘している．25 kg N^{-1} yr^{-1} 以上になると，すべての森林で NO_3^- の溶脱が起こることを指摘している．NO_3^- 流出の増加が引き起こす窒素沈着量の閾値は北米では 9–13 kg N ha^{-1} yr^{-1} と提唱されており（Aber et al. 2003），日本でも 10 kg N ha^{-1} yr^{-1} が提唱されている（Ohrui and Mitchell 1997）．このように，大気由来の窒素を森林が「食べきれずに」，系外に流出するため，「森林のメタボ化」を引き起こしていると考えられている．

　国内では，都市近郊林を中心に森林からの NO_3^- の溶脱が報告されている．これは，都市近郊林では近郊の都市域から排出された NO_x が多く，窒素沈着量が多いためである．さらに先述のように，窒素沈着量の増加は国内からだけではなく，長距離輸送による報告がなされているため，今後は東アジアからの長距離輸送にも目を向ける必要がある．

（3） 森林が下流域・海域の水質に与える影響——博多湾流域の事例

　森林は国土面積の67％を占め，陸域生態系の重要な構成要素である．森林は通常，窒素制限下にあり，大気由来の窒素を保持することから，渓流水へ溶脱する NO_3^- は少なく，渓流中の窒素濃度は低い．このために，下流域の河川水における窒素汚染を和らげる効果があると考えられている．しかし近年，先述のような森林生態系の窒素飽和が多くの研究で明らかにされており，上流域の河川水は必ずしも窒素濃度が低いとはいえない（古米ほか 2012）．したがっ

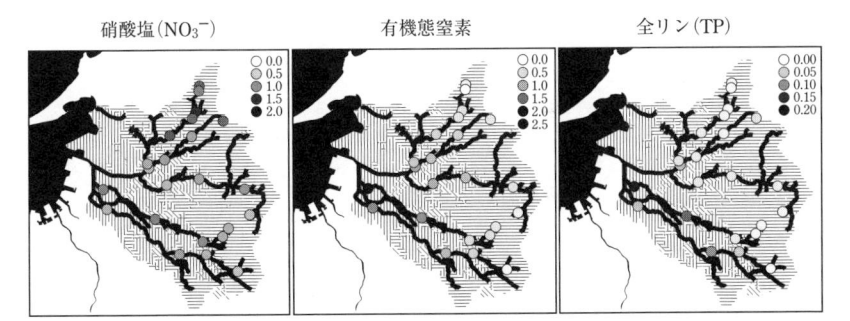

3.2 流域生態系への影響　47

硝酸塩(NO₃⁻)　　　　有機態窒素　　　　全リン(TP)

□ 森林　☒ 農地　▦ 都市　━ 川

図3.3 博多湾流域における河川水中の硝酸塩（NO₃⁻; mgN/L），有機態窒素（ON; mgN/L），全リン（TP; mgP/L）濃度の空間分布（Chiwa et al. 2012 より改変）．博多湾流域の主要5河川の上流域（森林）から下流（都市・農地）域において，合計23地点で2008年11月から2009年10月にかけて2-3カ月ごとに計6回採水．

て，このような森林域からの窒素流出の増加が農地や都市域を含めた下流域の河川水質に与える影響を検討する必要がある．そこで，窒素飽和した森林が下流域の河川水質に与える博多湾流域の事例について紹介する．

　まず，博多湾上流域における森林生態系の窒素飽和について述べる．博多湾上流域は，渓流水中のNO₃⁻濃度が高く，窒素飽和していると考えられている (Chiwa et al. 2010, 2012)．窒素沈着量は16 kgN⁻¹ yr⁻¹ (Chiwa et al. 2010) である．この値は先述した窒素流出を引き起こすとされる閾値（10 kgN⁻¹ yr⁻¹）を上回っている．博多湾流域における窒素沈着量は過去20年で増加し続けており，20年前と比べて2倍以上増加している．この原因の1つに東アジア大陸からの窒素化合物の長距離輸送が考えられている．

　博多湾流域の河川水中のNO₃⁻濃度は上流の森林域ですでに高く，下流域と同程度であり（図3.3），農地や都市域の面積が増加しても下流域における河川水中のNO₃⁻濃度は上昇しなかった．このことは，窒素飽和した森林から流出するNO₃⁻は下流域の河川水質に影響を与えているほど濃度が高いことを示しており，森林は河川水の重要な汚染源であると考えられる．

　ここで河川水への汚染源について触れておきたい．河川水への汚染源としては点源負荷と面源負荷に分かれる．点源負荷とは，汚染源が地図上で点として認識できる汚染源であり，工場，事業場，下水処理場，家庭，畜産といったものが例としてあげられる．面源負荷は，汚染源が点として認識できない汚染源であり，森林，農地，都市域といったものである．点源負荷は汚染削減の対策

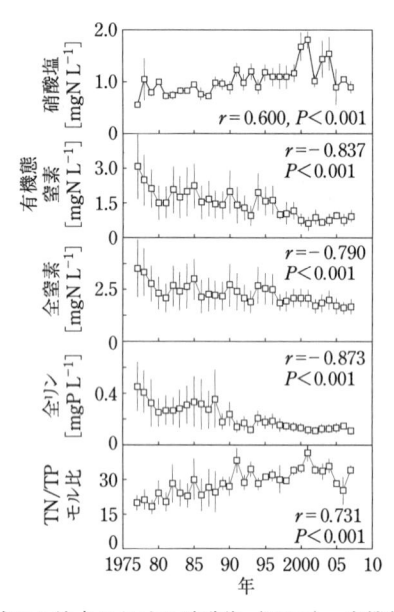

図3.4 博多湾下流域の3地点における硝酸塩（NO_3^-），有機態窒素（ON），全窒素（TN），全リン（TP）濃度および TN/TP モル比の経年変化（Chiwa *et al.* 2012 より改変）．エラーバーは3地点の標準誤差．

が比較的容易であるのに対して，面源負荷は対策が困難とされる．博多湾流域における森林からの窒素負荷量は 10 kgN ha^{-1} yr^{-1} 程度と見積もられている（Chiwa *et al.* 2010）．博多湾流域における農地や都市域からの窒素流出量は詳細なデータはないが，世界各地で見積もられている農地（3-39 kgN ha^{-1} yr^{-1}）や都市域（2-15 kg N ha^{-1} yr^{-1}）に匹敵する値である．このことからも博多湾流域の森林は重要な窒素汚染源であることがわかる．

　窒素飽和した森林の影響が博多湾流域で顕著に見られているのは，本下流域の都市域や農地からの窒素流出が減少しているためでもある．博多湾では過去30年で農地面積が 70% も減少しており，農地からの窒素流出が減少している可能性が高い．同時期に農地から商用地など都市域への土地利用の転換が図られている．このため，都市域からの窒素流出の増加が予想されるが，下水道施設の整備の拡充によって都市域からの汚染物質の流出も抑えられていると考えられる．農地や都市域からの窒素やリンの流出が減少していることは，過去30年間における全リンや有機態窒素濃度の減少からも認められる（図3.4）．

さらに，全リン濃度は博多湾上流域で低く，下流域で高い傾向が認められること（図 3.3）も農地や都市域が全リンの汚染源であり，森林からの寄与は小さいということを示している．

博多湾流域では農地面積の減少や下水道設備の拡充によって河川水の N と P 汚染は減少しているにもかかわらず，河川水の NO_3^- 濃度は上昇し続けている（図 3.4）．このため河川水の N：P 比は一貫して上昇している（図 3.4）．N：P 比は生物生産において，N か P のどちらに栄養制限があるかを判断する指標としてよく利用される．レッドフィールド比（N：P 比 16）にもとづくと，博多湾下流域における N：P 比は 16 を大きく上回っているため，P 制限になっていると判断できる．この状態はプランクトンの多様性や食物連鎖網の低下を引き起こすと考えられている（Elser *et al.* 2009）．このことから NO_3^- の汚染源を削減する必要がある．上述のように，森林からの窒素流出が多いため，森林からの NO_3^- 流出を削減することが効果的な NO_3^- の汚染源の削減につながると考えられる．

3.3 流域圏管理における新しい課題

本章では，越境大気汚染が流域の河川水質に与える影響を東アジアスケールでの大気の輸送や流域スケールでの河川を通じた窒素の移動から述べた．大気化学，森林生態学，森林水文学など複数の分野から横断的に見てみると，流域圏管理における新しい課題が見えてくる．先述したような森林からの NO_3^- 流出の削減は，今後行うべきと考えられる新しい課題の 1 つである．

森林からの NO_3^- 流出の削減のためには，森林の窒素保持能の強化や大気沈着量を削減する必要がある．窒素保持能の強化には，森林の再造林化などの地域的な規模の対策が必要である．国内では，1950-60 年代に 1000 万 ha もの面積のスギやヒノキの植栽が行われ，現在は成熟期を迎えている．樹木が高齢化すると窒素の吸収量が減り（Fukushima *et al.* 2011），同じ窒素沈着量でも窒素飽和しやすくなると考えられている．このために，窒素保持能の低下を引き起こす．したがって，窒素保持能の強化のためにも人工林の再造林化を行う必要がある．さらに，大気沈着量の削減には国内の対策のみでなく，国家間の規模での対策が必要となる．つまり，地域的な河川水の汚染対策には国家間レベルでの取り組みが必要となることを示している．

引用文献

Aber, J. D., C. L. Goodale, S. V. Ollinger, M. L. Smith, A. H. Magill, M. E. Martin, R. A. Hallett and J. L. Stoddard. 2003. Is nitrogen deposition altering the nitrogen status of northeastern forests? Bioscience, 53：375–389.

Akimoto, H. 2003. Global air quality and pollution. Science, 302：1716–1719.

Chiwa, M. 2010. Characteristics of atmospheric nitrogen and sulfur containing compounds in an inland suburban-forested site in northern Kyushu, western Japan. Atmospheric Research, 96：531–543.

Chiwa, M., D. H. Kim and H. Sakugawa. 2003. Rainfall, stemflow, and throughfall chemistry at urban- and mountain-facing sites at Mt. Gokurakuji, Hiroshima, Western Japan. Water Air and Soil Pollution, 146：93–109.

Chiwa, M., R. Maruno, J. Ide, T. Miyano, N. Higashi and K. Otsuki. 2010. Role of stormflow in reducing N retention in a suburban forested watershed, western Japan. Journal of Geophysical Research-Biogeosciences, 115：11.

Chiwa, M., N. Onikura, J. Ide and A. Kume. 2012. Impact of N-saturated upland forests on downstream N pollution in the Tatara River Basin, Japan. Ecosystems, 15：230–241.

Chiwa, M., T. Enoki, N. Higashi, T. Kumagai and K. Otsuki. 2013. The increased contribution of atmospheric nitrogen deposition to nitrogen cycling in a rural forested area of Kyushu, Japan. Water Air and Soil Pollution, 224：1763.

De Vries, W., G. J. Reinds, P. Gundersen and H. Sterba. 2006. The impact of nitrogen deposition on carbon sequestration in European forests and forest soils. Global Change Biology, 12：1151–1173.

Dise, N. B. and R. F. Wright. 1995. Nitrogen leaching from European forests in relation to nitrogen deposition. Forest Ecology and Management, 71：153–161.

Elser, J. J., T. Andersen, J. S. Baron, A. K. Bergstrom, M. Jansson, M. Kyle, K. R. Nydick, L. Steger and D. O. Hessen. 2009. Shifts in lake N：P stoichiometry and nutrient limitation driven by atmospheric nitrogen deposition. Science, 326：835–837.

Fukushima, K., R. Tateno and N. Tokuchi. 2011. Soil nitrogen dynamics during stand development after clear-cutting of Japanese cedar (*Cryptomeria japonica*) plantations. Journal of Forest Research, 16：394–404.

古米弘明・川上智規・酒井憲司（編）．2012．森林の窒素飽和と流域管理．技報堂，東京．

Galloway, J. N. 2005. The global nitrogen cycle. In (Schlesinger, W. H., ed.) Biogeochemistry. Vol. 8 Treatise on Geochemistry. pp. 557–583. Elsevier, Oxford.

畠山史郎．2003．酸性雨．日本評論社，東京．

Liu, X., Y. Zhang, W. Han, A. Tang, J. Shen, Z. Cui, P. Vitousek, J. W. Erisman, K. Goulding, P. Christie, A. Fangmeier and F. Zhang. 2013. Enhanced nitro-

gen deposition over China. Nature, 494：459-462.
Magnani, F., M. Mencuccini, M. Borghetti, P. Berbigier, F. Berninger, S. Delzon, A. Grelle, P. Hari, P. G. Jarvis, P. Kolari, A. S. Kowalski, H. Lankreijer, B. E. Law, A. Lindroth, D. Loustau, G. Manca, J. B. Moncrieff, M. Rayment, V. Tedeschi, R. Valentini and J. Grace. 2007. The human footprint in the carbon cycle of temperate and boreal forests. Nature, 447：848-850.
Moore, P. D. 1995. Pollution：too much of a good thing. Nature, 374：117-118.
Morino, Y., T. Ohara, J. Kurokawa, M. Kuribayashi, I. Uno and H. Hara. 2011. Temporal variations of nitrogen wet deposition across Japan from 1989 to 2008. Journal of Geophysical Research-Atmospheres, 116：17.
Mukai, H., Y. Ambe, K. Shibata, T. Muku, K. Takeshita, T. Fukuma, J. Takahashi and S. Mizota. 1990. Long-term variation of chemical-composition of atmospheric aerosol on the Oki Islands in the Sea of Japan. Atmospheric Environment, 24A：1379-1390.
永淵修. 2000. 樹氷の調査と試料分析.（佐竹研一，編：酸性雨研究と環境試料分析――環境試料の採取・前処理・分析の実際）pp. 51-69. 愛智出版，東京.
Ohara, T., H. Akimoto, J. Kurokawa, N. Horii, K. Yamaji, X. Yan and T. Hayasaka. 2007. An Asian emission inventory of anthropogenic emission sources for the period 1980-2020. Atmospheric Chemistry and Physics, 7：4419-4444.
Ohrui, K. and M. J. Mitchell. 1997. Nitrogen saturation in Japanese forested watersheds. Ecological Applications, 7：391-401.
Sala, O. E. 2000. Global Biodiversity Scenarios for the Year 2100. Science, 287：1770-1774.
Seto, T., S. Kim, Y. Otani, A. Takami, N. Kaneyasu, T. Fujimoto, K. Okuyama, T. Takamura and S. Hatakeyama. 2013. New particle formation and growth associated with East-Asian long range transportation observed at Fukue Island, Japan in March 2012. Atmospheric Environment, 74：29-36.
Sheppard, L. J., I. D. Leith, A. Crossley, N. Van Dijk, D. Fowler, M. A. Sutton and C. Woods. 2008. Stress responses of *Calluna vulgaris* to reduced and oxidised N applied under 'real world conditions'. Environmental Pollution, 154：404-413.
Skeffington, R. A and E. J. Willson. 1988. Excess nitrogen deposition, Issues for consideration. Environmental Pollution, 54：159-184.
Stoddard, J. L. 1994. Long-term changes in watershed retention of nitrogen：its causes and aquatic consequences. *In* (Baker, L. A., ed.) Environmental Chemistry of Lakes and Reservoirs. pp. 223-284. American Chemical Society, Washington.
Street, D. G., T. C. Bond, G. R. Carmichael, S. D. Fernandes, Q. Fu, D. He, Z. Klimont, S. M. Nelson, N. Y. Tsai, M. Q. Wang, J. H. Woo and K. F. Yarber. 2003. An inventory of gaseous and primary aerosol emissions in Asia in the year 2000. Journal of Geophysical Research-Atmospheres, 108：8809.

Watanabe, K., H. Honoki, A. Iwai, A. Tomatsu, K. Noritake, N. Miyashita, K. Yamada, H. Yamada, H. Kawamura and K. Aoki. 2010. Chemical characteristics of fog water at Mt. Tateyama, near the coast of the Japan Sea in Central Japan. Water, Air, and Soil Pollution, 211：379-393.

Yamaji, K., T. Ohara, I. Uno, H. Tanimoto, J. Kurokawa and H. Akimoto. 2006. Analysis of the seasonal variation of ozone in the boundary layer in East Asia using the Community Multi-scale Air Quality model：what controls surface ozone levels over Japan? Atmospheric Environment, 40：1856-1868.

第4章
ヒトと淡水魚類のつながり
東・東南アジアの生物多様性
鹿野雄一

　河川や湖沼などの淡水生態系は，集水域における人間活動の影響が文字通り水によって集約される場所であり，いわば面的に散在する情報が1点に集まる場所である．淡水生態系を構成する生物のなかでも魚類は，環境変化の影響を敏感に受ける生物であるとともに，食や観賞魚など人間とのつながりが深い．本章では東・東南アジアにおける淡水魚類多様性と人間との関係について各地域の具体的な事例を，局所スケール，流程スケール，生態系スケール，そして人間との直接的な関係の4つの視点から現場目線で論じる．

4.1　局所スケール

（1）　河川の瀬淵構造が支える魚類多様性

　まずは魚の目線に立って，局所的な空間スケールにおける場の物理的な多様性と魚類多様性について考えてみたい．川の内部の環境は一様ではない．浅かったり深かったり，大きな岩があればその裏で水が滞留したり，河畔林が上に生い茂って暗い場所もあれば開けて明るい場所もある．河川の魚類多様性は，このような河川内の局所的な物理環境多様性と大きく関連している．とくに上・中流域では，流れが速く浅い「瀬」と流れが遅く深い「淵」の繰り返し構造（瀬淵構造）がよく発達し，そのあり方が淡水魚類多様性を大きく左右する．
　図4.1Aは，マレーシアのとある小河川における環境と淡水魚類多様性の関係を，現場調査で得られたデータから作成した図である．矢印が各環境要素の程度を示し，各種がどのような環境要素を好むかが平面上で配置されている．全体的に水平軸の左側は「淵」の環境，右側は「瀬」の環境を示す．一方，垂直軸において，下側は河畔林の覆う暗い場所，上側は開けて明るい場所を示す．各種が好む環境がそれぞれあり，瀬淵構造や河畔林の有無が各魚種の分布に影

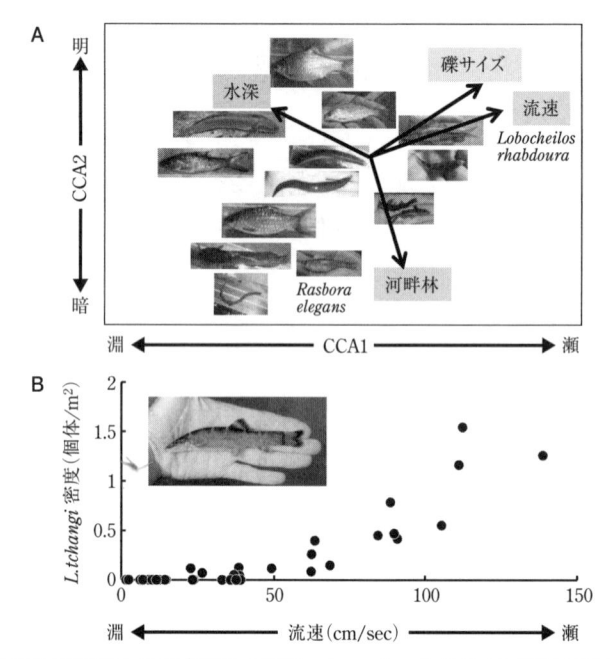

図 4.1 河川局所環境と魚類多様性の関係．A：マレーシアの小河川における環境と魚類分布の関係を模式化したもの（Kano *et al.* 2013a より改変）．魚類の局所分布を分ける一番大きな要因が瀬淵構造（CCA1）であり，つぎの要因が河畔林による遮蔽度（CCA2）である．B：中国チャオシー川中流におけるアユモドキ類の一種（*Leptobotia tchangi*）の個体密度と流速の関係．流速の速い瀬に密度高く局所的に分布する（筆者らの未発表データ）．

響を与えていることがわかる．たとえば *Lobocheilos rhabdoura* というコイ科の一種は，河畔林のない明るい場所で，かつ大きい石のある瀬に好んで分布する．日本の淡水魚でいえばアユのような食性を持つ魚で，岩の表面の付着藻類を下向きの硬い口吻でこそぎ取って餌にしている．藻類は大きい石のある明るい場所で繁茂するため，この魚もそのような場所に偏って分布する．また *Rasbora elegans* という独特の受け口を持つ魚は水面の落下昆虫などを餌にするため，落下昆虫が期待できる河畔林が覆いかぶさった暗い場所に好んで分布する．

図 4.1B は中国チャオシー川中流における，日本ではきわめて絶滅が危惧されるアユモドキの近縁種 *Leptobotia tchangi* の個体密度と流速の関係である．一見して流速のある早瀬に好んで分布していることがわかる．本種は今後，日

図 4.2 中国チャオシー川の河川環境．A：中流における取水堰と河川環境．堰の背後一面には平坦な止水様の環境が広がっている．堰下のわずかな面積の瀬にアユモドキ類の一種（図 4.1B）が生息する．B：中国チャオシー川支流における河川工事．河床が平坦化・均一化されて生息場の複雑性が失われている．C：下流域に状態のよい自然護岸が残っていたが，D：1 カ月後には一帯が護岸化されていた．

本のアユモドキと同じように，絶滅が危惧されることになるであろうと予測される．なぜなら現在中国では，落差のある取水堰がつぎつぎとつくられていたり（図 4.2A），コンクリートによる護岸化（図 4.2B）が進んでいるために，河川の自然な瀬淵構造が失われつつあるからである．取水堰などの河川横断物は河川全体の淵の割合を大きくし，瀬の面積を狭めてしまうであろう．落差工などの河川横断構造物は魚類の移動を阻害することが一般に指摘されており，魚道の設置などの対策がとられる場合も多い．しかし，瀬淵構造の変化は魚道では解決されない．また川の護岸化・狭窄化は澪筋（水が流れる深い筋）の自然な蛇行を阻害し，その結果，瀬淵構造は失われてしまう．なお，日本のアユモドキがもし *Leptobotia tchangi* と同じような生態を持つのであれば，産卵場である氾濫原を確保するとともに，瀬の環境を維持・拡大することで個体群の保全が望めるかもしれない．

（2） 護岸や直線化により失われる生態的機能

　一般に下流域の土地は広く平坦で，人間にとって住みよい場所であるため人口が多く，河川は人為的な改変を受けやすい．下流域でよく行われる改変が，人工護岸化と直線化である．図4.2Cは中国チャオシー川下流の自然河岸の様子である．川岸はなだらかに水面へと落ち込み，植生によって水際の物理的複雑性が保たれている．たとえば，ここの川岸では定量的な捕獲調査により5種47個体を確認した．しかし1カ月後には川岸はコンクリートにより護岸化されており（図4.2D），同じ捕獲努力量で2種3個体しか確認できなくなっていた．自然の川岸の浅場は抽水植物の繁茂などにより複雑な局所生息場環境を生み出し，多くの小魚の生息場になるとともに，大型魚類にとっても産卵場や稚魚生育場として重要であり（Keckeis *et al*. 1997; Winkler *et al*. 1997），人工護岸化によって魚類多様性は大きく損なわれる．

　河川の直線化は，水を流下させる能力を高め洪水を防ぐとともに，人間の住める土地が増大する．しかし直線化されると河川内の環境が均質化し，その結果，生物多様性も失われる．たとえば，蛇行の内側は流速が遅く浅い環境に，蛇行の外側は流速が速く深い環境になる．このような物理的な多様性が生物多様性を支えている．東南アジアではいまだに複雑に蛇行する河川が数多く残っており，今後の行方を注視したい．日本における河川の蛇行とその再生については中村（2011）にくわしい．

　河川の直線化や護岸化は，じつは治水や土地確保の目的だけによるものではない．日本でこそそのようなイメージはほとんどないが，大陸において河川は交通網としての重要な社会的機能を持っている．そのため，移動距離の節約のために直線化されたり，船舶往来の波による川岸侵食を防ぐために護岸化されたりしやすい（Kano *et al*. 2013b）．

4.2　流程スケール

（1）　水質汚染がもたらす魚類多様性の劣化

　経済発展が現在も劇的に進行する中国では，目を疑うような水質汚染の現場を目の当たりにすることもめずらしくない．また，一見したところではきれいで澄んだ川でも，実際に調査してみると魚どころか水生昆虫さえまったく生息

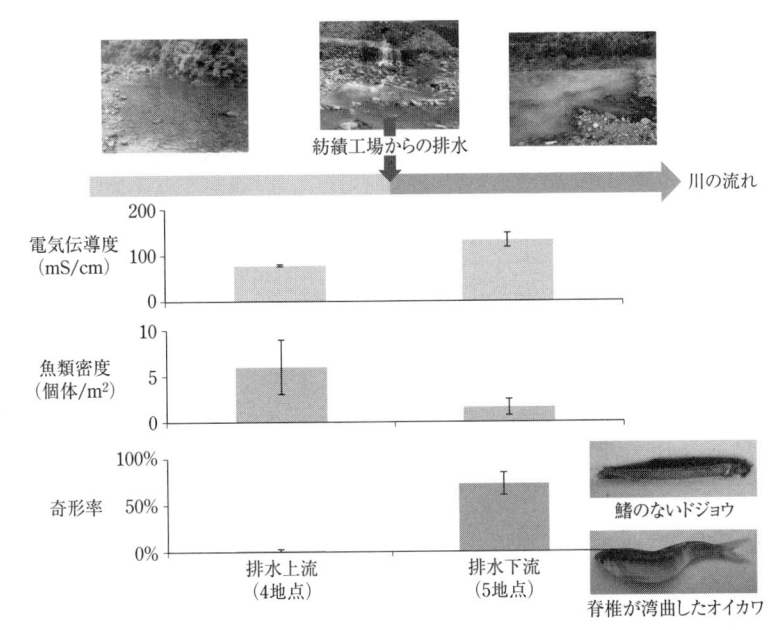

図 4.3 中国チャオシー川における紡績工場からの排水とその影響．排水の上流と下流では明らかに水質が異なる．同面積あたりの魚類密度は 4 分の 1 ほどに減り，排水下流に生息する個体はほとんどが奇形であった．エラーバーは標準誤差（筆者らの未発表データ）．

していないこともあり，化学的な水質汚染が原因である可能性が高い．このような状況は，比較的集水面積の小さい小規模河川でよく見られる．というのも，小規模河川は流れ込んだ汚染物質が希釈されにくく，そこにすむ生物はその影響を強く受けやすいためである．

たとえば図 4.3 は，中国チャオシー川水系の小さな河川での事例である．この場所の上流は水源地として指定されており，健全な環境と生物多様性が保全されている．しかし保護区のすぐ下流に紡績工場があって排水が流れ込み，その下流から状況は一変する．川は明らかに異臭を放ち，魚の密度は少なく，加えて多くが奇形であった．さらに同じ水系の別の場所では，アユモドキ類をはじめ 15 種 216 個体の多様な魚種が確認され，いわゆるホットスポットとして注目していたのだが，1 年後に同じ努力量で捕獲調査したところ 6 種 20 個体しか確認されなかった．別の調査でこの川の付着藻類はほぼ死滅していることが判明しており，なんらかの化学的な水質汚染が疑われる．さらに同水系では，

下流域で重金属の濃度が高いとの報告もあり（Chi *et al.* 2007；Yang *et al.* 2013），上流で流された重金属が流速の落ちた下流域で蓄積していることが想像される．このような工場排水や家庭排水による水質汚染は，中国のみならずアジア各国で見られる．排水による水質汚染は，単純に，法整備や排水処理インフラの整備によってかなり改善される余地があるであろう．日本でもいまだインフラの整備されていない島嶼部などでは，ひどい水質汚染が散見される．

（2） 濁度と魚類多様性

水質のなかでも水の濁りを示す濁度は，人間の目からも一見してわかる明解な水質指標の1つであろう．高い濁度は魚の鰓呼吸や視界を阻害するため，一般には個体に悪影響を与える．たとえば上で紹介した中国チャオシー川下流域では，河川が航路として利用されているため，場所によってはきわめて高い濁度を呈する．このような場所では，魚類多様性が著しく低下していた（Kano *et al.* 2013b）．たとえば濁度が500 NTU（100 NTUを超えると明らかに濁っていると人間の目からも判断される）を超えるような場所では，魚類はほとんど生息しなかった．たとえ生息していたとしても，コイかギンブナの2種に限られた．タナゴ類やメダカ類などの小型種は，とくに濁度に敏感であった．

濁度を考えるうえでは，その高濁度が本来のものなのか人為的影響によるものなのかに注意が必要である．たとえば上のチャオシー川の場合は，過去の衛星画像から20年ほど前までは濁っていなかったことが判明している．しかし，メコン川や黄河などの大型河川は本来高濁度であり，ナマズ類などの魚類はその環境に適応しているものと考えられる．とはいえ，このような河川も，近年の人間活動の影響でさらに濁度が高くなって魚類が影響を受けている可能性は否定できない．

（3） 大型ダムの影響

東南アジアの河川を代表するメコン川では，多くのダム建設が予定されている．現在メコン川の源流域である中国領域にはすでに複数のダムが建設されているが，今後10以上のダムが中下流域のタイ・ラオス・カンボジア領域でも建設される可能性がある．これらのダム建設が生態系へどのような影響を与えるかは未知数であるが，多くの魚類がメコン川を広範囲に回遊しており，もし建設されれば大きな影響をおよぼす可能性も示唆されている（Poulsen *et al.* 2004）．また，国際河川の場合，上流側の国が下流側の国に対して影響を与え

るため，水資源をめぐる対立が引き起こされやすい．たとえばメコン川の場合，最下流であるベトナムは，ダムの恩恵を受けないが悪影響だけは受けるということが予想される．

4.3 生態系スケール

(1) 氾濫原――淡水生物の揺籃の地

　氾濫原とは，河川の氾濫や洪水時に浸水する範囲にある平野部のことをいう．氾濫原は淡水魚類のみならず，さまざまな生物にとって重要な生息場所となっている．その1つの理由は，ある程度の攪乱が生物多様性の維持に重要であるからであろう（中規模攪乱説；Connell 1978，洪水パルス説；Junk *et al.* 1989）．日本では氾濫原はほとんど消失して水田となっており，ドジョウ，フナ，ナマズ，メダカなどが水田を擬似的な氾濫原として利用し，生息している．東南アジアにはいまだ広大な氾濫原が残っており，そこは生物多様性の宝庫となっている．とくにカンボジア・トンレサップ周辺の氾濫原は広大で，メコン川水系の水産資源の重要なソースとなっている．しかし，この氾濫原もいずれ消失の危機にさらされると考えられる．たとえば，先ほど例に出したトンレサップ周辺には豊富なエネルギー資源が埋蔵されていると考えられており，現在石油の探査が行われている．また，ダム建設によって河川の流量がコントロールされると氾濫原がその生態的機能を失ってしまい，生物多様性の大きな損失が懸念される．残念ながら，東南アジアの氾濫原は規模が大きすぎて筆者らは定量調査をいまだ行っておらず，具体的なデータを示せないが，これらの問題に関しては Dudgeon（1999）などにくわしい．

(2) 熱帯泥炭湿地――黒い水が育む特異な生物多様性

　泥炭湿地（ピートスワンプ）とは，植物の遺骸が水に浸かり，分解が進まない状態で数千年間にわたり有機物のまま蓄積している湿った土地や湿地のことである．泥炭湿地の水は pH が低く（pH 4-6），植物由来のタンニンやフミン質により水が赤黒く染まっているのが特徴である．そこにすむ生物はこの独特の環境に適応・進化しており，特異な生物多様性を呈する（Posa *et al.* 2011）．たとえば，東南アジアの熱帯泥炭湿地には，淡水魚類はベタ，ラスボラ，グラミーなどの仲間の一部が適応しており，外の生物多様性とは明確に区別される

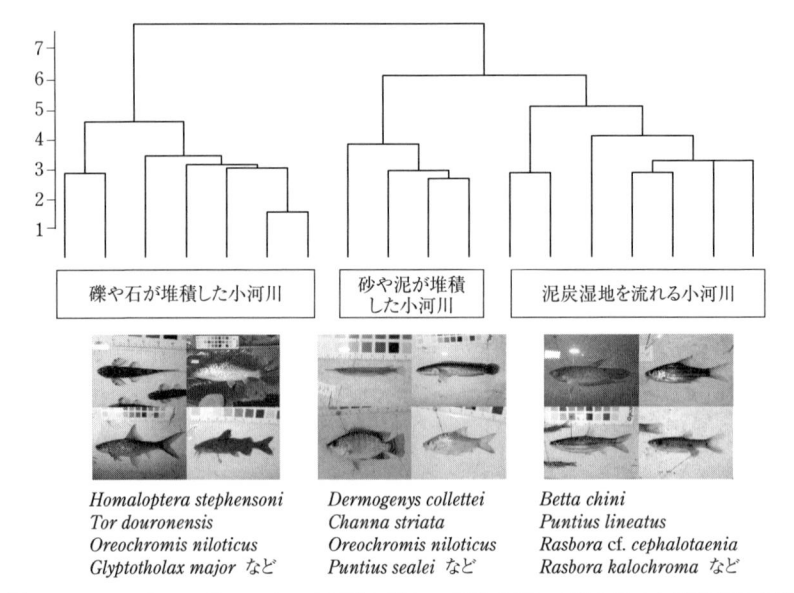

60　第4章　ヒトと淡水魚類のつながり

図 4.4　マレーシア・サラワクの小河川に限り，各調査地における淡水魚類多様性を類似度にもとづいてグループ分け（クラスター解析）した結果．小石や岩のある小河川（左）では，岩に張りつくタイプの底生魚や藻類食の魚種（*Homaloptera stephensoni*）などが，砂河川（中央）では遊泳性の低い淡水ダツ（*Dermogenys collettei*），ナイルティラピア，雑食性のフナ類（*Puntius sealei*）などが確認された．一方，泥炭湿地を流れる川（右）では，ベタの仲間（*Betta chini*）や色鮮やかなラスボラの仲間（*Rasbora kalochroma*）が多く確認された（筆者らの未発表データ）．

（図 4.4）．

　典型的な熱帯の泥炭湿地は，ボルネオ島（カリマンタン島）でよく発達しているが，現在，急激な勢いで消失している．それには後に述べるアブラヤシのプランテーションが大きくかかわっている．ボルネオ島のマレーシア・サラワク州では，泥炭湿地は開発がむずかしいため，これまでにあまり手のつけられていない状態であった．しかし近年，泥炭湿地は人為的に乾燥化され，アブラヤシプランテーションに急激に置き換わっている．かつては国立公園として指定され保護されていた泥炭湿地も，指定が解除されてプランテーション化しているほどである．乾燥化した泥炭湿地では森林火災が発生しやすく，いわゆる「ヘイズ」と呼ばれる煙害を引き起こすとともに，大量の二酸化炭素を放出するため，地球温暖化問題などとも密接に関連している（Page *et al.* 2002）．

（3） 大規模プランテーション

　マレーシアやインドネシアにおける最大の環境問題・社会問題の1つは，パーム油の原料となるアブラヤシのプランテーションの拡大である（図4.5A）．パーム油の生産量はインドネシアとマレーシアが1位2位（合わせて世界全体の約90％）を占めており，2国の重要な産業でもある．パーム油は，マーガリン，業務用食用油，洗剤などの形で，われわれ日本人の生活とも関係している．最近ではバイオ燃料の原料としても注目されている．このアブラヤシプランテーションが拡大したのはここ20年ほどであるが，近年はとくにボルネオ島での拡大が著しい（松良2011）．アブラヤシプランテーション拡大による環境問題・社会問題については実際に多くの指摘がなされている（Wakker 2005; Fitzherbert *et al.* 2008）．しかし，世界的な需要により2国の経済を大きく支えていることや，たとえばサラワクでは土地の管理権（サラワクでは土地は所有するのではなく，国からリースする）は天然林（1–15年前後）よりもプランテーションのほうがはるかに長い（50–100年）など，法的にも天然林を維持することがむずかしい状況であり，プランテーションをただ否定するだけでは解決には結びつかない．

　このアブラヤシプランテーションは，具体的にどのような影響を淡水魚類多様性に与えているのだろうか．たとえば既存の研究では，アブラヤシプランテーションから河川に土砂が流出していることが指摘されている（Carlson *et al.* 2014）．実際に筆者らの調査でも，アブラヤシプランテーション内の河川では高濁度であったり（図4.5B），河床の礫サイズが小さくなっていたりした（図4.5C）．高濁度の水における浮遊沈殿物は魚の鰓に付着して悪影響を与え（Sigler *et al.* 1984），土砂の流出は河床の空隙を埋めて底生魚の生息場を奪ってしまうため（Yarnell *et al.* 2006），魚類多様性は低下する（図4.5D）．このようにアブラヤシプランテーションは，面的な環境改変が線的な陸水に凝縮される形で，魚類生物多様性に大きな影響を与えている可能性がある．また，アブラヤシプランテーションでは相当な量の農薬が散布されているが，それが河川に集約されてどう淡水魚類に影響を与えているのかはまだ明らかではない．

　アブラヤシプランテーションと環境の問題については，あまりにも大きな経済的権益であるために，現地では政治的にややセンシティブな扱いとなっている．そのため，問題の大きさに比べて具体的なデータにもとづく学術研究が少ないように思われる．しかし近年，世界のパーム油関連企業とWWF（世界野

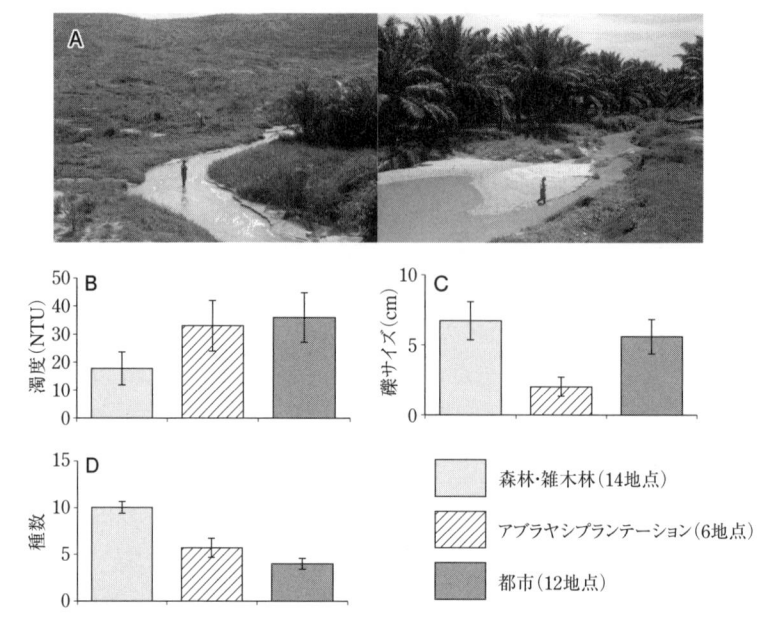

図4.5 A：アブラヤシプランテーション内を流れる川の様子．B：各土地利用における濁度の比較，プランテーションの河川は都市と同等に濁っている．C：各土地利用における河床の礫サイズの比較，プランテーションで極端に小さくなっている．D：各土地利用における魚類種数の比較，プランテーションは，森林の半分ほどに種数が低下している．エラーバーは標準誤差（筆者らの未発表データ）．

生生物基金）との協働によるNGO「持続可能なパーム油のための円卓会議」（RSPO; Roundtable on Sustainable Palm Oil）が設立されるなど多少の光も射しており，今後の動きが注目される．またアブラヤシのみならずアカシアなどの木材プランテーションの問題にも今後注目したい．

4.4 人間と魚の直接的な関係

（1） 食料としての淡水魚類

　淡水魚類を食す文化は近年の日本では衰退しているが，中国や東南アジアでは海水魚類に劣らず淡水魚類が市場に活発に流通しており，種によっては海水魚類より高い価格で取引されることさえある．たとえば「エンプラウ」と現地

4.4 人間と魚の直接的な関係   63

図 4.6 A：東南アジアの清流にすむコイの仲間「エンプラウ」(*Tor tambroides*)．これほどのサイズの個体が捕獲されることは今ではまれである．B：貴重な食料源となる大型のナマズ「タパ」(*Wallago leeri*)．1 kg あたり 500–2000 円ほどで取引される．C：粗放的な水田地帯で，投網で漁をする住民たち．D：燻製にされるナギナタナマズの一種（*Chitala blanci*）．貴重な現金収入源となる．

で呼ばれるコイの仲間（図 4.6A）は 1 kg あたり 1–3 万円で取引されるが，食材としては世界的にももっとも高く取引される淡水魚類の 1 つであろう．本種は乱獲に加え流域の土地改変などにより激減しており，値段はいっそう釣り上がっている．「タパ」と呼ばれる大型のナマズも（図 4.6B），ボルネオの奥地では重要な食料源や現金収入源となっている．しかし，このタパも近年は乱獲により数が減り小型化しているという不満を，地域の村民から何回も耳にした．

　メコン川流域では，とくに淡水魚類と人間との距離が近い．多くの地域住民は余暇があればすぐに川や湿地に足を運び，淡水魚類を捕る．たとえば図 4.6C は，あまり厳格に管理されていない粗放的な水田地帯（≒氾濫原）で，投網漁をする住民たちの様子である．図 4.6D は，地元で捕れたナギナタナマズと呼ばれる魚を，保存食として売るために燻製している様子である．このようにメコン川流域では，地域の生態系サービスが住民の現金収入や食料と直接

結びついており，保全生態学的な視点から興味深い．

（2） 外来魚の影響

　一般に外来種の影響は，大陸ほど弱く，島嶼ほど強いと考えられている．というのも大陸の生態系は島嶼の生態系に比べ，その連続性のために種間競争が激しく，外来種を寄せつけない頑健性を持っていると考えられるからである（Stachowicz and Tilman 2005）．筆者も，アジア大陸部の河川を調査した結果，実際にそのような印象を強く持った．図4.7は半島マレーシアの小河川での同じ捕獲努力量における電気伝導度（水質汚染の一指標）と在来魚個体数の関係である．在来魚の個体数は，外来魚がいるいないにかかわらず水質汚染がひどくなるにつれ減少する（図4.7A）．しかし，外来種はまったく逆の反応を示す．すなわち，汚染された河川ほど個体数が多い（図4.7B）．半島マレーシアにおいて外来魚は，種間競争のために，在来魚が生存できないような汚染された河川にしか侵入することができないのではないだろうか．

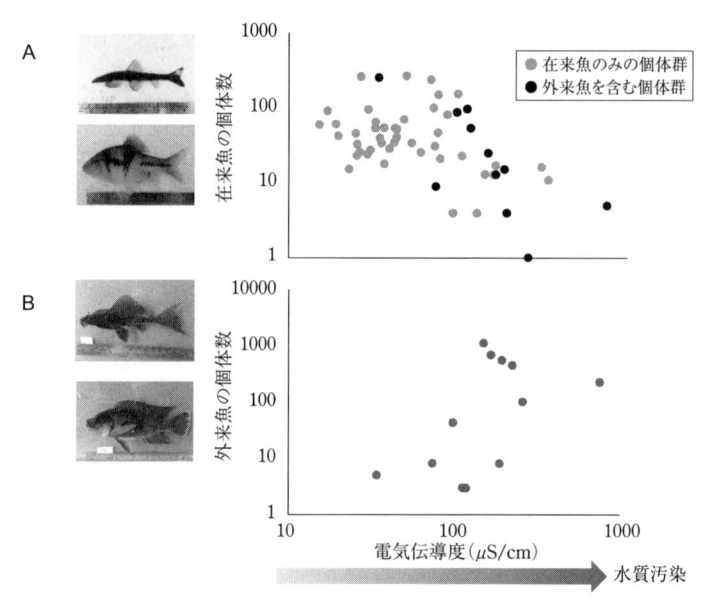

図4.7　半島マレーシアの小河川における電気伝導度と魚類多様性の関係．A：電気伝導度が高くなる（≒水質が汚染される）にしたがって，在来魚の個体数は減る．外来魚の有無は在来魚の個体数に影響をおよぼしていない．B：一方，外来魚は水質汚染された場所で数多く出現する．

以上は半島マレーシアというユーラシア大陸での事例であり，日本においては外来魚による在来生物多様性への影響は明らかである（東 2002）．とくに南西諸島における外来魚の影響は深刻だろう（乾ほか 2013）．外来魚問題では感情論が先行しがちであるが，研究者はつねに客観的な視点から調査研究する姿勢が必要である．また，ドジョウのように人間の歴史と密接に関連してあちこちに移入された種や，在来ではないが古い歴史を持つ「史前帰化」の種をどう扱うかは，自然科学の枠を超えて興味深い（Kano et al. 2011）．

（3） 希少魚と観賞魚

観賞魚は，希少魚の乱獲や外来魚の蔓延とも密接に関連しているため，保全生態学で取り扱うべき対象である．観賞魚として扱われる希少魚は，希少になればなるほど価格が上がり，それがいっそう捕獲圧を高めるという悪循環に陥り，絶滅の危機に追い込まれる．またアロワナなど希少観賞魚の一部においては，違法な取引がされることが多く，一筋縄ではいかないのが現状である．一方で，合法的で持続可能な観賞魚の取引は，貧しい人々にとって利益となりうるとともに，地域の生物多様性保全に貢献する（TRAFFIC International 2008）．とくに，4.3 節で述べた泥炭湿地の魚類（図 4.4）などは，一般に色合いが美しく観賞魚として人気があるため，この手法は有効だろう．たとえば，地域住民が泥炭湿地を持続的に保全し，そこから得られた魚類や水草をアクアリウム市場に出すことで収入を得ることができれば，経済と生息地保全を両立できる可能性がある．

4.5 実践的なアジア淡水魚類多様性保全へ向けて

ここで，上記で扱いきれなかった問題も含め，淡水魚類多様性に与える要因についてまとめた（図 4.8）．アジアは広く一様ではないため，このようにさまざまな要因やリスクが，大小のスケール，そして個人，社会，自然のレベルで正負の影響を与えている．加えて淡水生態系は個々の地域での固有性が高く，ある川の事情が別の川にはあてはまらないこともめずらしくない．筆者は，アジア広域で調査を重ねれば重ねるほど，淡水生態系を一般化することのむずかしさを痛感し，淡水生態系の地域固有性の高さを実感した．おそらく現段階で筆者が主張できる唯一のことは，現状を一般化して広く適用することは現実的ではない，ということかもしれない．保全を実践する際には，文献や一般論だ

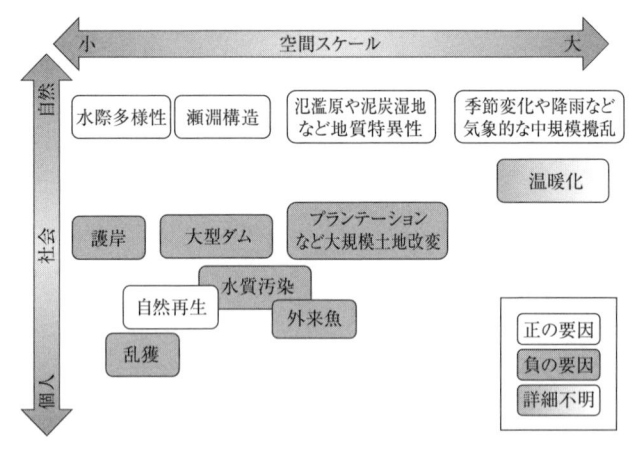

図 **4.8** 魚類生物多様性に影響を与える要因を模式化したもの．横軸を空間スケール，縦軸を個人–社会–自然のレベルで表現した．

けではなく，現地に深くかかわって個々の要因を洗い出し，地域の文化や住民の考えを理解したうえで実践することが必要であろう．

また，小さいスケールの要因はより上位スケールの影響を受けることは無視できない．たとえば，瀬淵構造が保たれた良好な生息場所（4.1節）をいくら保全・自然再生しても，流程の水質汚染があれば（4.4節），その場の魚類多様性は保全されない．したがって，よりスケールの大きな問題から解決していく必要がある．しかし，スケールが大きくなればなるほど，その問題解決はむずかしくなる．保全を実践していく際には，自分がいったいどの空間スケール・レベルで保全をしようとしており，それ以上のスケールにどのような問題が存在しているのかを把握する必要があるだろう．

本章では筆者らが行ってきた淡水魚類の保全生態学的な研究事例や，その周辺の事情を紹介した．東アジア・東南アジアの淡水魚類とそれを取り巻く問題について，ある程度は把握できたつもりではいる．しかし，筆者らのこれまでの活動では実際の魚類保全は実現できていない．得られた情報を活かしてどのように保全を実践するかが，今後の課題であるが，その実践はじつに困難であろう．さまざまな立場の方々や権益がかかわっているため，価値観が衝突することも多く，保全される生物にとっての最善策が必ずしも実現されるとは限らない．しかも相手は自然や野生生物であり予測不能なことが多く，たとえば水槽のなかでメダカを増やすような単純な話ではない．現場では，一般則を離れ

た個別的・事例的な判断が求められることが多々ある．しかしじつは，このようにさまざまな齟齬，相克，個別性を取り込みながら問題解決を図ることは，多様かつ柔軟な思考を持つわれわれアジアの人々がまさに得意とすることではないかと考える．

引用文献

Carlson, K. M., L. M. Curran, A. G. Ponette-González, D. Ratnasari- Ruspita, N. Lisnawati, Y. Purwanto, K. A. Brauman and P. A. Raymond. 2014. Influence of watershed-climate interactions on stream temperature, sediment yield, and metabolism along a land use intensity gradient in Indonesian Borneo. Journal of Geophysical Research Biogeosciences, 119：1110–1128.

Chi, Q. Q., G. W. Zhu and A. Langdon. 2007. Bioaccumulation of heavy metals in fishes from Taihu Lake, China. Journal of Environmental Sciences, 19：1500–1504.

Connell, J. H. 1978. Diversity in tropical rain forests and coral reefs. Science, 1999：1302–1310.

Dudgeon, D. 1999. Tropical Asian Streams. Hong Kong University Press, Hong Kong.

Fitzherbert, E. B., M. J. Struebig, A. Morel, F. Danielsen, C. A. Brühl, P. F. Donald and B. Phalan. 2008. How will oil palm expansion affect biodiversity? Trends in Ecology & Evolution, 23：538–545.

東幹夫．2002．ブルーギルとブラックバスと在来種の種間関係――川原大池を例に．（日本魚類学会自然保護委員会，編：川と湖の侵略者ブラックバス――その生物学と生態系への影響）pp. 69–86．恒星社恒星閣，東京．

乾偉大・桑原崇・鈴木賀与・川瀬成吾・前潟光弘．2013．沖縄県八重山諸島で確認されたチョウ類，陸水性魚類，鳥類．近畿大学農学部紀要，46：277–298.

Junk, W. J., P. B. Bayley and R. E. Sparks. 1989. The flood pulse concept in river-floodplain systems. Canadian Journal of Fisheries and Aquatic Sciences, 106：110–127.

Kano, Y., K. Watanabe, S. Nishida, R. Kakioka, C. Wood, Y. Shimatani and Y. Kawaguchi. 2011. Population genetic structure, diversity and stocking effect of the oriental weatherloach (*Misgurnus anguillicaudatus*) in an isolated island. Environmental Biology of Fishes, 90：211–222.

Kano, Y., Y. Miyazaki, Y. Tomiyama, C. Mitsuyuki, S. Nishida and Z. A. Rashid. 2013a. Linking mesohabitat selection and ecological traits of a fish assemblage in a small tropical stream (Tinggi River, Pahang Basin) of the Malay Peninsula. Zoological Science, 30：185–191.

Kano, Y., T. Sato, L. Huang, C. Wood, K. Bessho, T. Matsumoto, Y. Shimatani and J. Nakajima. 2013b. Navigation disturbance and its impact on fish as-

semblage in the East Tiaoxi River, China. Landscape and Ecological Engineering, 9：289-298.
Keckeis, H., G. Winkler, L. Flore, W. Reckendorfer and F. Schiemer. 1997. Spatial and seasonal characteristics of 0+ fish nursery habitats of nase, *Chondrostoma nasus* in the River Danube, Austria. Folia Zoologica, 46：133-150.
松良俊明．2011．熱帯雨林の消失とアブラヤシ・プランテーション．京都教育大学環境教育研究年報，19号：57-69.
中村太士．2011．川の蛇行復元．技報堂出版，東京．
Page, S. E., F. Siegert, J. O. Rieley, H. D. V. Boehm, A. Jaya and S. Limin. 2002. The amount of carbon released from peat and forest fires in Indonesia during 1997. Nature, 420：61-65.
Posa, M. R. C., L. S. Wijedasa and R. T. Corlett. 2011. Biodiversity and conservation of tropical peat swamp forests. BioScience, 61：49-57.
Poulsen, A. F., K. G. Hortle, J. Valbo-Jorgensen, S. Chan, C. K. Chhuon, S. Viravong, K. Bouakhamvongsa, U. Suntornratana, N. Yoorong, T. T. Nguyen and B. Q. Tran. 2004. Distribution and ecology of some important riverine fish species of the Mekong River Basin. MRC Technical Paper (10), Mekong River Commission (MRC), Vientiane, Laos.
Sigler, J. W., T. C. Bjornn and F. H. Everest. 1984. Effects of chronic turbidity on density and growth of steelheads and coho salmon. Transactions of the American Fisheries Society, 113：142-150.
Stachowicz, J. J. and D. Tilman. 2005. Species invasions and the relationships between species diversity, community saturation, and ecosystem functioning. In (Sax, D. F., J. J. Stachowicz and S. D. Gaines, eds.) Species Invasions：Insights into Ecology, Evolution, and Biogeography. pp. 41-64. Sinauer Associates, Sunderland.
TRAFFIC International. 2008. Trading Nature：the contribution of wildlife trade management to sustainable livelihoods and the Millennium Development Goals. http://www.trafficj.org/publication/08_Trading_Nature.pdf
Wakker, E. 2005. Greasy palm：the social and ecological impacts of large-scale oil palm plantation development in Southeast Asia. Friends of the Earth, London, UK. http://www.foe.co.uk/sites/default/files/downloads/greasy_palms_impacts.pdf
Winkler, G., H. Keckeis, W. Reckendorfer and F. Schiemer. 1997. Temporal and spatial dynamics of 0+ *Chondrostoma nasus*, at the inshore zone of a large river. Folia Zoologica, 46：151-168.
Yang, C., L. Huang and J. Li. 2013. Analysis of heavy metals and safety evaluation of crucian carp (*Carassius carassiuss*) from the downstream East Tiaoxi River. Food Science, 34：317-320.
Yarnell, S. M., J. F. Mount and E. W. Larsen. 2006. The influence of relative sediment supply on riverine habitat heterogeneity. Geomorphology, 80：310-324.

第5章

河川のつながり
淡水魚類の移動と分散
宮崎佑介

　河川域と湖沼域の水は，地球上の水の量にして 0.01% にも満たない．しかし，そこには1万2000種を超える淡水魚類が生息しており，これは現生魚類全体の半数近い種数に相当する．この多様性の高さは，河川の空間構造による移動・分散の制限の影響と無関係ではない．そのため，人間活動による河川の構造の変化は，淡水魚類の種や個体群の存続性だけでなく，その進化と分布域形成にも大きな影響を与える．現在，淡水魚類も国内外でその約半数で絶滅が危惧される状態に至っている．淡水魚類の保全を考えることは，河川のあり方を考えることと不可分である．本章では，河川流域レベルにおける淡水魚類の存続性にかかわる主要な空間要因である河川流程方向（「タテ方向」）および河川横断方向（「ヨコ方向」）の連結性に焦点をあて，淡水魚類の保全に有効な手法とそのために必要な基本的な考え方を紹介する．また，河川内の連結性を回復させた先行事例を参照し，応用するために必要な観点を論じる．

5.1　淡水魚類の地理的分布を規定する要因

（1）　本来の日本の河川環境

　河川は，豊富な湧水に恵まれた山奥の源流域から海辺の河口域まで，重力の影響を受けて流れていく．源流域・上流域においては，巨礫が底質を構成し，流れは速く，水は清澄で冷たく，河道全体が森林で被覆され，直射日光があたらない場合も多い．そこから河道は急峻な山間部を抜けて，いくつもの水系連結を経ながら，なだらかな平地に流れ出る．中流域から河口域では小礫や砂が底質を占めるようになり，流れは緩やかになり，水は富栄養化が進むと同時に温かくなり，河道は蛇行を始める．河川の中流域から河口域の間では，位置が移動した河道の形跡である三日月湖やワンドが発達する場合もある．降水や地

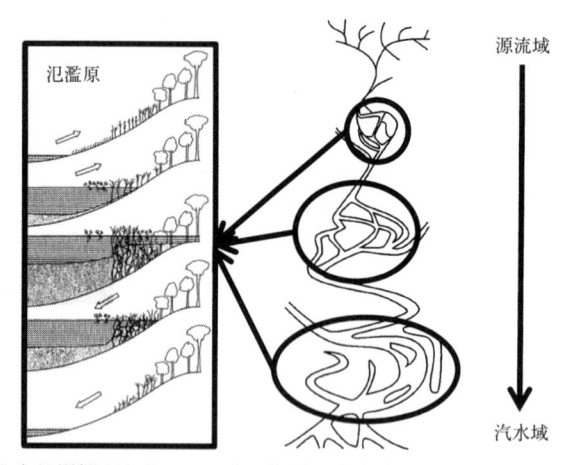

図 5.1 人為的影響がおよんでいない河川のあり方（Vannote *et al.* 1980 および Mitsch and Gosselink 2000 より改変）．山間部の源流域から集水域に沿って河川は形成されていき，海に流れ出る過程までに河幅は広くなっていく．また，平地には氾濫原湿地が広がり，とくに下流から汽水域周辺では旧河川の河道の名残として三日月湖が残存することもある．一方，氾濫原では河川の増水とともに，それまでの陸地だった場所に水際が広がり，有機物が堆積する．さらに，河川の渇水時には水際は後退し，それまで河川だった場所が陸地化する．この水位変動に合わせて生じる水域・陸地のエコトーン（推移帯・移行帯）に適応した水生動植物と陸生動植物が生息する生物多様性の高い生態系が構築される．

下水の流入の変化を受けて，河川は増水と減水を繰り返す．とくに平野部では，融雪や梅雨や台風によって河川は増水して氾濫し，普段は陸地である平地に河道が広がる．このような土地は氾濫原と呼ばれる．中流域から河口域にかけての河道の流心は，河畔林で遮られることはほとんどなく，衛星写真や飛行中の航空機の窓から，雲さえなければその存在をはっきりと見て取れる．

このような河川の上流から下流にかけての空間・環境勾配の変化（Vannote *et al.* 1980; Junk *et al.* 1989; 図 5.1）に対し，河川やその周辺の水辺に生息する水生生物は多様な方法で適応・進化を遂げてきた（第 4 章も参照）．とりわけ淡水魚類は，陸地を生息地や移動経路として利用することはきわめてまれであるため（ウナギ科・キノボリウオ科・イソギンポ科・ハゼ科などの一部の魚類では多少の移動は可能であるが，完全に水から離れることはできない），河川環境とそのつながりで形成される水系網のあり方が，淡水魚類の種の存続に重大な影響をおよぼす．

（2） 淡水魚類の地理的分布パターン形成機構

　淡水魚類はその生活史特性から，生活史をまっとうするために海域と河川域を行き来する通し回遊魚と，一生を淡水域で過ごす純淡水魚に二分することができる（後藤 1987）．通し回遊魚は，淡水・海水の双方の環境下において体内の塩分を調節する生理的機構が発達しているため（広塩性），海域を介した他河川への移動・分散が可能である．一方，純淡水魚は海水域において体内の塩分を調節する生理的機構が発達していないため（狭塩性），海域を介した他河川への移動・分散が一般的に困難である．この違いによって，通し回遊魚と純淡水魚では地理的分布の形成機構が異なると考えられる．

純淡水魚の分布パターン形成

　純淡水魚では海域を介した移動や分散は困難であるため，陸域における地質学的なイベントによって生じる分水界の移動（高山 2013）が主要な分布パターンの形成機構となる．純淡水魚の分布域形成に影響する分水界の移動の主要因としては，第1に，氷期と間氷期のサイクルと同調して起こる海水準の変動があげられる（後藤 1987；渡辺 2010；図 5.2A）．氷期に生じる海退は，浅海域を陸地化させ，隣り合う河川の連結（河川合流）を生じさせることがある．また，間氷期に生じる海進は，河川の下流側を海に沈め，河川長を短くさせ，1つの河川を複数に分断させることがある．国内の例では，北海道に生息するシベリア系純淡水魚のヤチウグイ・フクドジョウ・エゾホトケドジョウの3種は，氷期に宗谷海峡が陸地化した際に，樺太から北海道へと分布拡大したと考えられている（後藤 1994；Sakai *et al.* 2006）．

　第2に，純淡水魚の移動・分散にかかわる分水界の移動の主要因として，河川争奪があげられる（後藤 1987；渡辺 2010；図 5.2B）．河川争奪は，気候や地殻の変化によって河川流路が変わり，分水界の移動が生じる地理的現象のことである（太田ほか 2010）．日本におけるわかりやすい例としては，太平洋側に注いでいた河川が，河川争奪によって日本海側に流れるようになった例や，あるいはその逆の現象が各地で起こったことが推察される地史的な名残が記録されている．これによって，源流から中流域付近に生息する淡水魚類が隣り合う河川や尾根をはさんで反対側に流れる河川へ分散する．太平洋へ注ぐ河川と日本海に注ぐ河川の間における河川争奪による分水界の移動が，魚類の分散に寄与したと示唆される例として，ギバチやギギの各地域個体群の遺伝子組成の

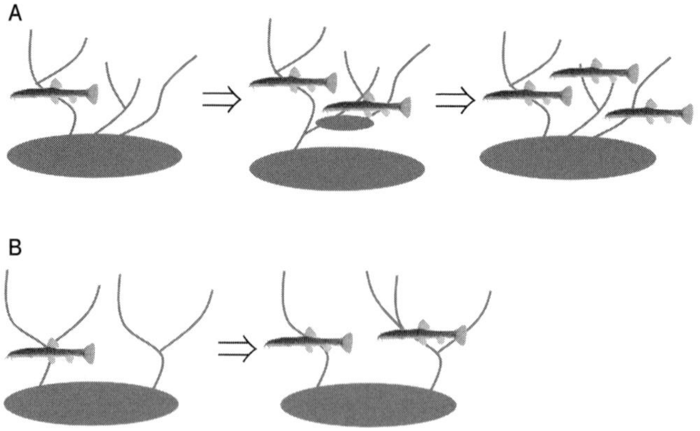

図 5.2 淡水魚類の地質学的な要因によって起こる分散方法．A：海水準変動にともなう分水界の移動（河川合流）による分散．左から，間氷期→氷期（海退）→間氷期（海進）を示す．B：河川争奪にともなう分水界の移動による分散．

違い（Watanabe and Nishida 2003）やミナミメダカとキタノメダカが同所的に生息する京都府由良川水系および長野県信濃川水系（Asai *et al.* 2012）をはじめとした例が知られている．

通し回遊魚の分布パターン形成

　通し回遊魚は海域を介して純淡水魚よりも容易に他河川への移動や分散が可能である．国内では，宮崎県と高知県のみで安定した個体群の存在が知られているアカメが静岡県伊豆半島と東京湾で記録された事例（川嶋 2013），同様に琉球列島のみで安定した再生産が知られるタメトモハゼが静岡県沼津市新中川で記録された事例（北原ほか 2012），東京湾における 1990 年代からのウロハゼとヒナハゼの増加と分布の北進の事例（村瀬ほか 2007）をはじめ，近年の海水温や河川水温の上昇に起因すると考えられる通し回遊魚や汽水・海水魚類の分布記録の北限が更新された例は多数知られている．

　一方，通し回遊魚や汽水・海水魚類の分布パターンは，純淡水魚と同様に，地質学的なイベントの影響も受ける．たとえば，有明海および有明海に流入する河川を利用する魚類のうち，エツ・ワラスボ・ムツゴロウなどの魚種は，国内では有明海周辺水域のみに生息が限られる中国大陸との共通種であり，大陸沿岸依存種と呼ばれる（田中 2009）．これらの魚種は，潮汐の変動が激しく干潟環境が発達した有明海に適応した生態を持ち合わせており，最終氷期の海退

によってユーラシア大陸から分断されたときの，いわば氷河期の遺産として残存してきたと考えられている．

5.2　淡水魚類の減少と絶滅を引き起こす要因

　地域個体群の絶滅は，地理的分布パターンを決定する重要なメカニズムである．地域絶滅は，人為によるものだけとは限らない．たとえば，日本は約400万年の歴史を持つ古代湖の琵琶湖を有するが，古琵琶湖層からは多くの淡水魚類の化石が出土している（中島 1987；谷本・奥山 2003；渡辺 2010）．そのなかには，コイ科クセノキプリス亜科，タイワンドジョウ科などの現在は日本列島に自然分布しない分類群も含まれており，それらは生物学的・地学的な理由によって過去に絶滅したと考えられる．

　このように，淡水魚類相は自然の影響を受けながらダイナミックに変化するものであり，現在も，このような生物間相互作用・気候変動・地質学的なイベントなどによって，淡水魚類の分散と絶滅は進行しているものと理解すべきである．同時に，近年における淡水魚類の個体群衰退や絶滅の主要因は，以下に述べるようになんらかの形で人為の影響と関係している．その影響は，河川の上流と下流のつながり，すなわち「タテ方向」の連結性の喪失の問題と，河川流路と周辺の氾濫原とのつながり，すなわち「ヨコ方向」の連結性の喪失の問題に分けて理解できる．

(1)　「タテ方向」の連結性の喪失

　ダムや堰堤は，河川流程方向の連結性を低下させる空間要因である（Kondolf et al. 2006; Cote et al. 2009; Roni et al. 2013）．溝渠，橋脚，堰堤，ダムなどの多様な河川横断構造物は，その形状や高さによって，魚類の往来を妨げる程度が変化する．また，魚種や体サイズによって遡上能力は異なり，河川横断構造物の障害の程度は種や個体によって変化する．たとえば，サケやサクラマスの親魚のような遊泳能力が高い大型の魚種では，1 m 以上の落差の堰堤を跳び越える場合があるが，メダカ科魚類のような遊泳能力の低い小型の魚種では，親魚であっても 30 cm の水路の落差ですら跳び越えられる確率は著しく低いと考えられる．

　通し回遊魚は海と河川を往来する生活史を有するため，河川横断構造物が下流側にあれば自由な移動や分散はむずかしくなる．一方，純淡水魚においても，

河川横断構造物は，自由に往来できる範囲を狭くするため，個体群衰退の要因になりうる．

(2) 「ヨコ方向」の連結性の喪失

かつて河川の氾濫原であった場所で，農地化や宅地化によって失われた場所は多い．そのような氾濫原の開発は，護岸堤の建設などの治水事業によって実現している（Pinter 2005; Roni et al. 2013）．氾濫原を開拓してつくられた水田では，氾濫原湿地の代替的な機能を有する可能性があり，生物多様性保全の場として期待される（鷲谷 2007）．しかし，圃場整備にともなう乾田化・水路のコンクリート三面張り化などによって，湿地としての機能低下，水田生態系ネットワークの連結性の低下，底質の変化などが生じ，生物多様性が著しく減少している問題が指摘されている．

さらに，氾濫原となりうる場所が残されていても，河川の直線化（捷水路化）あるいはダムによる流量調節などにより，氾濫の機会が減少している場合も多い．また河川の直線化は，河道内の瀬淵構造の減少を通して，水生生物の存続に悪影響を与えることも指摘されている（Hohensinner et al. 2003; Kloehn et al. 2008）．

5.3　河川の空間要因を考慮した淡水魚類の保全・再生策

(1) 「タテ方向」の連結性の改善策

河川横断構造物による障害を減らすことによって，河川流程方向の連結性を改善できる（表 5.1）．もっとも効果が期待される改善策は，河川横断構造物をなくしてしまうことである．欧米（とくに米国）では，ダムや堰堤を撤去し，河川環境を回復させる試みが相次いで実施されている（Pess et al. 2005; Lovett 2014）．国内においても，2012 年 9 月，球磨川において荒瀬ダムの撤去工事が着手されたことは記憶に新しい．ダムや堰堤を撤去する理由としては，必ずしも生物多様性保全を目的とするとは限らず，寿命を迎えたものには崩壊の危険があること（安全面への配慮）や運用を続けるための修理費が巨額に上ることがあげられる（Stanley and Doyle 2003）．いずれの理由であれ，河川横断構造物が撤去されれば，撤去された地点からその上流側・下流側の河川横断構造物まで（なければ源流域・河口域まで），魚類の移動・分散が可能な河

表 5.1 河川内の「タテ方向」と「ヨコ方向」の連結性および魚類の生息地にかかわる自然再生手法 (Roni *et al.* 2013 より改変).

技法	河川環境					生息地の再生				
	「タテ方向」の連結性	「ヨコ方向」の連結性	土砂供給	水循環	河畔への有機物供給	氾濫原	瀬	淵	産卵場	被覆
ダムの撤去	○		○	○	○	○	○	○	○	
溝渠の再設置	○	○	○		○					
魚道の設置	○	○								
護岸堤の撤去		○	○		○	○				
氾濫原の再接続		○	○	○		○				
道路の撤去	○	○	○		○					
巨礫・丸太							○	○	○	○
巨木片							○	○	○	○
木片群							○	○	○	○
大礫							○	○	○	
再蛇行化		○					○	○	○	
氾濫原生息地の創出						○		○		
河岸の安定化			○		○					○

川内の水域が広がる．実際に，米国で実施された数々のダムや堰堤の撤去事業によって，ダムや堰堤がかつてあった地点よりも上流域において，通し回遊魚をはじめとした淡水魚類の生息種数や生息量の増加が記録されており (Burroughs *et al.* 2010; 図 5.3)，ダムの撤去が淡水魚類の生息域面積や産卵域面積の拡大に寄与している (第1章も参照).

　一般に，通し回遊魚の保全を優先的に考えるのであれば，より下流側の河川横断構造物から撤去をすることが望ましい．他方，純淡水魚の保全を優先的に考えるのであれば，撤去することによって河川横断構造物のない区間をもっとも広げることのできる河川横断構造物から撤去することが望ましい (Cote *et al.* 2009)．実際の適用には絶滅危惧種の生息地が含まれる保全優先度の高い区画を対象にするといったように，個別の事情を配慮することが必要である.

　ダムや堰堤は治水・利水の両面から需要があって建設される．この需要を適えつつ，河川生物の生息にも配慮し，設置されているのが魚道である．魚道も，さまざまなタイプのものが開発・設置されているが (Clay 1995; Roni *et al.* 2013)，遊泳能力の高いサケ科魚類から遊泳能力の低いメダカ科魚類のような小型魚類まで，流域に生息する在来淡水魚類のすべての種が遡上・降下できる魚道を選択することが，淡水魚類の保全・再生の目標にもっとも適うものとな

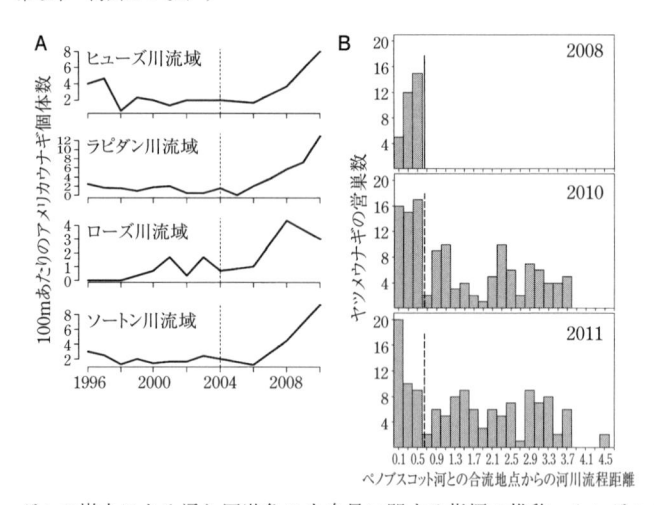

図 5.3 ダムの撤去による通し回遊魚の生息量に関する指標の推移．A：ダムが撤去された地点よりも上流側の各支流河川における通し回遊魚アメリカウナギの採捕個体数の推移（点線はダムを撤去した年を示す）(Hitt *et al.* 2012 より)．B：ダムの撤去前（2008年）と撤去後（2010・2011 年）における通し回遊魚ウミヤツメ（ヤツメウナギ科）の営巣数の推移（実線・点線はダムのある位置・あった位置をそれぞれ示す）(Hogg *et al.* 2013 より)．

る．また，魚道と銘打ったものではなくても，堰堤の落差のあり方や河床の状態を改良することによって，水生生物の遡上が可能になるような土木工事が実施されることもある．

(2)「ヨコ方向」の連結性の改善策

護岸堤の撤去や水路と水田を連結するような魚道の設置，あるいは河川敷を広げたり，かつては氾濫原湿地だった場所に河川と分断されて残存する止水域を再び河川と連結させたりすることは，氾濫原の減少や連結性の喪失の問題の解決につながる (Kondolf *et al.* 2006；Roni *et al.* 2013；表 5.1)．また，ダムによる水量のコントロールを逃れた河川敷が広がれば，河川の蛇行を含めた氾濫原湿地の回復が見込めることが欧米のダムの撤去による予測解析や事業実施後のモニタリングによって報告されている (Shuman 1995；Kondolf *et al.* 2006)．

氾濫原湿地の代替的機能が期待される水田生態系においては，用排水路と水田の間の落差をなくすことによって，水田・水路・ため池・河川からなる水田生態系ネットワークの連結性を確保することが期待できる (Katano and Matsuzaki 2012). さらに，農地や宅地開発によって喪失した氾濫原湿地のうち，耕作放棄地などの遊休地であれば，かつての「ヨコ方向」に広がる生息地として回復が可能かもしれない（Roni et al. 2013）．

(3) 改善の際の留意点

ダム・堰堤の撤去や魚道の設置などによって河川内の連結性を向上させれば，必ずしも魚類相の保全につながるわけではないことには留意が必要である．すなわち，河川流域内の連結性の向上にともない，病原菌や寄生虫の伝播・外来種の侵入・捕食者の侵入・汚染水の流入を促進し，在来生物群集に悪影響をおよぼす場合が予測される（Simberloff and Cox 1987; Proches et al. 2005; Fausch et al. 2009）．

魚道に関しては，流入土砂や木片などによって埋もれる事態が生じることには留意が必要である（Roni et al. 2013）．そのため，魚道を設けている場合はメンテナンスが不可欠である．メンテナンスが十分に行われないと，その機能を果たさなくなった魚道が放置され，ひいては河川流程方向の連結性が低い，あるいは連結性が途絶えた状態になってしまう．重要なことは，魚道はつくったら終わりではなく，淡水魚類の移動や分散を前後でモニタリングし，その有効性と課題を見出しながら，順応的に運用することである．

5.4 淡水魚類の生息場所としての河川空間環境の将来展望

(1) 先行事例の参照

北海道黒松内低地帯を流れる朱太川水系は，本川に魚類の遡上を妨げるような河川横断構造物が存在せず，河川流程方向の連結性が良好に保たれていると考えられる．しかし，朱太川水系は，河川の直線化や氾濫原湿地の開発が進行している．実際に，その魚類群集の近年の状況は，この河川環境の状況をよく表していた（宮崎ほか 2011; Miyazaki et al. 2013）．すなわち，通し回遊魚の存在比が純淡水魚よりも高かった（図 5.4A）．一方，止水域を利用する魚類の存在比は流水域に依存する魚類よりも低いことも確認された（図 5.4B）．さらに，自然分布域の情報から推定した潜在的な種プール（potential species pool）と照らし合わせたところ，イトウとジュズカケハゼの止水域を利用する2種は，朱太川水系における個体群絶滅が示唆された．近年の朱太川水系にお

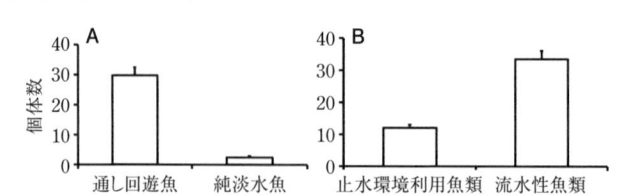

図 5.4　北海道朱太川水系において 2010 年に実施された定量調査で記録された通し回遊魚と純淡水魚（A）および止水環境利用魚類と流水性魚類（B）の源流から下流域までを幅広く含む本川の 16 調査区および 4 支川の 12 調査区の河川の左岸帯・中央・右岸帯それぞれに設けられた 20 m × 2 m（合計 84）のトランセクトごとの平均個体数（宮崎ほか 2011 より）．エラーバーは標準誤差を示す．いずれの存在比間においても，G 検定によって有意差（$p<0.001$）が認められた．

ける止水域を利用する魚類の減少は，聞き取り調査によっても支持されただけでなく，地域住民の関心の高い魚種がそれらのなかに含まれていることが明らかとなった（宮崎ほか 2012）．

　これらの知見にもとづき，2012 年 3 月に策定された黒松内町生物多様性地域戦略では，治水対策の一環として，氾濫原湿地の再生が盛り込まれるとともに，カワヤツメが朱太川水系の魚類相の保全・再生のシンボル種の 1 つとして記されることとなった（黒松内町 2012）．なお，カワヤツメは河川で産卵し，アンモシーテス幼生期の成育は氾濫原湿地に依存し，成魚は海域で過ごす通し回遊魚であるが，漁業権対象種に指定されている地域住民の食生活にもかかわりの深い魚種である．現在，朱太川水系では，治水目的も兼ねた氾濫原湿地の再生工事の計画が進行中である．その実施にあたり，氾濫原湿地にわずかに残されている一時的水域における魚類群集の現状を評価した研究成果（宮崎ほか 2013）が参照情報として活用され，下流域にいくつかの一時的水域が造成される見込みである（図 5.5）．

　このほか，佐賀県松浦川と福岡県遠賀川では，一部の休耕田や氾濫機会の減少した三角洲の遊休地を利用した氾濫原湿地の再生事業が進行しており，その生物多様性モニタリングが継続して実施されている．これらの自然再生事業の結果，松浦川と遠賀川の双方において，再生した氾濫原湿地に複数の在来淡水魚類の利用が認められ，「ヨコ方向」の連結性の再生が達成された（泊 2008；眞間ほか 2013）．しかし，遠賀川では，再生湿地へのオオクチバスとブルーギルという侵略的外来種の侵入も認められており，その定着の防除活動を行う必要性が指摘されている（眞間ほか 2013）．また，北海道標津川や釧路川では三

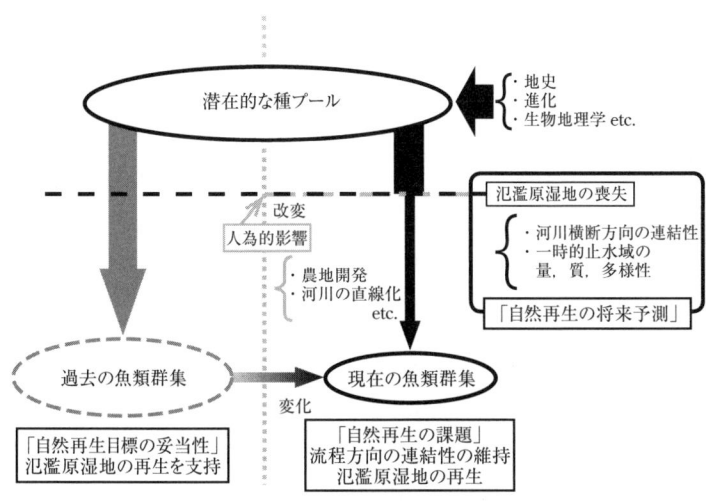

図 5.5 朱太川水系の魚類相の保全・再生の課題を抽出した事例を生態的フィルターの概念（Fattorini and Halle 2004; Hobbs and Norton 2004; Lessard *et al.* 2012）によって図に示したもの．潜在的な種プールは生物地理学的成因によって推定される．人為的影響の少なかった時代には生態的フィルターを通過できる種・個体群が多く，過去の魚類群集は豊かであったと考えられる．一方，現在は人為的影響を大きく受けて生態的フィルターは目詰まりを起こし，現在の魚類群集は過去に比べてその多様性は減少していると考えられる．朱太川水系の事例では，生物地理的成因によって推定した潜在的な魚類の種プールと現状の魚類群集を比較し，生態的フィルターが目詰まりを起こした要因は氾濫原湿地の喪失にあると推察した（自然再生の課題の抽出）（宮崎ほか 2011; Miyazaki *et al.* 2013）．過去の魚類群集は，氾濫原湿地を利用する魚類が種数・生息量ともに現在より多かったことが，その復元の試みから明らかとなり（宮崎ほか 2012），氾濫原湿地の再生が妥当な目標であることを検証した（自然再生目標の妥当性の検証）．現在のわずかな氾濫原湿地において，そこに生息する魚類群集の調査を行い（宮崎ほか 2013），どのような「ヨコ方向」の連結性の再生手法が求められるのかを検討した（自然再生の将来予測）．

日月湖を本川と連結させ，河川を再蛇行化する自然再生事業が実施された．その結果，釧路川では直線化されていた流路と比較し，再蛇行化した流路では，魚類の種数・存在量ともに増加し，止水性の魚類の再生にも寄与した（Nakamura *et al.* 2014）．ところが，標津川では再蛇行流路は流水性魚類で占められ，止水性魚類の生息量は大きく減少した（河口・中村 2005; 河口ほか 2005）．

一方，河川流程方向の連結性の回復に関しては，ダムや堰堤の撤去・改良に関する国内事例は熊本県球磨川や北海道知床の河川などから知られる．知床で

は，5河川13基の堰堤が堤体上部の切り下げや鋼性枠の一部撤去が実施された後，その上流域へのカラフトマスの溯上量の増加が報告されている（Nakamura and Komiyama 2010）．

　魚道の設置に関しては，国内では多くの河川において実施されている．環境庁による1998年の113の一級河川と一部の二級河川を対象とした調査では，調査区間内に河川横断構造物がないのは2河川であったものの，魚道が機能しており魚類の溯上を妨げない河川横断構造物と判断されるものを含めると，その数は12河川に増加すると評価されている（環境庁 2000）．実例をあげると，三重県長良川河口堰ではさまざまな形状の魚道が設置され，カマキリ（アユカケ）のような遊泳力の乏しい魚種の溯上も可能となっている（住谷ほか 2002）．しかし，魚道は本来の河川横断面のごく一部を水生生物の回廊として機能を回復させているのであり，その通過率は本来の通過率と比して，あるいは河川横断構造物の撤去と比して低いことや，ダムや堰堤によるほかの環境影響（たとえば下流側への土砂供給の減少）がなくなったわけでないことに留意しなければならない．

　このように，国内河川における「ヨコ方向」の連結性の回復に関しては，氾濫原湿地の再生という大がかりな自然再生事業が計画・実施され始めている．同様に，「タテ方向」の連結性の回復については，現在はおもに魚道の設置が試行されており，今後は治水・利水とのバランスを考慮したうえで球磨川や米国エルワ川などの国内外におけるダムの撤去事例を参考にした自然再生事業の計画・実施が望まれる．

（2）　目標となる魚類相の検討

　自然再生の取り組みでは，目標とする生物相の検討が重要である．日本列島の淡水魚類については，各種の自然分布域が概ね明らかにされている（中坊 2013）．そのため，自然再生の対象となる水域に自然分布すると考えられるすべての魚種，すなわち魚類の潜在的な種プールが，ほかの生物分類群よりも比較的容易に推定できる（図5.5）．それと現状の魚類相を比較することによって，本来いるべきはずの種のうち，現在は確認できない種を特定することができる．これらの種群の生態的な特徴から，河川の「タテ方向」および「ヨコ方向」の連結性の喪失をはじめとした問題となる河川環境の変化が推測できるだろう．実際に，岩手県一関市の久保川イーハトーブ自然再生事業地を含む河川・ため池群においても，この手法によって保全・再生の対象となる魚種やそ

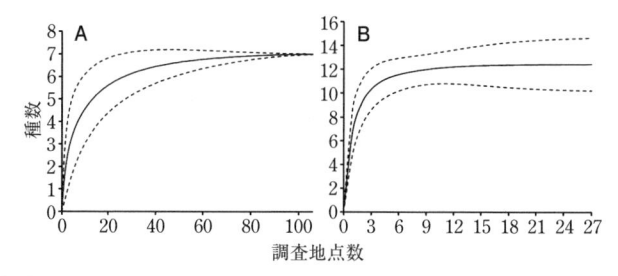

図 5.6 岩手県一関市のため池群（A）と河川（B）の各調査地点における記録魚種の情報にもとづき計算されたレアファクションカーブ（限られたサンプル数から母集団の種多様性を推定する解析手法）(Miyazaki *et al.* 2014). 点線は 95% 信頼区間, 実線は平均値を示す. レアファクションカーブの飽和種数と実際の調査で記録された合計種数の差によって, 潜在的な種プールの推定の妥当性が評価できる. レアファクションカーブの飽和種数のほうが実際の調査で記録された合計種数よりも多い場合, 実際の調査で記録の漏れている種が存在することになる. このとき, 潜在的な種プールに推定されながら, 実際の調査で記録されなかった種が存在していれば, さらなる同様の調査の実施によってその種の記録が期待できる. しかし, 潜在的な種プールに推定されながら, 実際の調査で記録されなかった種が存在しているにもかかわらず, レアファクションカーブの飽和種数と実際の調査で記録された種数の差がない場合, その誤差は調査手法の不備, 潜在的な種プールの推定の失敗, 地域絶滅のいずれかに起因すると考えられる. この岩手県一関市の事例 (Miyazaki *et al.* 2014) では, ため池群ではこれ以上の種数の記録は見込めないことが推察されたが, 河川ではさらなる同様の調査で新たに 1-3 種の記録が見込めることが推察された. 潜在的な種プールに推定されながら, 実地調査で記録されなかった種について, その種の生態的特性や地域の地史的背景などをふまえて, なぜ記録されなかったのかを考察した.

の課題が簡易的に特定された (Miyazaki *et al.* 2014). この事例では, 侵略的外来生物の導入・拡散が生物多様性を損なうおもな脅威であると推察されたが, 一部の魚種については「タテ方向」の連結性の喪失が生息地の減少につながっていると示唆された. また, この事例では, 対象地域において, 今後どれだけの種数が同様の調査手法を用いて記録される可能性があるのかを統計学的に検討し, 推定した潜在的種プールの正確性と調査手法の妥当性についても検討している（図 5.6）. このように, 生物多様性を低下させると推測された要因を, 客観的な生物統計情報と生態学的・生物地理学的知見にもとづきていねいに取り除きつつ, 順応的管理の手順によって事業が進められることが望まれる.

引用文献

Asai, T., H. Senou and K. Hosoya. 2012. *Oryzias sakaizumii*, a new ricefish from northern Japan (Teleostei：Adrianichthyidae). Ichthyological Exploration of Freshwaters, 22：289-299.

Burroughs, B. A., D. B. Hayes, K. D. Klomp, J. F. Hansen and J. Mistak. 2010. The effects of the Stronach Dam removal on fish in the Pine River, Manistee County, Michigan. Transactions of the American Fisheries Society, 139：1595-1613.

Clay, C. H. 1995. Design of Fishways and Other Fish Facilities. Lewis Publishers, Florida.

Cote, D., D. G. Kehler, C. Bourne and Y. F. Wiersma. 2009. A new measure of longitudinal connectivity for stream networks. Landscape Ecology, 24：101-113.

Fattorini, M. and S. Halle. 2004. The dynamic environment filter model：how do filtering effects change in assembling communities after disturbance? *In* (Temperton, V. M., R. J. Hobbs, T. Nuttle and S. Halle, eds.) Assembly Rules and Restoration Ecology：Bridging the Gap between Theory and Practice. pp. 96-114. Island Press, Washington.

Fausch, K. D., B. E. Rieman, J. B. Dunham, M. K. Young and D. P. Peterson. 2009. Invasion versus isolation：trade-offs in managing native Salmonids with barriers to upstream movement. Conservation Biology, 23：859-870.

後藤晃．1987．淡水魚——生活環からみたグループ分けと分布域形成．(水野信彦・後藤晃，編：日本の淡水魚類——その分布，変異，種分化をめぐって) pp. 1-15．東海大学出版会，東京．

後藤晃．1994．川と湖の魚たち——由来と適応戦略．(石城謙吉・福田正己，編：北海道・自然のなりたち) pp. 150-166．北海道大学図書刊行会，札幌．

Hitt, N. P., S. Eyler and E. B. Wofford. 2012. Dam removal increases American eel abundance in distant headwater streams. Transactions of the American Fisheries Society, 141：1171-1179.

Hobbs, R. J. and D. A. Norton. 2004. Ecological filters, thresholds, and gradients in resistance to ecosystem reassembly. *In* (Temperton, V. M., R. J. Hobbs, T. Nuttle and S. Halle, eds.) Assembly Rules and Restoration Ecology：Bridging the Gap between Theory and Practice. pp. 72-95. Island Press, Washington.

Hogg, R., S. M. Coghlan, Jr. and J. Zydlewski. 2013. Anadromous sea lampreys recolonize a marine coastal river tributary after dam removal. Transactions of the American Fisheries Society, 142：1381-1394.

Hohensinner, S., H. Habersack, M. Jungwirth and G. Zauner. 2003. Reconstruction of the characteristics of a natural alluvial river-floodplain system and hydromorphological changes following human modifications：the Danube River (1812-1991). River Research and Applications, 20：25-41.

Junk, W. J., P. B. Bayley and R. E. Sparks. 1989. The flood pulse concept in river-floodplain systems. Canadian Special Publication of Fisheries and Aquatic Sciences, 106：110-117.
環境庁．2000．第5回自然環境保全基礎調査河川調査報告書．環境庁自然保護局生物多様性センター，富士吉田．
Katano, O. and S. Matsuzaki. 2012. Biodiversity of freshwater fishes in Japan in relation to inland fisheries. In (Nakano, S., T. Yahara and T. Nakashizuka, eds.) The Biodiversity Observation Network in the Asia-Pacific Region：Toward Further Development of Monitoring. pp. 431-444. Springer Japan, Tokyo.
河口洋一・中村太士．2005．直線化された川の再蛇行化——分野間の協働について．日本生態学会誌，55：497-505.
河口洋一・中村太士・萱場祐一．2005．標津川下流域で行った試験的な川の再蛇行化に伴う魚類と生息環境の変化．応用生態工学，7：187-199.
川嶋尚正．2013．伊豆半島小稲地先で採捕された成魚のアカメ．魚類学雑誌，60：193-194.
北原佳郎・加藤健一・岡部剛．2012．静岡県沼津市新中川で採集されたタメトモハゼ．東海自然誌（静岡県自然史研究報告），5：31-34.
Kloehn, K. K., T. J. Beechie, S. A. Morley, H. J. Coe and J. J. Duda. 2008. Influence of dams on river-floodplain dynamics in the Elwha River, Washington. Northwest Science, 82(SP1)：224-235.
Kondolf, G. M., A. J. Boulton, S. O'Daniel, G. C. Poole, F. J. Rahel, E. H. Stanley, E. Wohl, A. Bnåg, J. Carlstrom, C. Cristoni, H. Huber, S. Koljonen, P. Louhi and K. Nakamura. 2006. Process-based ecological river restoration：visualizing three-dimensional connectivity and dynamic vectors to recover lost linkages. Ecology and Society, 11：5.
黒松内町．2012．黒松内町生物多様性地域戦略．黒松内町環境政策課，黒松内．
Lessard, J.-P., J. Belmaker, J. A. Myers, J. M. Chase and C. Rahbek. 2012. Inferring local ecological processes amid species pool influences. Trends in Ecology and Evolution, 27：600-607.
Lovett, R. A. 2014. Rivers on the run：as the United States destroys its old dams, species are streaming back into the unfettered rivers. Nature, 511：521-523.
眞間修一・遠山貴之・山下健作・石坪昭二・原田佐良子・梅田真吾・柴田みゆき．2013．遠賀川中島自然再生のモニタリング成果と順応的管理の試案．河川技術論文集，19：423-428.
Mitsch, W. J. and J. G. Gosselink. 2000. Wetlands, 3rd ed. John Wiley & Sons, New York.
宮崎佑介・照井慧・久保優・畑井信男・高橋興世・齋藤均・鷲谷いづみ．2011．北海道南西部の朱太川水系における魚類相とその保全生態学的評価．保全生態学研究，16：213-219.
宮崎佑介・吉岡明良・鷲谷いづみ．2012．博物館標本と聞き取り調査によって朱

太川水系の過去の魚類相を再構築する試み．保全生態学研究，17：235-244.
宮崎佑介・照井慧・吉岡明良・海部健三・鷲谷いづみ．2013．朱太川水系氾濫原の小規模な一時的水域の魚類相——種多様性の要因と保全・再生への示唆．保全生態学研究，18：55-68.
Miyazaki, Y., A. Terui, H. Senou and I. Washitani. 2013. Illustrated checklist of fishes from the Shubuto River System, southwestern Hokkaido, Japan. Check List, 9：63-72.
Miyazaki, Y., M. Nakae and H. Senou. 2014. Ichthyofauna of the Kubo, Tochikura, and Ichinono river systems (Kitakami River drainage, northern Japan), with a comparison of predicted and surveyed species richness. Biodiversity Data Journal, 2：e1093.
村瀬敦宣・根本雄太・前田玄．2007．東京湾の浜離宮恩賜庭園潮入の池と高浜運河に出現するハゼ科魚類．神奈川自然誌資料，28：75-83.
中坊徹次（編）．2013．日本産魚類検索——全種の同定［第三版］．東海大学出版会，秦野．
中島経夫．1987．琵琶湖における魚類相の成立と種分化．（水野信彦・後藤晃，編：日本の淡水魚類——その分布，変異，種分化をめぐって）pp. 215-229. 東海大学出版会，東京．
Nakamura, F. and E. Komiyama. 2010. A challenge to dam improvement for the protection of both salmon and human livelihood in Shiretoko, Japan's third Natural Heritage Site. Landscape and Ecological Engineering, 6：143-152.
Nakamura, F., N. Ishiyama, M. Sueyoshi, J. N. Negishi and T. Akasaka. 2014. The significance of meander restoration for the hydrogeomorphology and recover of wetland organisms in the Kushiro River, a lowland river in Japan. Restoration Ecology, 22：544-554.
太田陽子・小池一之・鎮西清高・野上道男・町田洋・松田時彦．2010．日本列島の地形学．東京大学出版会，東京．
Pess, G. R., S. A. Morley and P. Roni. 2005. Evaluating fish response to culvert replacement and other methods for reconnecting isolated aquatic habitats. In (Roni, P., ed.) Monitoring Stream and Watershed Restoration. pp. 267-276. American Fisheries Society, Maryland.
Pinter, N. 2005. One step forward, two steps back on U.S. floodplains. Science, 308：207-208.
Proches, S., J. R. U. Wilson, R. Veldtman, J. M. Kalwij, D. M. Richardson and S. L. Chown. 2005. Landscape corridors：possible dangers? Science, 310：778-779.
Roni, P., G. Pess, K. Hanson and M. Pearsons. 2013. Selecting appropriate stream and watershed restoration techniques. In (Roni, P. and T. Beechie, eds.) Stream and Watershed Restoration：A Guide to Restoring Riverine Processes and Habitats. pp. 144-188. John Wiley & Sons, Oxford.
Sakai, H., Y. Ito, S. V. Shedko, S. N. Safronov, S. V. Frolov, I. A. Chereshnev, S.-R. Jeon and A. Goto. 2006. Phylogenetic and taxonomic relationships of

northern far eastern phoxinin minnows, *Phoxinus* and *Rhynchocypris* (Pisces, Cyprinidae), as inferred from allozyme and mitochondrial 16S rRNA sequence analyses. Zoological Science, 23：323-331.

Shuman, J. R. 1995. Environmental considerations for assessing dam removal alternatives for river restoration. Regulated Rivers：Research & Management, 11：249-261.

Simberloff, D. and J. Cox. 1987. Consequences and costs of conservation corridors. Conservation Biology, 1：63-71.

Stanley, E. H. and M. W. Doyle. 2003. Trading off：the ecological effects of dam removal. Frontiers in Ecology and the Environment, 1：15-22.

住谷昌宏・長瀬修・木下昌樹．2002．長良川河口堰における魚道と魚類の遡上・降下調査について．応用生態工学，5：23-40．

高山茂美．2013．復刊河川地形．共立出版，東京．

田中克．2009．有明海特産魚——氷河期の大陸からの贈りもの．（日本魚類学会自然保護委員会・田北徹・山口敦子，編：干潟に生きる魚たち——有明海の豊かさと危機）pp. 107-122．東海大学出版会，秦野．

谷本正浩・奥山茂美．2003．三重県阿山郡大山田村の下部鮮統古琵琶湖層群上野累層で見つかったタイワンドジョウ科魚類化石．地学研究，51：195-199．

泊耕一．2008．松浦川アザメの瀬自然再生．九州技報，42：91-99．

Vannote, R. L., G. W. Minshall, K. W. Cummins, J. R. Sedell and C. E. Cushing. 1980. The river continuum concept. Canadian Journal of Fisheries and Aquatic Sciences, 37：130-137.

鷲谷いづみ．2007．氾濫原湿地の喪失と再生——水田を湿地として活かす取り組み．地球環境，12：3-6．

渡辺勝敏．2010．新生代淡水魚類化石からみる日本列島の淡水魚類相の変遷．（渡辺勝敏・高橋洋，編：淡水魚類地理の自然史——多様性と分化をめぐって）pp. 185-202．北海道大学出版会，札幌．

Watanabe, K. and M. Nishida. 2003. Genetic population structure of Japanese bagrid catfishes. Ichthyological Research, 50：140-148.

第6章

水田と周辺環境のつながり
稲害虫の広域管理
吉岡明良

　水田は食料生産の場であるのみならず，生物多様性の保全上重要な役割を担うことを期待されている場でもある．しかし，農薬を用いないなどの生物多様性保全型稲作の推進には，食料生産との調和を模索しなくてはならない．

　一方で，近年の環境の変化はわが国における水田害虫のジェネラリスト化をもたらした．ジェネラリスト害虫は水田の周辺環境で発生してから水田に侵入するため，水田内薬剤散布といった従来の防除法では根本的な防除ができない．農業ランドスケープレベルでの視点，すなわち，水田の周辺環境と水田のつながりに目を向ける必要がある．

　水田の周辺環境における害虫対策には，発生源の刈り取りなど，農薬を用いずとも行えるものがある．また，広い空間スケールを対象とした対策は容易ではないが，生態学で知られている「分断化の効果」を応用することで効率的な害虫対策の成果をあげることが期待できる．本章ではランドスケープを意識した農業害虫対策や農地の生物多様性保全に関する海外の事例を紹介するとともに，水田害虫アカスジカスミカメを対象とした研究を例に，生息場所分断化の効果を活用した広域的防除法の可能性について論じる．

6.1 水田と生物多様性

　世界的な農地の拡大，集約化は生物多様性を脅かすもっとも重要な要因の1つとなっている（Tilman 1999）．一般的に，農地では少数の作物以外の動植物を排除するような管理が行われるからである．一方で，管理方法によっては，むしろ生物多様性の保全上重要な役割を果たすことが期待される農地も存在する（Washitani 2001; Kleijn *et al.* 2011）．アジアの主要な食料生産の場である水田も，そのような可能性をもつ農地の1つである．水稲の栽培のため湛水されるという性質から，近現代の開発によって急速に失われた氾濫原湿地の代替

図 6.1　里地里山的景観における小規模な水田.

となり，多様な動植物の生育・生息場所として機能しうる（鷲谷 2007；桐谷 2010）からである．また，小規模な水田や広葉樹林などのモザイクに特徴づけられる日本の伝統的な農村の景観（ランドスケープ）は里地里山（図 6.1）とも呼ばれ（武内ほか 2001; Katoh et al. 2009），複数の生態系を用いる生物の存続にとって重要であるとされている（Kadoya and Washitani 2011; 今井ほか 2013）．田んぼの生きもの全種リスト（桐谷 2010）によると，じつに 5470 種の生物が水田およびそれに付随する水路やため池などを利用していると考えられている．そのなかには，トキ，コウノトリ，メダカ，ゲンゴロウなど多くの有名な絶滅危惧種も含まれている．

　しかし，水田はあくまで食料生産の場であることを忘れてはならない．病害虫を適切に防除し，収量を安定させなくては稲作を持続することが経済的に困難になる場合もある．化学農薬の使用は，病害虫を防除する方法のもっとも代表的なものであるが，直接的に農作物以外の動植物に影響し，生物多様性を脅かす要因の 1 つでもある．そのため，科学的知見にもとづき化学農薬への依存度が低い害虫防除法を発展させることは，保全生態学において重要な課題の 1 つである．一方で，化学農薬への依存度が低い防除法の確立は，応用昆虫学においても重要な課題であった．以下では，国内外の農薬への依存度が低い防除法に関する研究の発展と経緯を概観することで，その現状と課題を紹介する．

6.2 水田における IPM

　第2次世界大戦後，DDT や BHC などの有機塩素系殺虫剤の製造技術が確立し，国内外の農地で広く使われるようになった．日本の水田でも BHC などが大量に使用された（杉本 1966; 桐谷 2004）．それらの薬剤は衛生害虫や農業害虫への効果が高かったが，副作用も大きかった．1962 年，レイチェル・カーソンの『沈黙の春』が出版され，農薬の自然環境への影響が訴えられるとともに，生物濃縮を通した人体への影響も指摘されるようになった．さらに，肝心の害虫防除による食料生産の安定という面でも化学農薬の大量使用の問題点が指摘されるようになった（桐谷 2004）．誘導異常発生（リサージェンス）と薬剤抵抗性の発達である．誘導異常発生は農薬の使用が害虫以上に天敵に悪影響をおよぼすなどのプロセスによって，結果として害虫の大発生をもたらす現象のことであり，Ripper（1956）によって最初に報告された．日本の水田では DDT，BHC，パラチオンの導入後に，今まで重要な害虫ではなかったツマグロヨコバイやウンカ類の被害が広がったことなどが知られている（Ito et al. 1962; 桐谷ほか 1972）．クモ類などの天敵よりも農薬への耐性があり，世代交代が早いため個体群の回復力も高い種が害虫化してしまったのである．一方，薬剤抵抗性の発達は，進化的なプロセスによる．野外にはまれに殺虫剤に対して高い抵抗性を示す遺伝子を保有した害虫個体が存在するが，広域に高頻度で単一の殺虫力の高い農薬を使用していると，そのような個体のみが残ることになる．その子孫は軒並み農薬に抵抗性を持つようになり，けっきょくその農薬の有効性は失われる．これに関しては，複数の系統の農薬を交互に使うことである程度抑えることができる（尾崎 1976）．

　このように，一部の化学農薬に依存した害虫防除法は生物多様性の観点だけでなく，食の安全や安定生産という点においても大きな問題をはらんでいることが明らかになってきた．そのような状況で，応用昆虫学の分野でも経済的な観点からさまざまな防除手段を合理的に組み合わせる総合的害虫管理（Integrated Pest Management; IPM）という考え方が関心を集めるようになった（桐谷 2004; 安田ほか 2009）．IPM では抵抗性品種を用いた耕種的防除や天敵を用いた生物的防除を組み合わせて農薬に依存しない防除を行う一方で，発生予察を行い，害虫の被害が許容範囲（要防除水準）を超えることが予測されるときには化学農薬を用いる，というシステムを構築することになる．日本では，1969 年に先駆的に BHC の自主規制を行った高知県において，農薬散布回数を

減らしても収量に影響が出ないことを示す実証実験が始まった（桐谷ほか1972）．その後，1971年には農林省が全国的にBHCの規制を行うとともに，大型のプロジェクト研究「害虫の総合的防除法」を開始するといった動きや，草の根的なIPMを推進する動きが進み，1980年代後半にはIPMは広く受け入れられる防除の思想となった（桐谷 2004；安田ほか 2009）．それとともに，戦後の主要な稲害虫の被害も比較的農薬への依存度が低い農法で抑制できるようになり，「水稲のIPMは完成度が高い」という声も聞かれるようになった（安田ほか 2009）．ニカメイガについては，農業の機械化や育苗箱の利用，田植え時期の変化が非意図的な密度抑制につながり，被害が減少した．ウンカやツマグロヨコバイのようにリサージェンスによって害虫化していたものは，実証実験と要防除水準の設定にもとづく減農薬の取り組みが進むとともに大発生することが少なくなった（桐谷 2004）．DDTやBHCなどの選択性や残留性に問題のある有機塩素系農薬は70年代には国内で使用禁止となり（上遠 1975），現在の日本での化学農薬の生産量は1970-80年代に比べて低下している（環境省生物多様性総合評価検討委員会 2010）．

しかし，OECDやFAOの統計を見る限り，日本は依然としてほかの先進国と比べて耕地面積あたりの農薬使用量が多いのも事実である（http://stats.oecd.org/index.aspx；http://www.fao.org/home/en）．また，化学農薬の使用が前提となっているなど，依然としてIPMに関する批判，改善点は存在する（大野 2009；安田ほか 2009）．Kiritani (2000) はIPMと生物多様性の保全の調和をめざす生態系管理の概念である総合的生物多様性管理（Integrated Biodiversity Management；IBM）を提唱している．そのようななか，新たなタイプの害虫と農薬が台頭し始めた．斑点米カメムシ類と呼ばれる害虫グループと，ネオニコチノイド系農薬と呼ばれる農薬グループである．

6.3 水田における害虫と農薬の変化

（1） 斑点米カメムシの台頭——スペシャリストからジェネラリストへ

戦後の主要な水稲害虫はニカメイガやウンカ類など，稲とその近縁種のみをおもな宿主とする，いわゆる稲の「スペシャリスト」であった（Box-6.1）．これらの種は基本的に水田中で増殖させなければ大きな被害につながることがないため，水田に注目した農薬使用（またはそれを組み合わせたIPM）が十分

Box-6.1 スペシャリストとジェネラリスト

　生物のなかには，特定の種類の資源しか利用しない（できない）ものと，幅広い種類の資源を利用するものが存在する．生態学では，前者をスペシャリスト，後者をジェネラリストと呼ぶ．たとえば，カイコやその野生種と考えられているクワコはクワ（クワ科）とその近縁種のみを餌資源とするスペシャリストだが，アメリカシロヒトリはサクラ類（バラ科），コナラ（ブナ科），クワなどの幅広い植物種を餌資源とするジェネラリストである．なお，スペシャリストとジェネラリストの定義は，単独の「分類群」に属する種のみを利用するものをスペシャリスト，そうでないものをジェネラリストとする場合が多いが，その「分類群」は種や属であったり，あるいは科であったりと，多岐にわたる (Fox and Morrow 1981; Welch $et\ al.$ 2012)．本章では基本的に単独の科しか利用できないものをスペシャリストととらえている．ちなみに単独の科しか利用できない種をスペシャリストとすると，多くの植食性昆虫はスペシャリストに属する一方，捕食者はおもにジェネラリストとなるようだ (Bernays and Graham 1988)．しかも，ジェネラリストと考えられる植食性昆虫のなかでも，季節によって利用する植物種がほとんど決まっているもの，あるいは同じ季節にさまざまな植物種を利用できるにもかかわらず，特定の植物種に強い選好性を示すものも存在する．たとえば，本章で紹介するアカスジカスミカメはさまざまなイネ科・カヤツリグサ科の 2 つの科に属する種を利用可能だが，イタリアンライグラスの穂を餌資源および産卵場所として好む傾向が強い (Yoshioka $et\ al.$ 2011)．

　なお，たんにスペシャリスト，ジェネラリストというと上記のように餌資源に関する特異性を指す場合が多いが，生息場所などに対してもこれらの表現を用いることがある（たとえば Yoshioka $et\ al.$ 2010）．一方，餌資源のジェネラリスト，スペシャリストに関しては広食性 (euryphagous)，狭食性 (stenophagous) というほぼ同義の表現も存在する．また，多食性 (polyphagous)，寡食性 (oligophagous)，単食性 (monophagous) といった表現が用いられることもある．単一の種，あるいは属しか餌資源として利用しない狭義のスペシャリストに関しては単食性という表現が用いられる場合も少なくない (Welch $et\ al.$ 2012)．

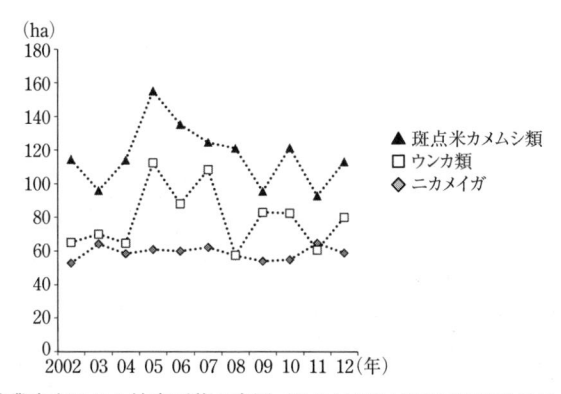

図 6.2　農業害虫による被害面積の変遷（農林水産省大臣官房統計部 2013 より作成）．

に有効であったと考えられる．

しかし，1970年代以降，新しいタイプの水稲害虫の被害が顕著になってきた（図6.2）．いわゆる「斑点米カメムシ類」の台頭である（渡邊・樋口 2006; Kiritani 2007）．斑点米カメムシとは，稲を吸汁することで斑点米を発生させる一連のカメムシ類のことである．現状のコメの品質基準では，斑点米となってしまった米粒がわずか0.1%混入するだけで，等級が落ち，経済的損害が生じてしまう（桐谷 2009）．ただし，稲の収量自体に直接的な影響をおよぼすわけではないため，斑点米カメムシ類が問題化している原因には，コメの品質に対する消費者の意識もかかわっているといえる．斑点米カメムシと呼ばれるカメムシ類にはカスミカメ科，ヘリカメムシ科，カメムシ科など，複数の科が含まれる．これらに共通するのは，いずれも生活史における稲への依存度が低く，複数種あるいは複数の科の植物種を利用するジェネラリスト的な性格が強いことである．これら昆虫は水田内で増殖する必要はなく，水田外から移入してくるだけで被害が生じる可能性がある．そのため，従来の害虫防除法によって水田における増殖を防ぐだけでは，この新しいタイプの害虫被害を防ぐのはむずかしい．

では，なぜそのようなカメムシ類の被害が近年顕著になっているのだろうか．要因の1つとして，地球温暖化の影響が指摘されている（Kiritani 2007）．冬期死亡率の減少，年間世代数の増加などを通じて斑点米カメムシ類の多発生がもたらされるからである．一方，近年の土地利用変化がジェネラリスト害虫にとって好適な生息場所を増加させたことも指摘されている（渡邊・樋口 2006; Kiritani 2007）．たとえば，1970年より始まった減反政策は，水田周辺

図 6.3 外来牧草イタリアンライグラス（ネズミムギ）の穂と稲の害虫であるアカスジカスミカメ（円内にいる）．

に休耕地や新たな作物を出現させたが，斑点米カメムシの一種であるアカスジカスミカメは外来牧草の一種であるイタリアンライグラス（ネズミムギ）の転作牧草地を好適な生息場所とすることが知られている（図6.3; Yoshioka *et al.* 2011; 大友 2013）．作物や外来植物がジェネラリスト害虫の発生源となったことを示唆する例は海外でも知られている（吉岡ほか 2010）．人為的な環境変化が進行する限り，ジェネラリスト的な性格の強い害虫の被害は，作物や地域を問わず今後も大きな課題になると考えられる．

（2）　新たな化学農薬ネオニコチノイド

　クロチアニジン，イミダクロプリド，チアメトキサムなどのネオニコチノイド系農薬は，化学構造がニコチンに類似しているためその名で呼ばれる．それらの成分は昆虫に対して選択的に強力に作用し，それまでほとんどの殺虫剤の効果が見られなかった施設栽培作物の害虫ミナミキイロアザミウマの化学防除を可能にするなどの成果をあげた（桐谷 2004; 柴尾ほか 2007）．また，効果の持続性（残効性）が高く，水田に侵入するタイミングが予測しにくい斑点米カメムシの防除にも効果的とされた（小野ほか 2011）こともあり，1990年代以降国内外で広く使われるようになった（小林ほか 2010; Goulson 2013）．

　しかし，この画期的な農薬の副作用に対する懸念の声も少なくなく，とくに，農地周辺の送粉昆虫（野生植物や作物への花粉を媒介するハチなどの昆虫類）

への影響が懸念されている（Goulson 2013; Kohler and Triebskorn 2013）．ヨーロッパの研究例では，致死量におよばない濃度のチアメトキサムを摂取した場合でもセイヨウミツバチの帰巣能力が低下し，4割以上の個体が帰巣できないこともあると報告されている（Henry *et al.* 2012）．また，野外で十分に経験しうる濃度のイミダクロプリドをセイヨウオオマルハナバチが摂取した結果，女王バチの生産が約85%に減少したことも示唆された（Whitehorn *et al.* 2012）．それらの懸念を受けて，EUでは2013年12月より，クロチアニジン，イミダクロプリド，チアメトキサムの3種およびネオニコチノイド系農薬と性質が類似したフィプロニルの使用を暫定的に規制している（http://europa.eu/rapid/press-release_IP-13-457_en.htm; http://europa.eu/rapid/press-release_IP-13-708_en.htm）．日本の水田においては，イミダクロプリドやフィプロニルを用いた育苗処理剤がアキアカネの激減と関連しているという指摘もなされている（上田 2011）．また，Amano *et al.*（2011）が日本全国でそれらの農薬を用いた水田と化学農薬を用いない水田でアシナガグモ類の個体数を比較したところ，やはり農薬使用水田では個体数が少ないことが明らかになった．ネオニコチノイドの導入は少ない農薬使用回数で害虫防除を可能とする（たとえば石本 2007）一方で，ネオニコチノイド系農薬を有効活用することは，IPMの推進に逆行するものであるという指摘もある（Goulson 2013）．ネオニコチノイド系農薬の主要な使用法の1つに，種子などを薬剤に浸すことで成長後の植物体全体に殺虫成分を行きわたらせ，長期にわたって害虫抵抗性を持たせるというものがあるが，この方法はきわめて予防的であり，害虫の発生量の予察にもとづいて使用する化学農薬の量を柔軟に変えるというIPMの思想と反するものであるという．薬剤処理する種子の時点では害虫の発生量を予測することが困難なため，つねに薬剤処理を行うことになるからである．

　しかし，斑点米カメムシ類のように従来のIPMが有効ではない新しいタイプの害虫が台頭するなか，農家が強力で効果の持続性も高いネオニコチノイド系農薬に依存した稲作を選択するのもやむをえないだろう．生態学的知見を総動員し，化学農薬に依存した稲作の対案となるような新たな生物多様性保全型の水田害虫管理防除法を提案していくことなしには，生物多様性の保全を重視した農業を普及していくのはむずかしい．

6.4　ランドスケープを視野に入れた害虫管理

（1）生物的防除から広域害虫管理へ

　IPMにおいては，化学農薬の使用以外の防除法として天敵によって害虫を抑制するという生物的防除への関心が高い．過去に侵入害虫イセリヤカイガラムシの天敵ベタリアテントウの導入が成功をおさめたことが，生物的防除の発展につながった（桐谷・志賀 1990）．やがて，生物的防除はたんに海外から天敵を導入・放飼して定着を図る古典的生物的防除（classical biological control）から，飼育した天敵の導入・大量放飼（inundative biological control），ついで土着（在来）種天敵の生息地を増やす保全的生物的防除（conservation biological control）へと発展していった（Gurr et al. 2012）．関連する防除法として，日本の南西諸島におけるウリミバエ根絶事業のように，天敵の代わりに不妊化した同種個体を大量に放飼することで繁殖を抑え，害虫個体群を絶滅させるような技術も開発された（伊藤・垣花 1995）．しかし，導入や大量放飼を前提とする防除はけっして成功率が高いわけでなく，土着害虫に対して化学農薬が不要になるほど成功した例は非常にまれである（嶋田ほか 2005; Gurr et al. 2012）．けっきょく，アジアの水田でも天敵の導入はほとんど成功しなかった（矢野 2002）．また，導入した個体が被害をもたらしたり，防除対象以外の種に悪影響をおよぼしたりするリスクもある（Gurr et al. 2012）．一方，保全的生物的防除はどこでも行える反面，効果的に行うには野外での天敵の時空間的動態を把握する必要があったため，生態学的な視点による研究が進んだ．やがて，土着天敵が害虫を効果的に抑制するには，その害虫が農地で発生して個体群サイズを増加させる前に十分に大きな個体群サイズを維持していることが重要であることがわかってきた（田中 2009; Welch et al. 2012）．そのためには，抑制させたい害虫以外の種も餌資源にできるジェネラリスト的な土着天敵が望ましい（宮下 2009）．対象害虫のみを餌資源とするスペシャリスト天敵では，放飼なしに害虫個体群サイズが大きくなる前に個体群サイズを大きくするのが困難な場合があるからだ．

　ジェネラリスト天敵は必ずしも1種類の農地だけを利用しているわけではないことから，地理情報システム（Geographic Information System; GIS）の技術の発展・普及とともに，複数の生態系タイプを含む広範な空間スケール，すなわちランドスケープ（景観）に注目して土着天敵の有効性が高まる条件を模

索するアプローチがとられるようになった．それにともない，天敵だけでなく，害虫の発生源となるような土地利用，作物，植物群落と被害を受ける作物の農地のつながりを把握し，虫害の抑制に活用しようとする研究も現れた（たとえば Kruess and Tscharntke 1994; Carrière et al. 2006）．このように景観とその操作を視野に入れた管理は，害虫防除の分野では「広域害虫管理」と呼ばれる（田渕・滝 2010）．広域害虫管理においては，複数タイプの生息場所からなる系，ランドスケープを扱うという点で，景観生態学，空間生態学的な発想が適応できる可能性がある．広域害虫管理は新しいタイプの害虫に対しての突破口となる可能性を秘めているのである．

ランドスケープレベルの管理による害虫防除による研究では，欧米を中心に天敵の利用するランドスケープ要素とその多様性に注目したものが多く（たとえば Kruess and Tscharntke 1994; Landis et al. 2008），レビューやメタ解析もなされている（Bianchi et al. 2006; Chaplin-Kramer et al. 2011）．それらの先行研究では，一般に樹林などの自然度が高い生息場所が含まれた複雑なランドスケープ内では，ジェネラリスト天敵の個体数や多様度が高くなることが知られている（Bianchi et al. 2006; Chaplin-Kramer et al. 2011）．しかし，周辺ランドスケープの効果で増加したジェネラリスト天敵が実際に害虫を抑制しているかどうかに関しては，まだ十分に知見がないようだ．むしろ，複雑なランドスケープにおいては，天敵の害虫抑制効果が制限されるという報告もある．Martin et al.（2013）は韓国の農地景観で野外実験を行い，複雑なランドスケープでは，天敵によるキャベツ害虫の抑制効果が低下することを示した．これは，複雑なランドスケープでは鳥類が増加し，重要な天敵である飛翔性昆虫を減少させてしまったからである．

ただし，先行研究の知見を一般化する際には注意が必要である．研究によって対象害虫の行動圏が異なることに加え，1農家あたりの農地面積や土地利用の不均一性には国や地域によって大きな差がある（Nyffeler and Sunderland 2003; 吉岡ほか 2013）からである．たとえば農地の所有面積を日本，欧州，米国で比較すると，それぞれおおよそ 2 ha，40 ha，200 ha となる（桐谷 2010）．生態学的に意味のある空間スケール内（たとえば害虫の移動分散範囲内）に多くの利害関係者がいる場合，その空間スケール内の景観を操作することは容易ではないかもしれない．

ただ最近になって，日本の水田ランドスケープでも景観と土着天敵あるいは害虫の関係を検討する研究が見られるようになり（Miyashita et al. 2012;

Takada *et al.* 2012），比較的少数の農家の協力のもとで生態学的に意味のある空間スケールで土地利用を改善できそうなことがわかってきた．たとえば，無農薬水田に侵入した斑点米カメムシの一種アカスジカスミカメの密度を説明するには，調査地点の周辺数百 m 程度の空間スケール内の休耕地面積などの土地利用が重要であることが示されている（Takada *et al.* 2012）．

今後人口減少で農地周辺の土地利用が大きく変化することが予想されるなか，水田害虫が発生しにくい景観を検討していくことは重要だろう．以下では近年被害が増加してきた斑点米カメムシを対象に考察してみよう．

（2） 分断化の効果による広域管理

ランドスケープを操作して天敵や害虫の生息場所管理をする際に重要となる生態学的現象の1つが，「生息場所分断化」の影響である（Box-6.2）．保全生態学の分野などでは，絶滅危惧種の生息場所は「分断化」していない状態，すなわち，なるべく大きく，かつ空間的に孤立しないで存在することが好ましいとされている．生息場所分断化によって，ジェネラリスト天敵や害虫の個体群サイズも非線形に変化させることが可能かもしれない．

しかし，絶滅危惧種の保全がむずかしいのと同様，ジェネラリスト天敵を劇的に増加させるのは容易ではないかもしれない．ジェネラリスト天敵の好適な生息場所と考えられる自然度の高いランドスケープ要素（樹林など）は，ランドスケープレベルで連結性を高めるように柔軟に操作，管理するのが比較的むずかしいと考えられる．絶滅危惧種の保全とは逆の発想で，害虫の個体群を分断化させることに関してはどうだろうか．特定の作物のみを利用するスペシャリスト害虫ならば分断化すべき生息場所＝宿主とする作物の圃場を特定するのは容易であろう．一方，日本の水田で台頭してきたジェネラリスト害虫は生息可能な植物群落が多様なため，分断化すべき生息場所を特定するのがむずかしいと思われるかもしれない．しかし，ジェネラリスト的な害虫のなかにも一時的に特定の作物の圃場を好適な生息場所とするものは少なくない（吉岡ほか2010）．作物の空間配置は比較的操作しやすいものなので，分断化の効果を活かすことができるかもしれない．

先に述べたアカスジカスミカメの場合，宮城県大崎市（旧田尻町）では，個体群が成長する前に主要な生息場所と考えられるイタリアンライグラスの転作牧草地の刈り取り（通常は2回目）の時期を迎える．しかし，牧草は刈り取った後，数日そのまま圃場で天日干しするという過程があるため，刈り取りを行

Box-6.2 分断化と個体群サイズの非線形性

　生息場所分断化（habitat fragmentation）は，保全生物学や景観生態学でよく注目される現象である．かつて連続的に大面積で存在していたある生物種の生息場所（森林など）が開発などで小規模なパッチ状になった場合，生息場所が分断化されたという．分断化が起きると，残されたパッチにおける密度が，分断化前の生息場所の面積と密度の関係から期待される直線関係より低くなることがある（図6.4）．これが生息場所分断化の効果である．ある生物種の個体群サイズが1000である大きな生息場所を仮定してみよう．開発などで生息場所面積が半分になった場合，単純に考えると（線形反応を期待すると），残された生息場所パッチ上の個体群サイズの期待値は500である．しかし，実際に全パッチの個体数を計測すると，総個体群サイズは100であったとする．これは分断化の効果が働いているためであり，総個体群サイズと生息場所面積の喪失割合の関係をプロットしていくと非線形な関係が得られる．この非線形性は，残すべき生息場所の面積の閾値や空間配置を決定するのに有用である．そのため，生息場所分断化の効果は保全生物学上重要な概念である．

　では，なぜそのような非線形性が生じるのだろう．Hanski（1999）のメタ個体群理論では，複数の生息場所パッチにまたがってある生物個体群が成立している場合（そのような個体群の集合をメタ個体群と呼ぶ）に以下のような予測がなされる．すなわち，小さいパッチでは小規模な局所個体群しか存在できないので絶滅確率が高いが，空間的に孤立したパッチは絶滅後に再

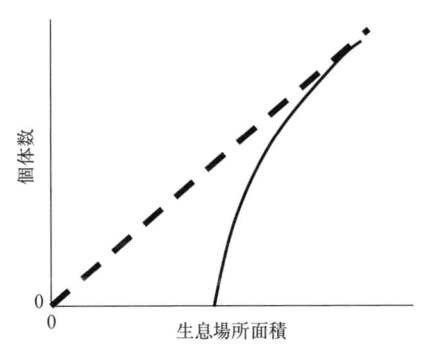

図6.4　生息場所の分断化と個体群サイズの関係の概念図．分断化の効果が作用している場合，生息場所面積と個体数の関係は実線で示されるような「非線形な関係」となる．作用していない場合は，点線で示される「線形な関係」となる．

移入が起きにくい．そのような孤立した小パッチが多いと絶滅するパッチの割合が大きくなり，結果として個体群全体の絶滅が起きやすくなるのである．また，相対的に周囲長が長くなる小面積のパッチほど，周辺環境からの影響を受けやすいために生息場所としては不適になるエッジ効果という現象も広く知られている（Driscoll *et al.* 2013）．

えるタイミングは天候に大きく左右される．結果として，刈り残されてしまった牧草地では8月上旬にアカスジカスミカメの成虫密度が高まり，周辺の休耕地，水田にも侵入すると考えられている．ここで，なるべく小面積で，空間的に孤立した状態に牧草地を刈り残すことができれば，「分断化の効果」により刈り残し牧草地におけるアカスジカスミカメの個体群サイズを大幅に縮小できるはずである（図6.5）．筆者らが調査を行ったところ，刈り残し牧草地にお

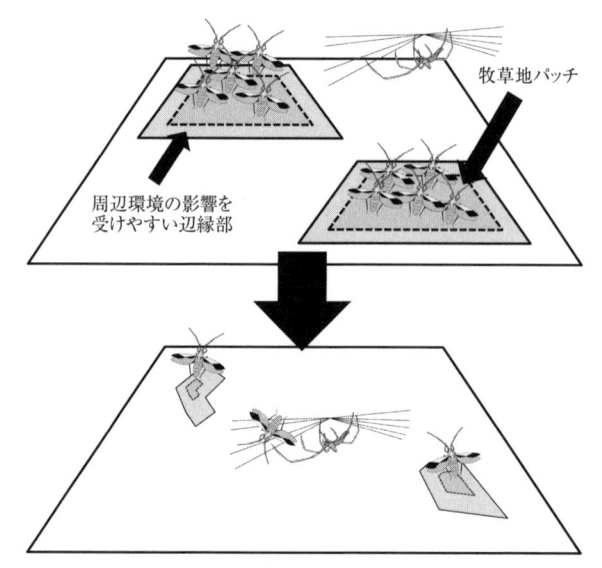

図 6.5　アカスジカスミカメ個体群が受ける分断化の影響の概念図．牧草地パッチの刈り取りにより，刈り取られた牧草地にいた個体だけでなく，刈り残しにいる個体もパッチ間の移動リスクの上昇や辺縁部の拡大によって影響を受ける．すなわち，牧草地間を移動する際に天敵に捕食される可能性が増加したり，生息に不適な環境が牧草地内に相対的に増加したりする．そのため，刈り残された牧草地に生存している個体は，残された牧草地面積の割には少なくなることが期待される．

けるアカスジカスミカメの密度は半径200m程度の空間スケール内の刈り残し牧草地の面積に正の効果を受けることが示された（Yoshioka et al. 2014）．これは半径200m程度の空間スケール内で牧草地を分断化させれば，アカスジカスミカメ密度に負の影響がおよぶことを示している．単純に個体群サイズをアカスジカスミカメ密度 × 牧草地面積と考えれば，牧草地の減少にともない個体群サイズの非線形な減少が期待できる．

（3）　見直される「分断化」の効果

しかし，害虫個体群を分断化によって抑制することの有効性を示す研究は，スペシャリスト的な性質が強く生息場所パッチが認識しやすい害虫においても少ない（Grilli and Bruno 2007; Grilli 2008）．その理由の1つに，一般に天敵のほうが害虫よりもランドスケープの変化に脆弱であることがあげられる（Kruess and Tscharntke 1994; Scherber et al. 2012）ためかもしれない．Kruess and Tscharntke（1994）は，$1.2 m^2$ のムラサキツメクサパッチを0–500mの間隔で設置することで，ムラサキツメクサをホストとする植食性昆虫群集とその寄生者への生息場所孤立化の影響を検討した．その結果，植食性昆虫の密度も下がったが，寄生者の種数や寄生率の顕著な低下も確認されたため，植食者よりもその寄生者のほうが分断化に脆弱であることが示された．また，シミュレーションによって，分散力やランドスケープ要素に対する反応の差がない状況では，生息場所の分断化によって害虫よりも天敵個体群が不安定となることも示されている（Visser et al. 2009; Scherber et al. 2012）．すなわち，害虫の発生源を除去したつもりが，天敵を先に絶滅させてしまうという，化学農薬によるリサージェンスにも似た現象が起きるリスクがあるのである．

一方，近年の環境変化は，比較的新しいジェネラリスト害虫が台頭する状況をつくりだしており，そもそも有効なスペシャリスト天敵が存在しない場合も考えられる．ジェネラリストであることの利点の1つに，スペシャリスト的な天敵が進化しにくいことがあげられる（Bernays and Graham 1988）からである．実際にアカスジカスミカメには有効なスペシャリスト天敵が確認されていない（渡邊・樋口 2006）．また，外来昆虫が害虫化した場合は，その種に特異的な天敵が侵入先に存在しない場合もある．温暖化によって害虫のみが分布拡大し，天敵がついてこられない場合もあるかもしれない．そのような状況ではやはり，ジェネラリスト天敵の生息場所確保と並行して，発生源の分断化による害虫個体群の抑制を試みる価値はあるだろう．

6.5　農業政策と広域管理

これまではランドスケープレベルの視点による害虫管理の重要性を示してきた．では，農地における生物多様性保全において，ランドスケープレベルの視野は現状ではどのように活かされているのであろうか．科学的な知見は農地の生物多様性保全政策とどのようにつながっているだろうか．環境保全に考慮した農業に経済的支援を行っている先進的な事例であるイギリスでは，EUの共通農業政策を受けて，環境スチュワードシップという独自の制度を設け，環境保全に配慮した農業を行う農家に直接支払を行っており，その予算は2009年の時点ではイングランドだけでも4億ポンドにも達している（Goulson 2013）．支援の対象となる事業は，農家との契約のレベルに応じて圃場の縁に天敵の隠れ家となる草地を植栽するというものや，鳥類のための休耕地を設けるなど多岐にわたる．しかし，イギリスの農地の生物多様性は現在も減少傾向にあるようである（Goulson 2013）．支援策の改善点として，上にあげたようなランドスケープレベルでの視野が求められてきている（Wilson et al. 2010）というのが現状のようである．

　日本の環境保全型農業を経済的に支援する制度としては，環境保全型農業直接支援対策が存在し，有機農業や冬期湛水管理に対して，国と地方合わせて10 a あたり8000円の直接支払が行われる（http://www.maff.go.jp/j/seisan/kankyo/kakyou_chokubarai/mainp.html）．平成26（2014）年には約26億円の予算がつけられている（http://www.maff.go.jp/j/nousin/kanri/pdf/26tamen_pr.pdf）．ただし，これらは個人の農家でも支援を受けられるものであり，必ずしもランドスケープレベルの取り組みを行うような枠組みにはなっていない．一方，多面的機能支払交付金（旧農地・水保全管理交付金）という制度も存在する．これは農業・農村の地域資源の維持および多面的機能の発揮を目的に，集落などの集団を対象とした支援制度であり，ランドスケープレベルの取り組みを行うことも可能な枠組みである．多面的機能支払制度のなかでも，生物多様性保全に関する活動も対象に含む「資源向上支払（地域資源の質的向上を図る共同活動）」では田10 a あたり2400円の支援を受けることができる．交付金全体の平成26（2014）年度の予算は約480億円であり，平成24（2012）年度の農地・水保全管理交付金の支払対象である約200万ha（日本の耕地450万haの約44％に相当）から大幅に対象面積を拡大することを目指している（http://www.maff.go.jp/j/nousin/kanri/pdf/26tamen_pr.pdf）．しかし，

あくまでも支援の主要な目的は農村の多面的機能の維持であって，生物多様性の保全のみではない．交付金によって生物多様性の保全に貢献する取り組みも行える，という位置づけである．このような枠組みが生物多様性保全の寄与にどの程度活用されるかに関して，今後の保全生態学の発展，蓄積および普及の果たす役割は大きいだろう．

引用文献

Amano, T., Y. Kusumoto, H. Okamura, Y. G. Baba, K. Hamasaki, K. Tanaka and S. Yamamoto. 2011. A macro-scale perspective on within-farm management : how climate and topography alter the effect of farming practices. Ecology Letters, 14 : 1263–1272.

Bernays, E. and M. Graham. 1988. On the evolution of host specificity in phytophagous arthropods. Ecology, 69 : 886–892.

Bianchi, F., C. J. H. Booij and T. Tscharntke. 2006. Sustainable pest regulation in agricultural landscapes : a review on landscape composition, biodiversity and natural pest control. Proceedings of the Royal Society B : Biological Sciences, 273 : 1715–1727.

Carrière, Y., P. C. Ellsworth, P. Dutilleul, C. Ellers-Kirk, V. Barkley and L. Antilla. 2006. A GIS-based approach for areawide pest management : the scales of *Lygus hesperus* movements to cotton from alfalfa, weeds, and cotton. Entomologia Experimentalis et Applicata, 118 : 203–210.

Chaplin-Kramer, R., M. E. O'Rourke, E. J. Blitzer and C. Kremen. 2011. A meta-analysis of crop pest and natural enemy response to landscape complexity. Ecology Letters, 14 : 922–932.

Driscoll, D. A., S. C. Banks, P. S. Barton, D. B. Lindenmayer and A. L. Smith. 2013. Conceptual domain of the matrix in fragmented landscapes. Trends in Ecology & Evolution, 28 : 605–613.

Fox, L. R. and P. A. Morrow. 1981. Specialization : species property or local phenomenon. Science, 211 : 887–893.

Goulson, D. 2013. An overview of the environmental risks posed by neonicotinoid insecticides. Journal of Applied Ecology, 50 : 977–987.

Grilli, M. P. 2008. An area-wide model approach for the management of a disease vector planthopper in an extensive agricultural system. Ecological Modelling, 213 : 308–318.

Grilli, M. P. and M. Bruno. 2007. Regional abundance of a planthopper pest : the effect of host patch area and configuration. Entomologia Experimentalis et Applicata, 122 : 133–143.

Gurr, G. M., S. D. Wratten and W. E. Snyder. 2012. Biodiversity and insect pests. *In* (Gurr, G. M., S. D. Wratten and W. E. Snyder, eds.) Biodiversity and In-

sect Pests : Key Issues for Sustainable Management. pp. 3-20. Wiley & Sons, Oxford.
Hanski, I. 1999. Metapopulation Ecology. Oxford University Press, Oxford.
Henry, M., M. Beguin, F. Requier, O. Rollin, J. F. Odoux, P. Aupinel, J. Aptel, S. Tchamitchian and A. Decourtye. 2012. A common pesticide decreases foraging success and survival in honey bees. Science, 336 : 348-350.
今井淳一・角谷拓・鷲谷いづみ．2013．空間スケールと解像度を考慮した里地里山における土地利用のモザイク性指標――福井県の市民参加調査データを用いた検証．保全生態学研究，18：19-32.
石本万寿広．2007．ネオニコチノイド系殺虫剤1回散布によるアカヒゲホソミドリカスミカメの防除技術　第1報　圃場単位の防除技術．北陸病害虫研究会報，56：9-15.
Ito, Y., K. Miyashita and K. Sekiguchi. 1962. Studies on the predators of the rice crop insect pests, using the insecticidal check method. Japanese Journal of Ecology, 12 : 1-11.
伊藤嘉昭・垣花広幸．1995．不妊虫放飼による琉球列島からのウリミバエの根絶――なにが成功の理由か．沖縄大学紀要，12：99-114.
Kadoya, T. and I. Washitani. 2011. The Satoyama Index : a biodiversity indicator for agricultural landscapes. Agriculture Ecosystems & Environment, 140 : 20-26.
上遠章．1975．DDT，BHC，パラチオンが世に出るまで．日本農薬学会誌，学会設立記念号：21-22.
環境省生物多様性総合評価検討委員会．2010．生物多様性総合評価報告書．環境省，東京．
Katoh, K., S. Sakai and T. Takahashi. 2009. Factors maintaining species diversity in satoyama, a traditional agricultural landscape of Japan. Biological Conservation, 142 : 1930-1936.
Kiritani, K. 2000. Integrated biodiversity management in paddy fields : shift of paradigm from IPM toward IBM. IPM Review, 5 : 175-183.
桐谷圭治．2004．ただの虫を無視しない農業．築地書館，東京．
Kiritani, K. 2007. The impact of global warming and land-use change on the pest status of rice and fruit bugs (Heteroptera) in Japan. Global Change Biology, 13 : 1586-1595.
桐谷圭治．2009．総合的生物多様性管理．（安田弘法・城所隆・田中幸一，編：生物間相互作用と害虫管理）pp. 245-268．京都大学学術出版会，京都．
桐谷圭治（編）．2010．田んぼの生きもの全種リスト．農と自然の研究所，東京．
桐谷圭治・井上孝・中筋房夫・川原幸夫・笹波隆文．1972．水稲害虫の総合防除――非塩素系殺虫剤への移行と殺虫剤散布量軽減のための具体的試み．日本応用動物昆虫学会誌，16：94-106.
桐谷圭治・志賀正和（編）．1990．天敵の生態学．東海大学出版会，東京．
Kleijn, D., M. Rundlof, J. Scheper, H. G. Smith and T. Tscharntke. 2011. Does conservation on farmland contribute to halting the biodiversity decline?

Trends in Ecology & Evolution, 26：474-481.
小林麻紀・大塚健治・田村康宏・富澤早苗・木下輝昭・上條恭子・岩越景子・佐藤千鶴子・高野伊知郎．2010．農産物中ネオニコチノイド系農薬の分析．東京都健康安全研究センター年報，61：215-220.
Kohler, H. R. and R. Triebskorn. 2013. Wildlife ecotoxicology of pesticides：can we track effects to the population level and beyond? Science, 341：759-765.
Kruess, A. and T. Tscharntke. 1994. Habitat fragmentation, species loss, and biological-control. Science, 264：1581-1584.
Landis, D. A., M. M. Gardiner, W. van der Werf and S. M. Swinton. 2008. Increasing corn for biofuel production reduces biocontrol services in agricultural landscapes. Proceedings of the National Academy of Sciences of the United States of America, 105：20552-20557.
Martin, E. A., B. Reineking, B. Seo and I. Steffan-Dewenter. 2013. Natural enemy interactions constrain pest control in complex agricultural landscapes. Proceedings of the National Academy of Sciences of the United States of America, 110：5534-5539.
宮下直．2009．生食連鎖と腐食連鎖の結合した食物網と害虫管理．（安田弘法・城所隆・田中幸一，編：生物間相互作用と害虫管理）pp. 115-134．京都大学学術出版会，京都．
Miyashita, T., Y. Chishiki and S. R. Takagi. 2012. Landscape heterogeneity at multiple spatial scales enhances spider species richness in an agricultural landscape. Population Ecology, 54：573-581.
農林水産省大臣官房統計部（編）．2013．平成24年産　作物統計（普通作物・飼料作物・工芸農作物）．農林水産省，東京．
Nyffeler, M. and K. D. Sunderland. 2003. Composition, abundance and pest control potential of spider communities in agroecosystems：a comparison of European and US studies. Agriculture Ecosystems & Environment, 95：579-612.
小野亨・加進丈二・城所隆・佐藤浩也・石原なつ子．2011．アカスジカスミカメに対する繁殖地の密度抑制技術と新規殺虫剤による斑点米被害の抑制．宮城県古川農業試験場研究報告，8：35-45.
大野和朗．2009．土着天敵を利用した総合害虫管理．（安田弘法・城所隆・田中幸一，編：生物間相互作用と害虫管理）pp. 163-184．京都大学学術出版会，京都．
大友令史．2013．東北地方におけるアカスジカスミカメの発生と防除．日本応用動物昆虫学会誌，57：137-149.
尾崎幸三郎．1976．水稲害虫における薬剤抵抗性とその対策．日本農薬学会誌，1：381-390.
Ripper, W. E. 1956. Effect of pesticides on balance of arthropod populations. Annual Review of Entomology, 1：403-438.
Scherber, C., B. Lavandero, K. M. Meyer, D. Perovic, U. Visser, K. Wiegand and T. Tscharntke. 2012. Scale effects in biodiversity and biological control：

methods and statistical analysis. *In* (Gurr, G. M., S. D. Wratten and W. E. Snyder, eds.) Biodiversity and Insect Pests : Key Issues for Sustainable Management. pp. 123–138. Wiley & Sons, Oxford.

柴尾学・岡田清嗣・田中寛．2007．スピノサド剤とクロルフェナピル剤に対して感受性の低いミナミキイロアザミウマの発生．関西病虫害研究会報，49：85-86．

嶋田正和・山村則男・粕谷英一・伊藤嘉昭．2005．動物生態学［新版］．海游舎，東京．

杉本湜．1966．米およびわらに含まれたγ-BHCの生物的定量．日本応用動物昆虫学会誌，10：156-162．

田渕研・滝久智．2010．農耕地周辺の土地利用に注目した広域害虫管理──これまでの研究動向と今後の展望．植物防疫，64：251-255．

Takada, M. B., A. Yoshioka, S. Takagi, S. Iwabuchi and I. Washitani. 2012. Multiple spatial scale factors affecting mirid bug abundance and damage level in organic rice paddies. Biological Control, 60 : 169–174.

武内和彦・鷲谷いづみ・恒川篤史（編）．2001．里山の環境学．東京大学出版会，東京．

田中幸一．2009．生物多様性と害虫管理．（安田弘法・城所隆・田中幸一，編：生物間相互作用と害虫管理）pp. 225-244．京都大学学術出版会，京都．

Tilman, D. 1999. Global environmental impacts of agricultural expansion : the need for sustainable and efficient practices. Proceedings of the National Academy of Sciences of the United States of America, 96 : 5995–6000.

上田哲行．2011．農薬をめぐる話題──イネの苗箱処理剤が赤トンボを減らしていた．月刊現代農業，90：290-293．

Visser, U., K. Wiegand, V. Grimm and K. Johst. 2009. Conservation Biocontrol in fragmented landscapes : persistence and parasitation in a host-parasitoid model. The Open Ecology Journal, 2 : 52–61.

Washitani, I. 2001. Traditional sustainable ecosystem 'SATOYAMA' and biodiversity crisis in Japan : conservation ecological perspective. Global Environmental Research, 5 : 119–133.

鷲谷いづみ．2007．氾濫原湿地の喪失と再生──水田を湿地として活かす取り組み．地球環境，12：3-6．

渡邊朋也・樋口博也．2006．斑点米カメムシ類の近年の発生と課題．植物防疫，60：201-203．

Welch, K. D., R. S. Pfannenstiel and J. D. Harwood. 2012. The role of generalist predators in terrestrial food webs : lessons for agricultural pest management. *In* (Gurr, G. M., S. D. Wratten and W. E. Snyder, eds.) Biodiversity and Insect Pests : Key Issues for Sustainable Management. pp. 41–56. Wiley & Sons, Oxford.

Whitehorn, P. R., S. O'Connor, F. L. Wackers and D. Goulson. 2012. Neonicotinoid pesticide reduces bumble bee colony growth and queen production. Science, 336 : 351–352.

Wilson, J. D., A. D. Evans and P. V. Grice. 2010. Bird conservation and agriculture：a pivotal moment? Ibis, 152：176-179.

矢野宏二．2002．水田の昆虫誌──イネをめぐる多様な昆虫たち．東海大学出版会，東京．

安田弘法・城所隆・田中幸一．2009．序論──新たな害虫管理に向けて．（安田弘法・城所隆・田中幸一，編：生物間相互作用と害虫管理）pp. 1-18. 京都大学学術出版会，京都．

Yoshioka, A., T. Kadoya, S. Suda and I. Washitani. 2010. Impacts of weeping lovegrass (*Eragrostis curvula*) invasion on native grasshoppers：responses of habitat generalist and specialist species. Biological Invasions, 12：531-539.

吉岡明良・高田まゆら・鷲谷いづみ．2010．農地生態系への植物の侵入・導入がもたらす「見かけの競争」型被害と広域的発生源管理の可能性．関東雑草研究会報，21：26-34.

Yoshioka, A., M. Takada and I. Washitani. 2011. Facilitation of a native pest of rice, *Stenotus rubrovittatus* (Hemiptera：Miridae), by the non-native *Lolium multiflorum* (Cyperales：Poaceae) in an agricultural landscape. Environmental Entomology, 40：1027-1035.

吉岡明良・角谷拓・今井淳一・鷲谷いづみ．2013．生物多様性評価に向けた土地利用類型と「さとやま指数」でみた日本の国土．保全生態学研究，18：141-156.

Yoshioka, A., M. B. Takada and I. Washitani. 2014. Landscape effects of a non-native grass facilitate source populations of a native generalist plant bug, *Stenotus rubrovittatus* in a heterogeneous agricultural landscape. Journal of Insect Science, 14：110.

II
時間スケール

第7章

熱帯林の消失・回復と時間
過去を復元し現在の多様性を知る
遠山弘法・辻野 亮

　過去数十年という短いタイムスケールで行われた熱帯林伐採は，数億年という長い進化的な歴史を背景に形成された植物多様性の急速な消失を引き起こす．7.1節では，東南アジア熱帯林の過去数十年間の時間スケールを振り返り，森林面積が増加している国と減少している国の歴史的・社会的背景の比較を行い，熱帯林の消失と回復がどのような背景のもとで生じているのかについて紹介する．7.2節では，近年，熱帯林減少が著しいカンボジアで適用した生物多様性の評価手法について紹介する．初めに，カンボジアの森林植物相の同定のために行ったDNAバーコーディングによる種同定の方法，効率について触れる．その後，種多様性と系統的多様性の違いに触れ，系統的多様性で評価する利点を紹介する．7.3節では，カンボジアに設置されたプロットにおいて，違法伐採，枯死，新規加入といった森林動態にかかわる要因が12年間でどのように変化し，その短いタイムスケールで生じた変化がどのくらいの時間をかけて生み出された多様性の消失・回復につながっているのかについて紹介する．7.4節では，カンボジアにおける違法伐採の増加要因を紹介し，今後の生物多様性の維持・回復に向けて行われている世界的な取り組みと住民による取り組みについて紹介する．

7.1　過去20年間の東南アジアにおける熱帯林消失と社会的背景

（1）　世界のなかでの東南アジア熱帯林

　現在，地球の陸地面積の30%ほどが森林で覆われている．FAO（2010）のデータによると，その森林面積は欧米諸国ではわずかに増加傾向にあるものの，世界全体で見ると，1990年から2010年にかけて3.25%減少している．とくに，

世界の森林面積の半分近くを占める熱帯林における減少は顕著で，東南アジア熱帯，新熱帯，アフリカ熱帯諸国の3地域において森林面積は5-10%減少している．東南アジア諸国では，日本の国土の88%に相当する3320万haという広大な森林が1990年から2010年の間に失われている．

東南アジアにおける森林減少は，直接的に寄与する至近要因，至近要因を誘導する間接要因が関連し合って生じている．至近要因としては，商業用の木材伐採，道路網構築などのインフラ拡大，換金作物（ゴム，アブラヤシ，サトウキビ，コーヒーなど）のための農地拡大，森林火災があげられる．Geist and Lambin (2001, 2002) のメタ解析によると，熱帯林消失に対するもっとも主要な至近要因は農地拡大で，木材伐採とインフラ拡大がそれに続く要因であると結論されている．ただし，これらの至近要因はほかの要因とかかわり合いながら森林減少を引き起こしており，単一の要因によって説明できるほど単純ではない．たとえば，農地拡大のための火入れが，失火による森林火災を誘発することが知られている (Langner and Siegert 2009)．また，人口増加や移住，貧困，国際的な農林産物価格変動，技術革新，林業政策，土地所有制度などの間接要因によっても誘導され，複雑に関連し合っている．

（2） 熱帯林が増加している国と減少している国——その社会的背景

東南アジアの熱帯林が，どこでも一様に減少しているのかといえばそういうわけではない．東南アジアのなかでも，カンボジア，インドネシア，ラオス，マレーシア，ミャンマーでの森林面積は減少しているが，タイではそれほど森林面積が変化しておらず，フィリピンとベトナムでは森林面積が増加している (FAO 2010)．

フィリピンは，1900年ごろには国土の70%ほどが森林であった．しかし，集中的な伐採や農地拡大の結果，1941年には58.2%，1988年には21.5%にまで減少している (Pulhin *et al.* 2006)．このような過剰伐採は，木材資源の枯渇という問題を生じさせ，その対策として1986年に国家主導の森林政策がスタートした．この国家森林計画では，安定的で機能的な森林環境を復元・維持することが目標として掲げられ，植林による森林回復努力が集中的に行われた．上記の政策に付随して，伐採後の放棄地を対象にした住民参加型森林管理プログラムもスタートした．これらの取り組みにより，大規模な洪水や土砂崩れ防止のための環境安定性促進，管理伐採による資金調達，森林回復が促進されるようになった (Pulhin *et al.* 2006)．以上のような結果，森林面積は2010年に

24.8%にまで増加している（FAO 2010）.

　ベトナムでは，1965年ごろから1975年までのベトナム戦争，1978年から1989年にかけてのカンボジア紛争により環境破壊が行われ，森林面積は1990年に30.2%まで減少した．しかしながら，1992年以降，国内の政治，経済，土地利用形態の改革が進められ，しだいに森林面積が回復してきている．具体的には，1993年に自然林の伐採・輸出が禁止され，1998年に再植林プログラムが開始されることで（Mather 2007; Meyfroidt and Lambin 2009），2010年には森林面積が42.2%まで回復している（FAO 2010）．ただし，この森林回復の背景には，他国の森林減少をともなっている点に注意しなければならない．つまり，家具製造業・輸出のための木材輸入の増加が，他国の森林減少の一因となっている．とくに，輸入木材の多くは隣国のカンボジアやラオスなどで違法伐採された樹木に依存しており，大きな問題となっている（Meyfroidt and Lambin 2009）．

　カンボジアでは，1960年代から現代にかけて森林率が10%ほど減少している．1960年代後半から1990年ごろまでは，政治的・経済的に不安定な状態が続いたため，森林統治が正常に行われておらず，森林にアクセスできるあらゆる人々が森林から木材を収穫することができ，森林が消失していったと考えられる．1993年にカンボジア王国が樹立されて以降は，脆弱化していた社会経済的インフラを整えるために，一刻も早い経済成長が政府や国際援助機関にとって重要な課題となり（Poffenberger 2009），外貨獲得のための伐採が急速な森林減少をもたらした．これを受けてカンボジア政府は，1996年に木材輸出の禁止，2002年に森林伐採のための国土譲渡の一時停止を行ったものの，森林減少はおさまっておらず，面積縮小をともなわない森林劣化も起こっている（Meyfroidt and Lambin 2009; Poffenberger 2009）．

　このように，東南アジアには，急速な森林減少によって生物多様性が脅威にさらされている国もあれば（Sodhi and Brook 2006など），森林面積を回復させている国も存在する．このパターンの違いを説明する仮説に，環境クズネッツ曲線仮説（Dinda 2004）があげられる．これは，森林消失に限らず，環境破壊と所得との間には，逆U字型の関係が存在するというもので，環境問題と経済発展の関係を考える際の一般的な仮説となっている．経済発展の初期段階では，「よい環境」という財よりも「所得」のほうが重要であり，森林伐採などの環境破壊が急速に広がっていく．経済発展の代償として環境劣化が進むと，「よい環境」の価値が高くなり，技術的，経済的，社会制度的に環境を改善す

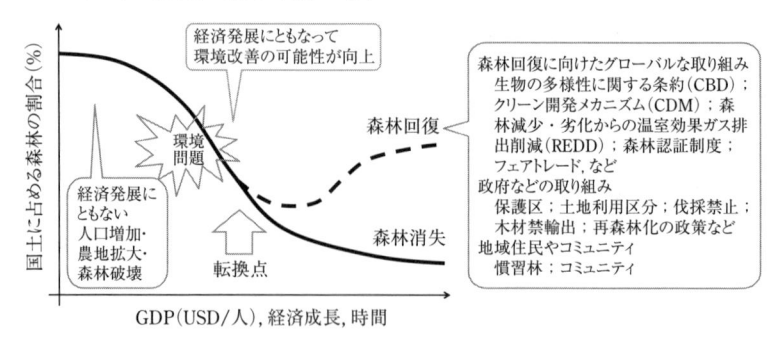

112　第7章　熱帯林の消失・回復と時間

図7.1 森林推移の模式図.

る方向に向かうということを示している．上記の視点を考慮した数理モデルによると，森林減少から増加に至る「森林推移」（図7.1; Mather 1992）は，土地所有者の長期的視点，つまり伐採による一時的な利益よりも生態系サービスなどを通した将来的な森林価値を重要視するといった社会的条件により生じることが予測されている．また，再生した森林の維持には，緩やかな森林再生，つまり伐採後の森林回復速度が将来的な見返りを期待できるほど速くないという生態的条件が必要であることが予測されている（佐竹 2007）．

東南アジア諸国の森林減少，回復可能性について整理すると，環境改善や森林価値よりも経済発展を重要視し，適切な森林管理が行われなければ森林減少は継続すると考えられる．一方で，伐採禁止や輸出禁止，多様なセクターによる再森林化などの政策・制度の実施，土地所有者の価値観の変化により，森林回復は起こりうると考えられる．しかしながら，森林面積の回復が，もとの植物相への回復につながるとは限らない．攪乱イベントが生じると，生育環境が変化し，もともと生育していた種の消失や攪乱環境に適応的な種の加入により植物相は変化する（Jackson and Sax 2010）．また，大規模な森林消失や大規模農業により取り残される形で生まれた二次林の場合，遠い原生林からの種子散布が期待できないので，植物相の回復は困難である（Chazdon *et al.* 2009）．今後は，残された原生林をどのように維持していくかが重要な課題となってくるだろう．現在，森林面積・植物相の維持・回復のために，当事国だけでなく，世界全体でさまざまな取り組みが行われている（図7.1）．後に7.4節でくわしく述べる．

7.2 カンボジアの生物多様性と種同定

(1) 東南アジアにおけるカンボジアの生物多様性

　生物多様性ホットスポットは,「地球規模での生物多様性が高いにもかかわらず,破壊の危機に瀕している陸域生態系」のことである.Myers *et al.*(2000)は,固有性と絶滅危惧度の2つの基準を用いて世界で25地域の生物多様性ホットスポットを選定した.固有性は,世界の植物30万種の少なくとも0.5%(1500種)を固有種として含んでいる地域として基準化し,絶滅危惧度は,原生植生の70%以上が失われている地域として基準化されている.選定された25地域は,地球の1.4%にすぎないが,44%の維管束植物,35%の脊椎動物(魚類を除く)を含んでいる.カンボジアを含むインドビルマ(インドシナ半島)は,固有植物を2.3%(7000種),固有脊椎動物を1.9%(528種)含み,生物多様性のホットスポットの1つにあげられている.Myers *et al.*(2000)以降,2004年に国際環境NGOコンサベーションインターナショナルによって,既存のホットスポットの再編と追加が行われ,34地域の生物多様性ホットスポットが発表されている(Mittermeier *et al.* 2004;図7.2).

　インドシナ半島は,近年熱帯林が急速に失われている地域である(図7.3).とくにカンボジアにおける減少は著しく,Hansen *et al.*(2013)の衛星画像を用いた解析によると,2000–12年の間に国土の約7%にあたる熱帯林が消失している.しかしながら,カンボジアは2010年現在,国土の約60%が森林で覆

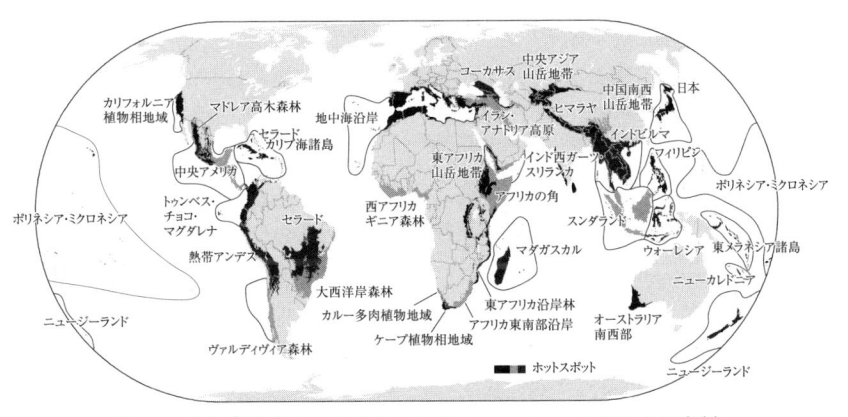

図 **7.2** 生物多様性ホットスポット (Mittermeier *et al.* 2004 より改変).

2000年に森林で覆われていた場所　　　2000-12年の間に森林が消失した場所

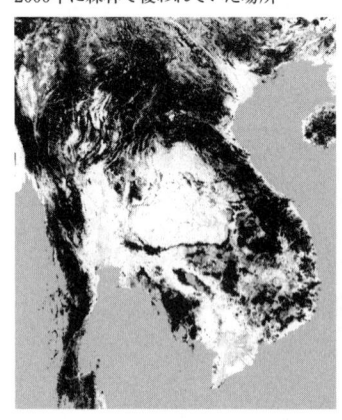

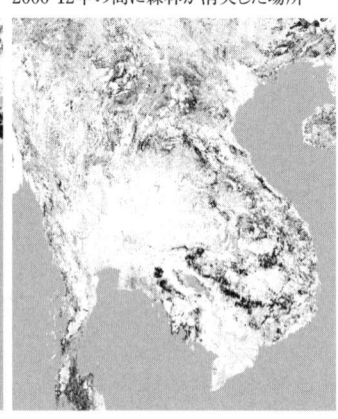

図7.3　インドシナの森林減少の様子．濃い部分は森林，白い部分は非森林を示す（http://earthenginepartners.appspot.com/google.com/science-2013-global-forest より改変）．

われており（FAO 2010），タイなどのほかの国と比べると開発されやすい低地熱帯林が現存しているという点で，インドシナの生物多様性保全における重要な地域であるといえる．実際に，カンボジアにはIUCNで絶滅危惧植物に指定されているような低地熱帯林の種が普通種として生育している（Toyama et al. 2013）．

カンボジアは保全上重要な地域であるにもかかわらず，生物多様性研究の基盤となる分類学的研究は非常に遅れている．とくに，生物多様性の基礎となる維管束植物の分類は不完全であり，1902年から1950年の間に出版された"*Flore Générale de l'Indo-Chine*"を最後に，研究がほとんど行われていない．2010年現在，カンボジアには維管束植物2308種が知られているが，推定では3000種を超えると考えられている（Ministry of Environment Kingdom of Cambodia 2010）．

分類学的研究の遅れは，長い内戦の結果だと考えられる．現在，カンボジアには植物の分類学者はほぼ皆無で，種同定は内戦前の分類学者が残したカンボジア名と学名の対応表を用いて行われている．対応表を用いた種同定は，同じカンボジア名が異なる複数種にあてられている場合は種多様性を過小評価してしまい，異なるカンボジア名が同種にあてられていた場合は過大評価してしまう．実際に，異なる3つの科に属する5種がカンボジア名でミヤンプレイと呼ばれ，多様性は過小評価されていた．また，*Cinnamomum polyadelphum*

(Lour.) Kosterm.（クスノキ科）はサイズなどの違いにより異なる3つの名前で呼ばれ，多様性は過大評価されていた（Toyama et al. 2013）．以上のような分類学的研究が遅れた地域で種を同定するためには，DNAバーコーディングという手法が有効である．

（2） DNAバーコーディング

DNAバーコーディングは，特定の遺伝子領域の短い塩基配列を用いて生物種の同定を促進する方法である．植物では，種間で保存性の高い遺伝子領域 rbcL とより進化速度の速い遺伝子領域 matK が標準バーコード領域として推奨されており（CBOL Plant Working Group 2009），2014年現在，rbcL は11万652件，matK は10万7588件の維管束植物のDNA配列がアメリカ合衆国の国立生物工学情報センター（NCBI）に登録されている．近年，rbcL，matK に加えて trnH-psbA，ITS2 も候補にあげられている（Kress et al. 2009; Yao et al. 2010）．DNAバーコーディングでは，野外で採集した植物のDNA配列をこのデータベースと照合し，相同性を見ることで種同定を行う．

Kress et al.（2009）は，バロコロラド島にある50 haの永久調査区（BCI）で1035サンプルに対してDNAバーコーディングによる種同定を行った．BCIでは分類学的研究の蓄積やその地域の植物相にくわしい専門家がいるため，DNAバーコーディングの有効性を調べるうえで適した場所である．種の特定方法は，データベースとの参照結果，もっとも相同性の高い種が1種であった場合は選定できたとし，相同性が低かった場合，また，もっとも相同性の高い種が複数種存在した場合は選定できなかったとした．実際の種同定と比較した結果，rbcL は，高いシーケンス成功率（93%），低い種同定の正答率（75%）を示した．matK は，低いシーケンス成功率（69%），高い種同定の正答率（99%）を示した．trnH-psbA は，高いシーケンス成功率（94%），高い種同定の正答率（95%）を示した．このように領域によって傾向は異なるが，組み合わせることで彼らは98%の種について正しく同定できることを示した．

（3） カンボジアのコンポンチュナン州，コンポントム州での適用例

DNAバーコーディングの手法をカンボジアのコンポンチュナン州，コンポントム州に適応した例を紹介する．それぞれの地域には，50 m×50 mの永久調査区が8プロット（コンポンチュナン州），47プロット（コンポントム州）設置してあり（図7.4），調査区内に生育する一定の大きさ以上の樹種の胸高

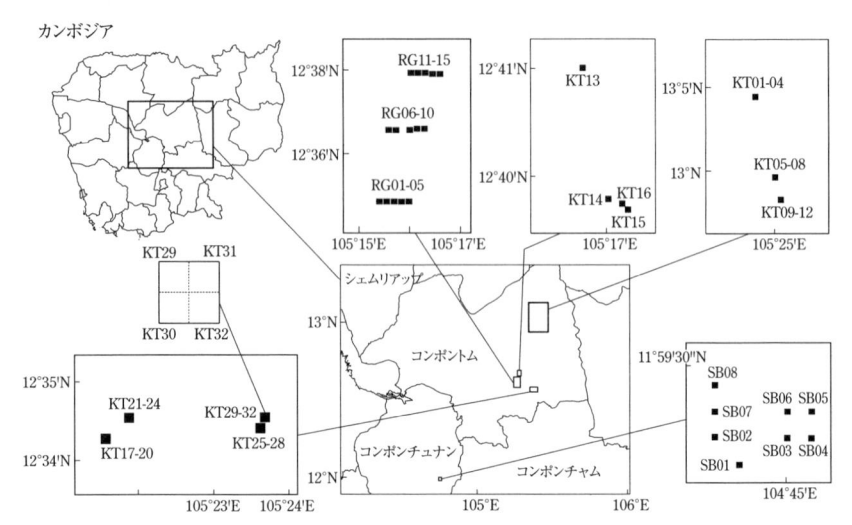

図 7.4　カンボジア永久調査区地図（Toyama *et al.* 2013 より改変）．

直径，樹高，調査メモ（違法伐採，枯死，新規加入）が記録されている．1998年に設置され 2010 年までに 4 回の調査が行われてきている．カンボジアの樹木の多様性や群集組成を調べるうえで貴重なデータとなりうるが，種同定はカンボジア名との対応表で行われており，約 25% は未同定のままで，多くの誤同定を含んでいる可能性があった．そこで，DNA バーコーディングを行い，種同定を試みた．

　プロット内，プロット周辺に生育している種をできる限り採集し，標本作製を行い，610 個体について *rbcL* と *matK* 領域のシーケンス配列を決定した．それぞれの領域の相同性解析の結果を参考にし，キュー植物園，オランダ国立植物標本館，パリ自然史博物館，シンガポール植物園，タイ王立森林局の標本庫に出向き，種同定を行った．実際の種同定は，"*Flore Générale de l'Indo-Chine*"，"*Flore du Cambodge du Laos et du Vietnam*"，"*An Illustrated Flora of Vietnam*"，"*Flora of Thailand*"，"*Flora of China*" などの文献から，カンボジアで記録のある種をまとめたチェックリストを作成し，モノグラフを確認しながら，あらかじめスキャンしておいたカンボジアの標本画像とタイプ標本などを照らし合わせることで行った．

　シーケンスの成功率，相同性解析の正答率を，BCI での結果と比べると *rbcL*，*matK* ともに高いシーケンス成功率（99.7%，98.5%）を示した一方で，

低い種同定の正答率（15.3%，17.1%）であった（Toyama *et al.* 2013）．シーケンスの成功率の違いは，複数のプライマーセットを使ったことで改善されたと考えられる．とくに *matK* においては，Dunning and Savolainen（2010）を参考にし，分類群ごとに異なるプライマーセットを用いることで高い成功率を得ることができた．相同性解析の正答率の違いは，データベースの情報不足が原因であると考えられる．Kress *et al.*（2009）の研究では，*matK* は属レベルで 100% の正答率を示しているが，カンボジアの研究では 78% と低く，属レベルでさえもデータベースに配列データが存在しないことを示している．カンボジアで DNA バーコーディングの効率を上げるためには，正確に同定されたサンプルの DNA 配列情報をできるだけ多くデータベースに登録していく必要性がある．

　われわれが調査し同定した 327 種のうち，21 種はカンボジアで初めて生育が確認された種で，そのうち 4 種はカンボジアではごく普通に観察される種であった．このことは，カンボジアにおける植物相調査が遅れていることを反映している．カンボジアの生物多様性の適切な理解のためには，継続的な植物相調査が必要だと考えられる．

（4）種多様性と系統的多様性の違い

　DNA バーコーディング領域の配列を決定することで，分子系統樹を推定することができ，種多様性のみならず系統的多様性（Faith 1992）を評価することができる（Box-7.1）．系統的多様性を調べることで，時間という単位で多様性を定量化することができ，対象とする群集の多様性が形成されるのに必要とされた時間を知ることができる．また，人為的な分類分けの影響を除けるため，種多様性が同じ群集間の多様性の違いを評価することができる（Box-7.1）．次節ではカンボジアのコンポントム州における森林動態が，群集の種多様性・系統的多様性にどのような影響を与えるのかについて具体例を紹介する．

7.3　カンボジアのコンポントム州における過去 12 年間の森林動態

（1）12 年間の森林動態（違法伐採，枯死，新規加入）

　コンポントム州に設置された 32 のプロット（KT，図 7.4）を用いた解析結

Box-7.1 種多様性と系統的多様性

　種多様性は群集内の種数で計算され，系統的多様性は群集内に生育する種の系統樹上の枝の長さの総和で計算することができる（rootを含む）．群集1の種多様性は，9種から構成されているので9である．群集1の系統的多様性は，生育する種を系統樹上でつなぐ枝の長さの総和（太線），66である．系統的多様性は，分類群間の種分化速度の違いを考慮しており，種多様性が同じ群集間の多様性の違いを評価できるという点で優れている（Schipper *et al*. 2008）．図7.5内の表に種多様性と系統的多様性の違いを表す例を示す．群集3の種多様性は10と一番大きいものの，2つの近縁種グループで構成されているため系統的多様性は50と一番小さな値を示している．群集1と群集2を比較すると，種多様性は9と同じであるが，系統的に離れた種で構成されている群集2のほうが系統的多様性は75と大きな値を示している．

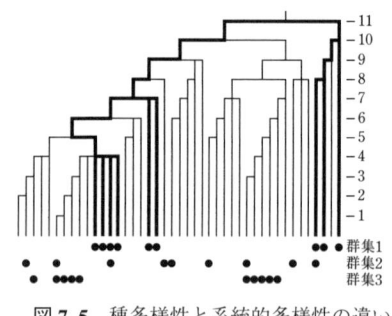

種多様性＝種数
系統的多様性＝枝の長さ

	群集1	群集2	群集3
種多様性	9	9	10
系統的多様性	66	75	50

例)系統的多様性（群集1 太線）
11+9+8+7×2+4×4+1×8=66

種多様性
　　群集3＞群集1＝群集2

系統的多様性
　　群集2＞群集1＞群集3

図 7.5　種多様性と系統的多様性の違い（Faith 1992 より改変）．

果について紹介する．プロット調査は1998年，2000年，2004年，2010年に行われており，胸高直径，樹高，調査メモ（違法伐採，枯死，新規加入）が記録されている．以前のデータは，未同定，誤同定を多く含んでおり群集の構造解析には利用できなかったが，DNAバーコーディングを利用した種同定を終え，解析ができるようになった．

　過去12年間の違法伐採数，枯死数，新規加入数を図7.6に示す．12年間の継続調査の結果，少数の違法伐採が1998年から2004年に，多数の違法伐採が2005年から2010年の間に生じていた．また，少数の新規加入が1998年から

7.3 カンボジアのコンポントム州における過去12年間の森林動態　119

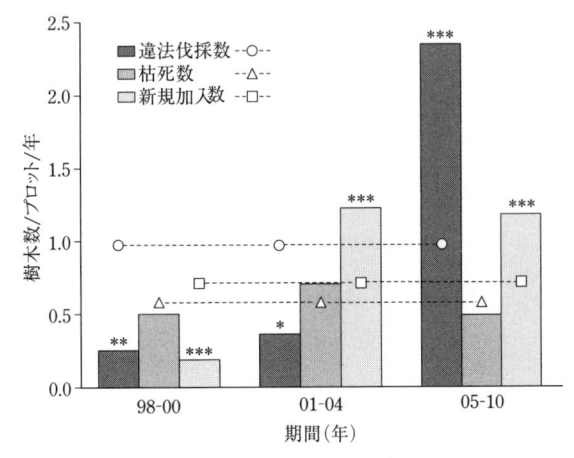

図 7.6　違法伐採数，枯死数，新規加入数の変化（Toyama *et al.* 2015 より改変）．破線はランダムを仮定した際の期待値（*$p<0.05$, **$p<0.01$, ***$p<0.001$）．

2000年に，多数の新規加入が2001年から2010年にかけて生じていた．このように近年になって大きな変化が生じていることがわかる（Toyama *et al.* 2015）．

（2）　違法伐採，枯死，新規加入の多様性への影響

　種多様性，系統的多様性の時間的変化を図7.7に示す．灰色の線がそれぞれのプロットの時間的変化を示し，黒線が平均値・標準偏差を示している．種多様性は，2000年から2004年の間に平均0.94種増加し，2005年から2010年の間に平均2.52種減少した．全期間を通してみると，12年間で平均2.15種減少している（図7.7A）．系統的多様性は，2000年から2004年の間に0.48億年分増加し，2005年から2010年の間に1.59億年分減少した．全期間を通してみると，12年間で平均1.37億年分の系統的多様性が消失している（図7.7B）．種多様性の観点からはそれほど大きく減少していない印象を受けるが，進化的歴史の観点から見ると，12年という短い間に膨大な時間をかけて生み出された多様性が失われていることがわかる．

　違法伐採数，枯死数，新規加入数と種多様性・系統的多様性の関係を図7.8に示す．横軸は，1998年から2000年，2001年から2004年，2005年から2010年の間に生じたプロットごとの違法伐採数，枯死数，新規加入数を示す．縦軸は，その期間に生じた種多様性，系統的多様性の変化量を示す．回帰分析の結

A 種多様性

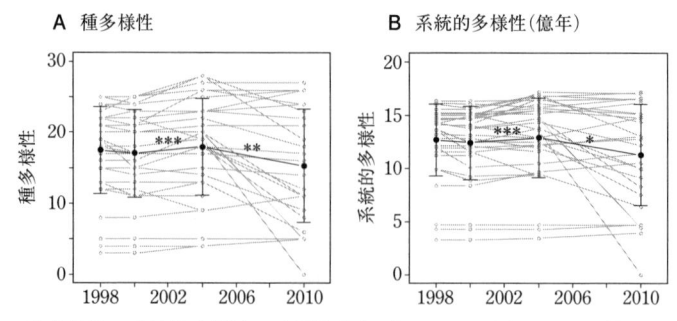

B 系統的多様性(億年)

図 7.7 種多様性・系統的多様性の時間的変化（$*p<0.05$, $**p<0.01$, $***p<0.001$）．(Toyama *et al.* 2015 より改変)．

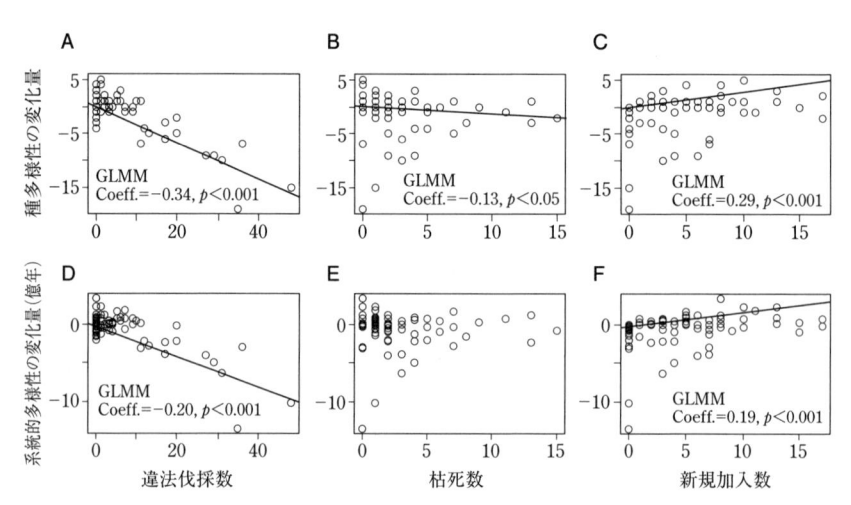

図 7.8 違法伐採数, 枯死数, 新規加入数と種多様性・系統的多様性との関係（Toyama *et al.* 2015 より改変)．

果，1つの違法伐採は 0.34 種減少させ（図 7.8A），0.20 億年分の系統的多様性を消失させた（図 7.8D）．1つの枯死は 0.13 種を減少させた（図 7.8B）．そして，1つの新規加入は 0.29 種を増加させ（図 7.8C），0.19 億年分の系統的多様性を回復させた（図 7.8F）．このように，種数で見ると大したことのないように思える違法伐採，枯死，新規加入といったイベントが，じつは膨大な時間をかけて生み出された多様性の消失，回復につながっている．次節では，多様性に影響を与える違法伐採に注目し，カンボジアにおける違法伐採がどの

ような要因で生じているのかについて紹介し，生物多様性の維持・回復に向けてどのような取り組みが行われているのかを紹介する．

7.4 カンボジアの生物多様性の維持・回復に向けて

（1） 違法伐採に影響を与える要因

　カンボジアにおける違法伐採には，さまざまな事情が含まれている．先に示したような農地拡大や輸出のための商業用の伐採もあれば，その地域の住民が薪炭，建築材として生活のために利用する木材の伐採も含まれる．どこからが違法なのかについては議論の余地があるが，ここでは，森林管理局が設置した永久調査区での伐採になるので，すべての伐採は違法伐採として定義した．

　一般に，違法伐採にはさまざまな要因が関与しているが，カンボジアのコンポントム州のプロットでは，種の違い，樹木の大きさ，最近接の村からの距離，最近接の森林管理局からの距離を要因としてあげ解析を行った．結果，違法伐採は種に依存しており，低地乾燥熱帯林に優占し，材としてよく利用される *Dipterocarpus obtusifolius* Teijsm. ex Miq.（フタバガキ科）がよく伐採されていた．一方で，材や木炭として利用可能なのだか，材が固すぎる *Irvingia malayana* Oliv. ex A.W.Benn.（イルビンギア科）は伐採されにくいという結果が得られた．また，大きい樹木，村から近いプロットの樹木，森林管理局から遠いプロットの樹木ほどよく伐採されるという結果が得られた（Toyama *et al.* 2015）．このことは，森林管理局員のパトロールが違法伐採を妨げていることを示唆する．実際に，カンボジアやインドネシアでは森林パトロールの成功例が報告されており，その有効性を確認することができる（Husson *et al.* 2007；Poffenberger 2009）．しかしながら，永久調査区内での伐採は現在も行われているので，パトロールのみで防げないことは明らかである．

（2） 熱帯林の回復に向けて

　森林回復を助ける世界全体での取り組みとして，森林認証制度，クリーン開発メカニズム，森林減少・劣化からの温室効果ガス排出削減，フェアトレードなどが存在する（図 7.1）．森林認証制度は，「環境」「社会」「経済」のバランスのとれた管理のもと生産された木材を第三者機関（たとえばFSC森林管理協議会 https://jp.fsc.org/）が認証することによって，持続的な森林管理と木

材供給を図ろうとする制度である．クリーン開発メカニズムは，先進国や企業が温室効果ガスの排出削減や吸収のための事業を開発途上国で実施し，それによって生じた削減・吸収分の一部を先進国や企業の排出削減分に充当することができる仕組みである．森林減少・劣化からの温室効果ガス排出削減は，開発途上国における森林破壊や劣化を回避することで温室効果ガスの排出を削除しようとする仕組みである．フェアトレードは，開発途上国における生産物に最低取引価格を設定して，生産者の生活が保障されるように配慮する取り組みである．以上のような取り組みが，現在，世界全体で進められており，今後，森林回復にどのような成果を上げていくのかが注目される．

　森林や生態系サービスの保全のために行われる上記のような取り組みが森林と暮らす人々から乖離してしまっては元も子もない．実際に生活する人々にとって森林資源は生活の糧となっており，たとえば，カンボジアの95%の人々は料理のための燃料として木材に依存している (Top *et al.* 2004)．このような対立構造を是正するために，地域住民参加による森林管理の取り組みが行われるようになった．カンボジアでは，1992年に500 haからスタートし，2004年にはカンボジアの森林面積の2%，24万8647 haに拡大している．国内の19州614村に分布し，そこで生活する住人が森林を管理しながら持続可能な形で食物，燃料，材，薬を採集し，販売することで収入を得ている (SCW 2006)．このような取り組みは，森林を保全することができ，かつ住民の収入にもつながるよい方法ではあるものの，住民の法律に対する認識不足や指導者の管理能力不足でうまく働いておらず，森林が消失し続けている場所もある (Sokh and Iida 2002; Ito and Mitugi 2010)．今後，住民管理型林業による森林回復を促進するためには，住人や管理者に対する行政指導が必要とされるだろう．

　以上あげたような，世界的な取り組み，住民による取り組みがうまく働けば，森林減少から回復への推移を遂げることができると期待される．しかしながら，どんなに優れた政策があってもそれが実行・履行されなければ森林は保全されない．汚職や違法伐採でルールが守られなければ，優れた政策でも意味をなさない．それゆえ，環境教育などを通して，森林回復を望んで実行に移そうとする意志を，さまざまな階層の人のなかに涵養することが大事になってくるだろう (辻野 2011)．

引用文献

CBOL Plant Working Group. 2009. A DNA barcode for land plants. Proceedings of the National Academy of Sciences of the United States of America, 106：12794-12797.

Chazdon, R. L., C. A. Peres, D. Dent, D. Sheil, A. E. Lugo, D. Lamb, N. E. Stork and S. E. Miller. 2009. The potential for species conservation in tropical secondary forests. Conservation Biology, 23：1406-1417.

Dinda, S. 2004. Environmental Kuznets curve hypothesis：a survey. Ecological Economics, 49：431-455.

Dunning, L. T. and V. Savolainen. 2010. Broad-scale amplification of *matK* for DNA barcoding plants, a technical note. Botanical Journal of the Linnean Society, 164：1-9.

Faith, D. P. 1992. Conservation evaluation and phylogenetic diversity. Biological Conservation, 61：1-10.

FAO. 2010. Global Forest Resources Assessment 2010：Main Report. FAO Forestry Paper 163. Rome.

Geist, H. J. and E. F. Lambin. 2001. What Drives Tropical Deforestation? A Meta-Analysis of Proximate and Underlying Causes of Deforestation Based on Subnational Case Study Evidence. LUCC International Project Office, University of Louvain.

Geist, H. J. and E. F. Lambin. 2002. Proximate causes and underlying driving forces of tropical deforestation. Bioscience, 52：143-150.

Hansen, M. C., P. V. Potapov, R. Moore, M. Hancher, S. A. Turubanova, A. Tyukavina, D. Thau, S. V. Stehman, S. J. Goetz, T. R. Loveland, A. Kommareddy, A. Egorov, L. Chini, C. O. Justice and J. R. G. Townshend. 2013. High-resolution global maps of 21st-century forest cover change. Science, 342：850-853.

Husson, S., H. Morrogh-Bernard, L. D'Arcy, S. M. Cheyne, M. E. Harrison and M. Dragiewicz. 2007. The importance of ecological monitoring for habitat management：a case study in the Sabangau forest, Central Kalimantan, Indonesia. *In*（Rieley, J. O., C. J. Banks and B. Radjagukguk, eds.）Carbon-Climate-Human Interaction on Tropical Peatland. pp. 59-65. Proceedings of The International Symposium and Workshop on Tropical Peatland, Yogyakarta, 27-29 August 2007, EU CARBOPEAT and RESTORPEAT Partnership, Gadjah Mada University, Indonesia and University of Leicester, United Kingdom.

Ito, K. and H. Mitugi. 2010. Challenges and prospects of community forestry in Cambodia：from the perspective of foresters' performances in the field. Forum of International Development Studies, 39：41-56.

Jackson, S. T. and D. F. Sax. 2010. Balancing biodiversity in a changing environment：extinction debt, immigration credit and species turnover. Trends in

Ecology and Evolution, 25：153-160.
Kress, W. J., D. L. Erickson, F. A. Jones, N. G. Swenson, R. Perez, O. Sanjur and E. Bermingham. 2009. Plant DNA barcodes and a community phylogeny of a tropical forest dynamics plot in Panama. Proceedings of the National Academy of Sciences of the United States of America, 106：18621-18626.
Langner, A. and F. Siegert. 2009. Spatiotemporal fire occurrence in Borneo over a period of 10 years. Global Change Biology, 15：48-62.
Mather, A. S. 1992. The forest transition. Area, 24：367-379.
Mather, A. S. 2007. Recent Asian forest transitions in relation to forest-transition theory. International Forestry Review, 9：491-502.
Meyfroidt, P. and E. F. Lambin. 2009. Forest transition in Vietnam and displacement of deforestation abroad. Proceedings of the National Academy of Sciences of the United States of America, 106：16139-16144.
Ministry of Environment Kingdom of Cambodia. 2010. Fourth National Report to the Convention on biological Diversity. Available from：http://www.cbd.int/doc/world/kh/kh-nr-04-en.pdf
Mittermeier, R. A., P. R. Gil, M. Hoffman, J. Pilgrim, T. Brooks, C. G. Mittermeier, J. Lamoreux and G. A. B. da Fonseca. 2004. Hotspots Revisited. CEMEX, Mexico.
Myers, N., R. A. Mittermeier, C. G. Mittermeier, G. A. B. da Fonseca and J. Kent. 2000. Biodiversity hotspots for conservation priorities. Nature, 403：853-858.
Poffenberger, M. 2009. Cambodia's forests and climate change：mitigating drivers of deforestation. Natural Resources Forum, 33：285-296.
Pulhin, J. M., U. Chokkalingam, R. J. J. Peras, R. T. Acosta, A. P. Carandang, M. Q. Natividad, R. D. Lasco and R. A. Razal. 2006. Historical overview. In (Chokkalingam, U., A. P. Carandang, J. M. Pulhin, R. D. Lasco, R. J. J. Peras and T. Toma, eds.) One Century of Forest Rehabilitation in the Philippines：Approaches, Outcomes and Lessons. pp. 6-41. Center for International Forestry Research (CIFOR), Bogor.
佐竹暁子. 2007. 数理生態学からサステナビリティ・サイエンスへの挑戦——森林衰退／再生への道をわける条件. 日本生態学会誌, 57：289-298.
Schipper, J., J. S. Chanson, F. Chiozza, N. A. Cox, M. Hoffmann, V. Katariya, J. Lamoreux, A. S. L. Rodrigues, S. N. Stuart, H. J. Temple, J. Baillie, L. Boitani, T. E. Lacher, R. A. Mittermeier, A. T. Smith, D. Absolon, J. M. Aguiar, G. Amori, N. Bakkour, R. Baldi, R. J. Berridge, J. Bielby, P. A. Black, J. J. Blanc, T. M. Brooks, J. A. Burton, T. M. Butynski, G. Catullo, R. Chapman, Z. Cokeliss, B. Collen, J. Conroy, J. G. Cooke, G. A. B. daFonseca, A. E. Derocher, H. T. Dublin, J. W. Duckworth, L. Emmons, R. H. Emslie, M. Festa-Bianchet, M. Foster, S. Foster, D. L. Garshelis, C. Gates, M. Gimenez-Dixon, S. Gonzalez, J. F. Gonzalez-Maya, T. C. Good, G. Hammerson, P. S. Hammond, D. Happold, M. Happold, J. Hare, R. B. Harris, C. E. Hawkins, M.

Haywood, L. R. Heaney, S. Hedges, K. M. Helgen, C. Hilton-Taylor, S. A. Hussain, N. Ishii, T. A. Jefferson, R. K. B. Jenkins, C. H. Johnston, M. Keith, J. Kingdon, D. H. Knox, K. M. Kovacs, P. Langhammer, K. Leus, R. Lewison, G. Lichtenstein, L. F. Lowry, Z. Macavoy, G. M. Mace, D. P. Mallon, M. Masi, M. W. McKnight, R. A. Medellin, P. Medici, G. Mills, P. D. Moehlman, S. Molur, A. Mora, K. Nowell, J. F. Oates, W. Olech, W. R. L. Oliver, M. Oprea, B. D. Patterson, W. F. Perrin, B. A. Polidoro, C. Pollock, A. Powel, Y. Protas, P. Racey, J. Ragle, P. Ramani, G. Rathbun, R. R. Reeves, S. B. Reilly, J. E. Reynolds, C. Rondinini, R. G. Rosell-Ambal, M. Rulli, A. B. Rylands, S. Savini, C. J. Schank, W. Sechrest, C. Self-Sullivan, A. Shoemaker, C. Sillero-Zubiri, N. DeSilva, D. E. Smith, C. Srinivasulu, P. J. Stephenson, N. vanStrien, B. K. Talukdar, B. L. Taylor, R. Timmins, D. G. Tirira, M. F. Tognelli, K. Tsytsulina, L. M. Veiga, J. C. Vie, E. A. Williamson, S. A. Wyatt, Y. Xie and B. E. Young. 2008. The status of the world's land and marine mammals: diversity, threat, and knowledge. Science, 322: 225–230.

SCW. 2006. The Atlas of Cambodia: National Proverty and Environment Maps. Save Cambodia's Wildlife, Phnom Penh.

Sodhi, N. S. and B. W. Brook. 2006. Southeast Asian Biodiversity in Crisis. Cambridge University Press, Cambridge.

Sokh, H. and S. Iida. 2002. Current state and trends in forest management in Cambodia. Journal of the Faculty of Agriculture Kyushu University, 47: 233–241.

Top, N., N. Mizoue, S. Kai and T. Nakao. 2004. Variation in woodfuel consumption patterns in response to forest availability in Kampong Thom Province, Cambodia. Biomass & Bioenergy, 27: 57–68.

Toyama, H., S. Tagane, P. Chhang, T. Kajisa, R. Ichihashi, V. Samreth, V. Ma, H. Sokh, A. Katayama, H. Itadani, M. Tateishi, Y. Tachiki, K. Mase, Y. Onoda, N. Mizoue, H. Tachida and T. Yahara. 2013. Inventory of the woody flora in permanent plots of Kampong Thom and Kampong Chhnang Provinces, Cambodia. Acta Phytotaxonomica et Geobotanica, 64: 45–105.

Toyama, H., T. Kajisa, S. Tagane, K. Mase, P. Chhang, V. Samreth, V. Ma, H. Sokh, R. Ichihashi, Y. Onoda, N. Mizoue and T. Yahara. 2015. Effects of logging and recruitment on community phylogenetic structure in 32 permanent forest plots of Kampong Thom, Cambodia. Philosophical Transactions of the Royal Society B: Biological Sciences, 370: 1665.

辻野亮. 2011. 生物資源の持続と破綻を分かつもの. (湯本貴和・矢原徹一・松田裕之, 編: 日本列島の三万五千年――人と自然の環境史1 環境史とはなにか) pp. 263–284. 文一総合出版, 東京.

Yao, H., J. Y. Song, C. Liu, K. Luo, J. P. Han, Y. Li, X. H. Pang, H. X. Xu, Y. J. Zhu, P. G. Xiao and S. L. Chen. 2010. Use of ITS2 Region as the Universal DNA Barcode for Plants and Animals. Plos One, 5.

第8章

ヒトとシカの時間
屋久島の生態系とシカ個体群変遷
小野田雄介・矢原徹一

　ニホンジカは日本に古くから生息する野生哺乳類であり，20世紀初頭から1970年代にかけては全国的に個体数が少なく積極的に保護されてきた．しかし近年ではその個体数が増加し，各地で農作物・林業被害をもたらしている．農村地帯では農業被害を抑えるため，また自然保護地域では生態系管理のために，個体群管理が行われている．ニホンジカは地域によって体サイズや生態が異なり，また生態系におけるニホンジカの役割も地域によって異なる．したがって，ニホンジカをどう保護・管理するかは，シカの生態はもちろん，シカを含めた地域生態系レベルで十分に検討する必要がある．本章では，まず，シカの生態や影響について概説する．その後，屋久島のヤクシカを事例として取り上げ，ヤクシカの起原，個体数の変遷，屋久島の生態系，農業被害など多角的に考察し，ヒトとヤクシカとの付き合い方を考えたい．

8.1　ヒトとニホンジカ

（1）　ニホンジカの個体数増加とその影響

　ニホンジカ（以下，シカという場合はニホンジカを指す）は，国内では北海道から沖縄まで幅広い温度域に分布し，その個体数は全国的に増加している．2011年の推定では，国内におよそ325万頭（本土ニホンジカ261万頭，エゾシカ64万頭）のシカがいると推定されている（環境省・農林水産省2014）．図8.1で示すように，シカは東北地区日本海側を除く大部分の森林に生息しており，また近代ではシカが生息していなかった地域にも分布を広げている．

　シカの増加要因にはさまざまな要因が考えられている（表8.1；湯本・松田2006；依光2011）．まずもっとも基本的なことは，条件がよければ，成熟したメスジカは毎年1匹の子を産み，個体群全体では自然死亡率を加味しても1年

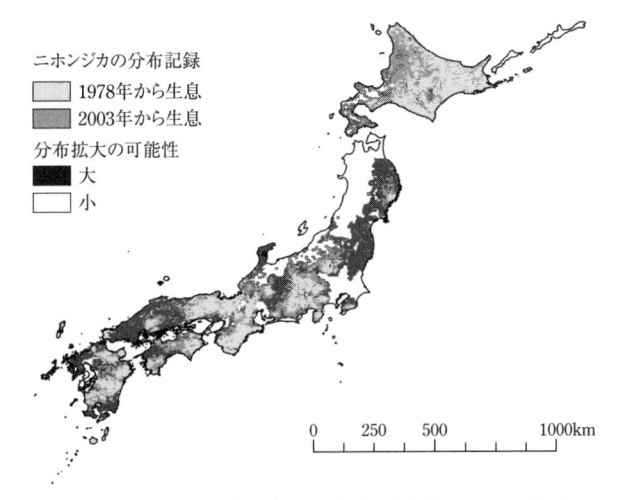

図 **8.1** ニホンジカの分布と拡大予測（環境省 2010 より改変）.

表 **8.1** シカの個体数増加の要因.

増加要因	説明
自然増加	条件がよければ毎年2割ほど増加する.
ヒトの森林利用の低下によるシカの生息地拡大	エネルギー革命以降，薪炭利用が激減し，ヒトが山に入らなくなった.
狩猟圧の低下	猟師数の減少，高齢化により捕獲数低迷
シカ保護政策	2006年以前は原則メス禁猟であった.
天敵の欠如	オオカミは1905年ごろ絶滅し，シカの天敵はいない.
暖冬	冬期は餌不足により餓死する場合があるが，暖冬により緩和.
林道整備	シカの移動促進，新たな生育地に進出.

で約 1.2 倍になることである（高槻 2006）.「1.2」という値は小さく見えるかもしれないが，10年経てば約6倍，20年では38倍というように指数関数的に増加することになる.

ただし，歴史的に見ると，シカの個体数は増加ばかりでなく，大きく変動してきた. 日中・日露戦争時代（20世紀初頭）から第2次世界大戦当時にかけて，現在とは対照的に，各地の個体群は大きく減少し，絶滅またはそれに近い状態に至った. この減少のおもな原因は，毛皮需要などを反映した大量捕獲であると考えられる. 現在，秋田県や青森県にニホンジカがほとんど分布しないのはこのためである（辻野 2011）. シカ個体群の低密度状態は第2次世界大戦

表 8.2 シカによる生態系への影響．シカによる影響は直接的なものと，間接的なものに分けられる．引用についてはなるべく屋久島での研究例をあげたが，研究例がない事柄については，他地域での研究例をあげた（*が付いているもの）．

	シカによる生態系への影響	引用
直接的影響	林床植生の減少	Koda *et al.* (2008)
	森林更新の阻害・構造の変化	* Akashi and Nakashizuka (1999)
	シカ忌避植物の増大	Koda *et al.* (2008)
	立ち枯れ木の増大	*湯本・松田 (2006)
	落ち葉の除去	Agetsuma *et al.* (2011)
間接的影響	土壌流出の増大	九州森林管理局 (2013)
	林床植物をすみかとする生物の減少	*植田ほか (2014)
	シカによる攪乱を好む生物の増加	Kuijsters *et al.* 未発表
	シカに寄生する生物の増加	*梶ほか (2006)
	物質循環の改変	*日野ほか (2003)

出典：Koda *et al.* (2008) Forest Ecology and Management, 25：431-437. Akashi and Nakashizuka (1999) Forest Ecology and Management, 113：75-82. Agetsuma *et al.* (2011) Mammalian Biology, 76：201-207. 九州森林管理局 (2013) http://www.rinya.maff.go.jp/kyusyu/fukyu/pdf/bettenn1-2.pdf. 湯本・松田 (2006) 世界遺産をシカが喰う――シカと森の生態学. 植田ほか (2014) Bird Research, 10：F3-F11. 梶ほか (2006) 世界遺産をシカが喰う――シカと森の生態学 第 2 章. 日野ほか (2003) 保全生態学研究, 8：145-158.

後も続き，1976 年の時点で「現在，わが国にどの程度のシカが生き残っているのか，はっきりわかっていない．少数の地域を除いて，分布域も個体数も，ごくわずかなものにちがいない．種の存続にとって少な過ぎることは，実に危機的な問題をはらんでいる」と指摘されている（丸山・三浦 1976）．1970 年代前半までの個体数低下の原因として，捕獲による影響に加え，高度成長期の開発によるシカ生息域の減少が指摘されている（丸山・三浦 1976）．その後，メスジカ保護政策や，狩猟人口の減少・高齢化など，表 8.1 にあげた種々の理由により，各地で生き残ったシカ個体群はしだいに回復し，近年では深刻な農業被害を出すまでに増加している．

　農作物被害面積は 1990 年代前半には約 1.5 万 ha であったが，1990 年後半から顕著に増加し，2010 年には 6 万 ha を超えた（農林水産省 2014）．最近の野生鳥獣による農作物被害統計では，シカはイノシシを超え，もっとも農作物被害をもたらす動物となった．2012 年度のシカによる農作物被害額は過去最高だった前年度とほぼ同額の 82.1 億円であった．ちなみにこの数字に林業被害（植林の食害，樹皮剝ぎによる立ち枯れや品質低下）は含まれていないので，農林業全体の被害総額はこれより大きい．

シカは農業被害を与えるだけでなく，生態系にも大きな影響をおよぼす．シカは生態系への影響力が大きい「キーストーン種」であり，シカの個体数の増減はほかの生物群集や生態系機能に強く影響する．シカ個体数増大による代表的な影響としては，①林床植物の減少，②樹木の実生を食害することによる森林の更新阻害，③樹皮剝ぎによる幹の立ち枯れ，があげられる．またこれに付随して，表土流出，物質循環の改変，寄生虫（ダニやヒルなど）の増大も問題になっている（表8.2；湯本・松田 2006）．

（2） シカの個体群管理

農作物における獣害は古くからある問題で，平安時代末期には，平安期に拡大した荘園においてシカやサルによる鳥獣害が起こったことが記録されているという．また19世紀中ごろまでは，各地にシシ垣と呼ばれるシカやイノシシが農地に侵入するのを防ぐ石垣が維持されていた（辻野 2011）．歴史的に見れば，1900年代初頭から1970年代ごろまでがやや特殊で，上述のとおり乱獲などのため，シカ個体数は低下し，農作物被害は大きな社会問題として取り上げられなかったと考えられる．シカ害がめだち始めるのは，場所にもよるがおおよそ1970年代からである（依光 2011）．

農村地域で，農作物被害をおよぼすシカは必然的に駆除の対象となる．環境省・農林水産省の「特定鳥獣保護管理計画技術マニュアル」によると，農林業被害があまり大きくならない密度は平均値で1-2頭/km^{2}程度であると推定している．一方，国立公園など自然保護地域で自然植生を維持するうえで適正なシカ密度として，上述のマニュアルでは目安（3-5頭/km^{2}以下）を示している．自然保護地域でのシカ個体群管理については大きな議論があり，人間の手を加えずにできる限り自然のなりゆきに任せるべきだという考えがある一方，シカは林床植物を激減させ，森林の更新を阻害するので，生態系保全のために個体群管理（生態系管理）すべきという考えがある（揚妻 2013）．

シカ対策の目標を決定する際には，地域ごとの生態系の特徴や社会的事情を考慮したうえで判断する必要がある．たとえば尾瀬では湿原植生を守ることが第1とされ，シカは原則駆除の立場である（尾瀬国立公園シカ対策協議会 2009）．一方で宮城県の金華山ではシカを神の使いとして一切の駆除を行わない（高槻 2006）．後述するように，地域によってシカの生態系における位置づけや影響力は異なるので，上述のマニュアルで示された目安を全国に適用するのは適切ではない．

以下では，ニホンジカの生態や地域変異を概説し，個体群管理を考えるうえで重要な点をまとめる．そのうえで，ヤクシカの起原や特徴を述べ，ヤクシカのあり方について考えてみたい．どの対象地域であっても，シカを含む地域生態系を俯瞰的に把握することが，シカ問題の解決への第一歩である．

8.2 ニホンジカの歴史と生態

（1） ニホンジカの移住の歴史と地理的分化

ニホンジカは約 20 万年前の中期更新世には日本列島に生息していたことが，化石の証拠から明らかになっている（Kawamura 2009）．後述のとおり，DNA 配列の分析からニホンジカは約 35 万年前に北方系統と南方系統に分化し，それぞれが氷期の陸橋を通じて，大陸から北海道と九州に移住したと推定されている（Nagata et al. 1999; Nagata 2009）．最終氷期（約 7 万年前から 1 万年前）には，今より多くの哺乳類が日本に生育していた．中国大陸から移住してきたニホンジカ，ナウマンゾウ，オオツノジカ，原牛など（黄土動物群）と，シベリアから移住してきたマンモスやヘラジカなど（マンモス動物群）である（亀井ほか 1988）．これらの動物種が日本に移住した時期，および大陸と日本列島の間に陸橋が形成された時期については，正確にはわかっていない．

一方，日本列島にヒトが移住した時代はより正確に推定されている．九州では，3 万 5000 年前の阿蘇火山噴火による火山灰層の直下から，旧石器時代の遺跡が見つかっている．ニホンジカ，ナウマンゾウなどの骨は旧石器時代の遺跡からしばしば発見されている．

大型哺乳類は狩猟のターゲットであり，大型哺乳類，とくにメガファウナの絶滅は人間活動によるものだとする説がある（亀井 1979）．地球規模では，オーストラリア・北米・南米へのヒトの移住後に，メガファウナの絶滅が生じた（Barnosky et al. 2004）．オーストラリアでは，気候が安定した時期にメガファウナが絶滅しており，絶滅は人間活動によるものと考えられる．一方，北米ではヒトの移住期が，気候が温暖化した時期と重なっているため，両方の影響でメガファウナが絶滅したと考えられている．日本列島においてもおそらくこの 2 つの要因の下で，約 1-2 万年前にはメガファウナは絶滅し，ニホンジカ，イノシシ，ニホンカモシカなどの森林性の哺乳類が残った．そして，ニホンジカやイノシシは縄文時代から近代まで狩猟の対象とされ，ヒトの貴重なタンパク

質源であり続けた．

　ニホンジカは地域によって体サイズが異なり，地理分布も考慮して7亜種に分類されている（エゾシカ，ホンシュウジカ，キュウシュウジカ，マゲシカ，ヤクシカ，ケラマジカ，ツシマジカ）．エゾシカの体重は平均80-90 kgである（ときに120 kgを超える）が，南のヤクシカは30 kg程度にしかならず，約3倍の開きがある．一般に恒温動物では，同じ種や近縁種の間で，寒冷な地域に生息するものほど体重が大きくなる傾向があり（ベルクマンの法則），日本のシカも同じ傾向を示す．この原因として，体が大きいほど，体表面積／体重が減り，熱放散を抑えることができ，より寒冷地に適応的であるためと考えられている．また寒冷地のシカは長い冬を乗り切るために夏から秋に荒食いをし，大量の脂肪を蓄積することも知られている（高槻 2006）．なお，飼育された50-60 kgのシカは1日あたりおよそ1.5-2 kg程度の干し草を食べるという報告がある（浅野ほか 2007）．

　このように国内のシカは体サイズが地域によって大きく異なり，7つの亜種に区別されているが，ミトコンドリアDNA配列，および核のマイクロサテライト配列の解析によれば，北日本系統と南日本系統の2つに分かれ，亜種の分類と系統関係は一致しないことがわかっている（兵庫県から山口県が分布境界；Tamate *et al.* 1998；Nagata *et al.* 1999；Goodman *et al.* 2001）．この事実は，系統的な違いとは独立に，気温が自然選択圧となって，シカのサイズに地理的分化を生じさせていることを示唆する．

　シカの天敵はオオカミとヒトであったと考えられる．かつて北海道にはエゾオオカミ，そして本州・四国・九州にはニホンオオカミが広く分布していたが，家畜を襲うため積極的に駆除され，1905年に奈良県で捕獲されたものを最後に，確実な生息情報は途絶えている．オオカミによるシカの個体群調節機能に関しては科学者の間でも議論が分かれる（亀山ほか 2005；揚妻 2013）．アメリカのローヤル島における50年以上にわたるヘラジカとオオカミの個体群動態の解析によれば，ヘラジカが増えると，ヘラジカを捕食するオオカミも増え，その後ヘラジカが減るというパターンが見られており，オオカミがシカの個体数に大きく影響している（ただし，近年は犬パルボウイルスによってオオカミが一方的に減少した；Nelson *et al.* 2008）．またアメリカのイエローストーン国立公園では1926年にオオカミを絶滅させたが，数十年にわたる議論の後，1995年に再導入した．その結果，オオカミの捕食により，アメリカアカシカの個体数が減少し，植生が回復してきている（Beschta and Ripple 2010；Ripple and

Beschta 2012).

　一方で，旧石器時代以来ヒトが生活し，シカを含む哺乳類を狩猟の対象としてきた日本列島においては，ヒトによる狩猟圧もシカ個体群の増加を抑制する要因だったと考えられる．屋久島においても，ヒトの狩猟が開始されて以後は，ヒトがシカの天敵であったと考えられる．

（2） シカの生命表

　シカの個体群動態を考えるうえで，生命表の把握は重要である．生命表からは各齢における生存率を把握でき，また安定齢分布やその状態での自然増加率を見積もることができる．このようなデータから，ある地域の個体群がどの程度増加（または減少）傾向にあるのかを推定できる．国内では奈良公園，岩手県五葉山，宮城県金華山などで生命表が調べられており，ある程度共通のパターンが見られる（図 8.2）．どの場所でも生後 1 年以内の死亡率がもっとも高く，2 割から 5 割程度が死亡する（高槻 1992；鳥居・石川 2011）．野生のシカは藪のなかなど外敵から見えない場所に産仔し，仔ジカが自分で餌を食べられるようになるまでの数カ月は，母シカは 1 日数回仔ジカが潜む藪に戻って授乳する．この期間に不慮の事故やカラスなどの天敵に捕食されることがあるという（南 2008）．生後 2 年以降の死亡率は通常低い．年率で計算すると，2–15％程度である（高槻 2006；鳥居・石川 2011）．一方で，オスはメスよりも死亡率が高い．これは繁殖期（秋）のオスはなわばり争いに専念し，ほとんど採餌しないため，冬を乗り切る脂肪を十分に貯められないことや，なわばり争いなどが原因で死亡することがあるためといわれる．一般に，自然状態で 15 年以上生存することはきわめてまれである．

　個体数変化を把握するうえで，性比も重要な要素である．シカは一夫多妻型であり，個体群におけるメスの割合が多ければ，個体群の増加率も高くなると考えられる．出生時の性比はほぼ 1：1 であることが奈良公園の長年の観察から示されている（鳥居・石川 2011）．自然状態の性比は，性別ごとの死亡率や捕獲圧によって変動しうる．五葉山の例では個体群の性比はほぼ 1：1 であったが（高槻 2006），2010–12 年の屋久島における大規模な捕獲での性比（オス：メス）は 1：1.11（＝3303：3684）であった（ヤクシカワーキンググループ 2013）．

　個体群の増減を予測するうえで，生命表は大きく 3 つのステージに分けることができる．1 つは出生後繁殖可能齢に達するまでの期間（幼獣），2 つめは繁

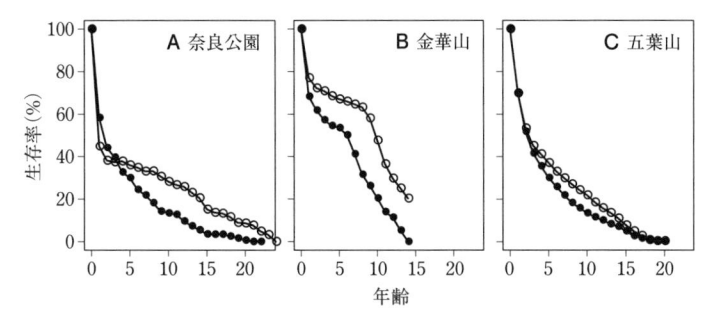

図 8.2 ニホンジカの生命表．出生時を 100% とし，相対値で示してある．黒丸はオス，白丸はメスを意味する（大泰司 1976; 高槻 2006; 南 2008 をもとに作成）．

殖開始齢から繁殖しなくなる齢までの期間（成獣）．3 つめは繁殖しなくなり死亡するまでの期間である（老獣）．繁殖可能に達する齢はおよそ 1–3 歳であるが，餌条件に依存している．五葉山では 1 歳でも 27% が妊娠（2 歳で 80%）していたという報告がある一方で，金華山のように通常 4 歳以降に初産を行う場合もある（高槻 2006）．ヤクシカでは通常 3 歳から妊娠するが 2 歳でも妊娠する場合がある（立澤 2012）．繁殖期は年 1 回であり，餌条件がよければ，毎年出産可能である．ただし餌不足の環境では，出産翌年は発情できるほど体重が確保できず，ほぼ隔年で繁殖することが報告されている（南 2008）．通常 10–13 歳程度まで繁殖することができ，その後は繁殖しないといわれる．

オスメスごとの齢構造，成熟メスの妊娠率などを把握すると，個体群動態をシミュレーションできる．代表的なシミュレーションソフトウェアとして，堀野・三浦（1998）による SimBambi があげられる（フリーソフト）．このソフトは，シカの生活史パラメータを詳細に考慮しており，都道府県別のニホンジカ特定鳥獣保護管理計画の将来予測の推定方法に頻繁に使われている（29 都道府県中 12 府県；宇野ほか 2007）．しかし，特定鳥獣保護管理計画が始まった 1999 年ごろの期待どおりに，個体群が管理できたわけではなかった．その理由の 1 つとして，各地の推定個体数がほとんどの場合で過小評価だったことがあげられる（詳細後述）．また齢構造の正確な把握には膨大な労力が必要であり，多くの地域で，サンプル数が十分でなかったり，妊娠率に関してはサンプル採取の時期が適切でないなど，膨大な労力の割に利用できるデータとならなかったこともあげられる（宇野ほか 2007; 環境省 2010）

正確な生命表を得ることは，シカの集団構造と個体群動態を深く理解するうえで理想的であるが，労力を考えると，地域ごとに行うのはコストに見合わな

134　第8章　ヒトとシカの時間

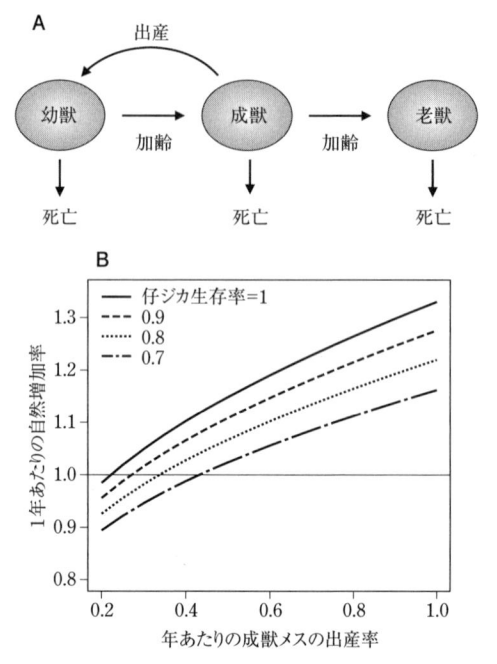

図 8.3 A：ニホンジカの発達ステージ．0–1歳程度の幼獣ステージでは死亡率は高く，繁殖することはない．2–12歳程度の成獣ステージでは，死亡率は低く，メスは出産することができる．13歳以上の老獣ステージでは，死亡率は成獣と同じかやや高く，出産することはない．B：シカの安定齢分布における自然増加率が，出産率や幼獣の生存率の違いにどう依存するかを示したもの．成獣の齢は2–12歳，生存率は95%と仮定している．年あたりの成獣メスの出産率は1であれば，すべての成獣メスが毎年出産することを意味し，0.5であれば，平均で2年に1回出産することを意味する．

い．後述するが，自然増加率を推定するだけなら，推定個体数の変化と捕獲数を継続的にモニターすればよい（p. 141, 143 の式（1），（2））．

　コストを抑えて，生命表を利用した個体群動態を推定するためには，重要なパラメータの一部を，これまでの科学的知見で補うことが必要になる．年あたりの幼獣生存率は 0.5–0.8（高槻 1992；鳥居・石川 2011），年あたりの成獣生存率は 0.85–0.98（高槻 2006；鳥居・石川 2011）と仮定してよいだろう（Sim-Bambi にもデフォルト設定がある）．幼獣から成獣への移行齢は，通常1–3歳であり，地域ごとにある程度パターンが決まっていると考えられる．

　残る重要なパラメータは，成獣メスの妊娠率と個体群の性比であり，これらのデータを有害鳥獣駆除時に得ることはそれほどむずかしくない．成獣メスの

妊娠率は個体群の栄養状況を反映しており，また個体群の性比は捕獲圧に影響されるので，個体群管理の指標として定期的にモニターする価値がある．

これらの情報をもとに，安定齢分布における自然増加率を計算することができる．模式図を図8.3Aに示した．性比は1：1と仮定し，幼獣期（0-1歳），成獣期（2-12歳），老獣期（13歳以上）に分け，それぞれの齢での生存率（＝1－死亡率），繁殖率を変数として，安定齢分布における個体群の自然増加率を計算した（図8.3B）．上記の金華山の例では，幼獣期の年あたりの生存率が0.8程度，成獣の年あたりの生存率が0.95程度，そして隔年の出産という条件であり，その場合の自然増加率は1.07となる．一般にシカの増加がめだつ地域では年率20％ほどの個体数増加が推定されており，この値を図8.3Bから逆算すると，成獣メス個体がほぼ毎年出産し，幼獣の生存率が0.8を下回らないことが条件となる．屋久島では，1995年と2005年の調査によれば3歳以上のメスの89％が妊娠していたと報告されており（立澤2012），ほぼ毎年出産することが考えられる．幼獣と成獣の生存率をそれぞれ0.8と0.95，成獣の出産率を0.89と仮定すると，自然増加率は1.17となる．なお，理論的に最大の自然増加率は，成獣メスが毎年出産し，幼獣も成獣も生存率が100％という非現実的条件で起こり，その場合は1.36である．つまり性比に極端な偏りがなく，他地域からの移入がなければ，どんなに条件がよくても，自然のシカの個体群が前年比136％を超えることはありえない．現実的な仮定のもとでは，1.2という値が，シカにとって恵まれた環境での自然増加率の目安となる．実際に，環境省がより高度な統計手法（ベイズ法）によって推定した2010年度の自然増加率は1.21である（環境省自然環境局2013）．

8.3　ヤクシカについて

(1)　ヤクシカの特徴・起原

ヤクシカは，名前のとおり，屋久島に生息するニホンジカであり，キュウシュウジカよりもひとまわり小さいことが知られている．また近年の形態と遺伝解析により，ヤクシカは急峻な地形に適応して短足（中手骨が短い）であることがわかっている（Terada *et al.* 2012）．

ミトコンドリアのDループと呼ばれる領域のDNA配列の解析によると（Nagata *et al.* 1999; Nagata 2009），ヤクシカと九州本土のシカとの間には遺

伝的に顕著な違いが見られる．一方で，屋久島のヤクシカと，種子島と口永良部島のシカは単一系に分類され，これら3つの島のシカは，ある時代から隔離集団になって，それが現在も継続していることが示唆される．屋久島−種子島−口永良部島系統のシカと，九州本土のシカの間には，約2%のDループのDNA配列の違いが見られる．偶蹄目でのDループの進化速度は100万年で10.6%と推定されているので，この2%の違いが生じた時間はおよそ19万年と推定される．ただし，この推定値は大きな誤差をともなっており，より信頼性の高い推定が今後の課題である．

最終氷期には朝鮮半島と九州本土が陸橋で結ばれたことを示唆する多くの証拠がある．対馬海峡の最大水深は135 mであり，最終氷期の海水面低下は140 mを超えたと推定されている．一方，大隅海峡の最大水深は150 mを超えるので，最終氷期に屋久島と九州本土が完全につながったかどうかは不明である．しかし，シカが移動可能な程度に，ほぼ陸続きになっていた可能性が高い．

最終氷期が終わり，海水面上昇にともなって屋久島が島として孤立した後，約7300年前に屋久島の北数十kmにある鬼界カルデラの大噴火により，シカ個体群は大きな影響を受けたと考えられる．鬼界カルデラは，アカホヤ火山灰として知られる，東北地方まで到達した広域火山灰を発生させただけでなく，幸屋火砕流と呼ばれる大規模な火砕流を発生させた．火砕流とは，気体（火山ガスや空気）と固体（火山灰・溶岩片などの火砕物）の混合体であり，噴火で生じた巨大な運動エネルギーによって高速度で移動する．幸屋火砕流は，海上を移動して屋久島の西北斜面をせりあがり，山頂部まで達した（1550 mの鹿之沢小屋付近で50 cmほど堆積している）．また火砕流を受けなかった尾之間付近でも火山灰が数十cm堆積している（下司 2009）．このような火砕流と火山灰の影響を受けて，地上部植生は大きく減少し，ヤクシカの個体群も減少したと考えられる．ただし，下記のとおり屋久島には多くの固有植物が生育しており，これらは鬼界カルデラ噴火のもとでも滅ぶことはなかった．固有植物のなかには，ヤクシマオナガカエデ，ヤクシマサルスベリ，ヒメヒサカキ，ヤクタネゴヨウ（種子島にも分布する）などの樹木も含まれており，これらの樹木が存続できる環境が鬼界カルデラ噴火のもとでも残されたと考えられる．ヤクシカもまた，残された植物に依存して，生きのびた可能性がある．

考古学の研究から，ヤクシカが縄文時代に人間によって持ち込まれた可能性を指摘する見解がある．九州本土や種子島の縄文遺跡では狩猟に使われる鏃（やじり）や石匙などの小型の剥片石器が大量に出土するのに対し，屋久島の

縄文遺跡（屋久島横峯遺跡，一湊松山遺跡など）ではそのような出土はきわめて少ない（鹿児島国際大学国際文化学部博物館実習施設考古学ミュージアム 2005）．ただし，一湊松山遺跡（5000-5700年前）ではわずかであるがイノシシとシカの幼獣の骨の破片が見つかっている（鹿児島県立埋蔵文化財センター 1996）．調査にあたった西中川博士は，当時，イノシシ（現在は生息しない）とシカが屋久島に生息していた可能性と，縄文人が交流によって持ち込んだ可能性を考察している．しかし上記のとおり，九州本土のシカと，屋久島-種子島-口永良部島系統のシカの間にはミトコンドリア DNA 配列に顕著な違いがあり，ヤクシカの祖先は最終氷期に九州本土から隔離された集団である可能性が高い．

（2）　屋久島生態系とヤクシカ

　屋久島は鬼界カルデラの影響は受けているが，島自体は火山島ではない．比重の低い花崗岩が約1400万年前から少しずつ隆起することによって形成された島である．屋久島には1500種を超える維管束植物が存在し，そのうち屋久島でしか見られない固有種・固有亜種は47種あるといわれる（Yahara *et al.* 1987）．また，多くの絶滅危惧植物種が生息することが知られており，全国的に見ても，固有種密度，絶滅危惧種密度がともに高い（図8.4；自然環境研究センター 2011）．これら固有種や絶滅危惧種の多くが草本植物であり，その消失が懸念されている．

　屋久島の固有植物の由来は多様である（Yahara *et al.* 1987）．第1に，ヤクシマリンドウの近縁種は中国雲南省に，ヒメヒサカキの近縁種は中国安徽・湖南省などに分布し，ともに日本産同属種とは系統的に大きく離れている．第2に，オオゴカヨウオウレンやヤクシマダケ（ヤクザサ）の近縁種は台湾に分布していて，やはり日本にとくに近縁な種がない．第3に，シャクナンガンピの近縁種は，宮崎県北部の大崩山付近だけに分布するツチビノキのみであり，これら2種はほかに近縁種がなく，2種のみのツチビノキ属（*Daphnimorpha*）にまとめられている．第4に，ヤクシマグミは四国・紀伊半島に分布するコウヤグミに，ヤクシマオナガカエデは本州中部と紀伊半島，四国に分布するホソエカエデに近縁であり，ともに九州には近縁種が分布しない．これら4つは，古い時代に祖先種が屋久島に分布を広げ，屋久島固有種へと進化した例だろう．その一方で，屋久島の高地に生育する固有変種の多くは屋久島低地や九州南部に分布する基準変種の矮小型である（イッスンキンカ，コケスミレ，ヤクシマ

A 固有の維管束植物数

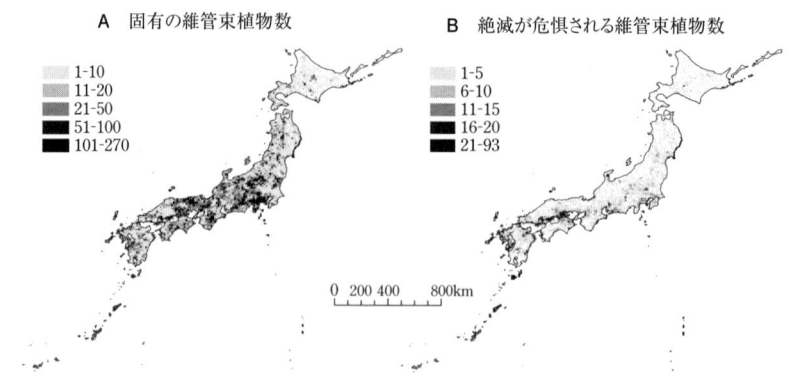

1-10
11-20
21-50
51-100
101-270

B 絶滅が危惧される維管束植物数

1-5
6-10
11-15
16-20
21-93

0　200　400　　800km

図 8.4 A：日本固有の維管束植物種の確認種数を示した地図．B：環境省レッドリストに掲載されている日本の絶滅危惧の維管束植物種（絶滅危惧 I 類および II 類）の確認種数を示した地図．いずれの地図も二次メッシュ（約 10 km 四方）で集計してある．屋久島は固有種，絶滅危惧種ともにホットスポットであることがわかる（自然環境研究センター 2011 より改変）．

オオバコ，ヒメウマノアシガタ，ヒメキツネノボタンなど）．矮小型の進化は，大きな個体よりも，小さな個体のほうが，進化的に有利であることを意味する．貧栄養，低温，風衝などの非生物学的要因が矮小化進化の原因としてあげられてきている（杉本 1957；湯本 1995）．これらの要因に加えて，シカの採餌が選択圧である可能性もある．つまり強度の採餌圧の下で，矮小型が生き残って，遺伝的に固定した可能性である．強度の採餌圧で，矮小型が進化することは，放牧地などでも報告されている（Warwick and Briggs 1978, 1979）．矮小型の進化は比較的速いこと（＞数世代）が知られており，数千年もあれば，矮小型は十分に進化できる．近年の分子生物学技術の発展によって種の分岐年代を推定できるようになってきており，屋久島の生態系を理解するうえでも，固有種がいつの時代に進化したかを明らかにする研究が必要である．

（3）ヤクシカの個体数変遷

ヤクシカの個体数の変遷に関しては，不明な点が多い．正確さに欠ける情報の寄せ集めではあるが，過去 80 年ほどの大雑把な傾向を図 8.5 に表した．

1930 年代では，屋久島全島でヤクシカ猟をするものは 5-6 人で，1 年の捕獲数は多い年で 100 頭，少ない年で 50 頭ほどと報告されている（徳田 1933）．1930 年代のヤクシカはあまり多くなかったように見受けられる．全国的にも

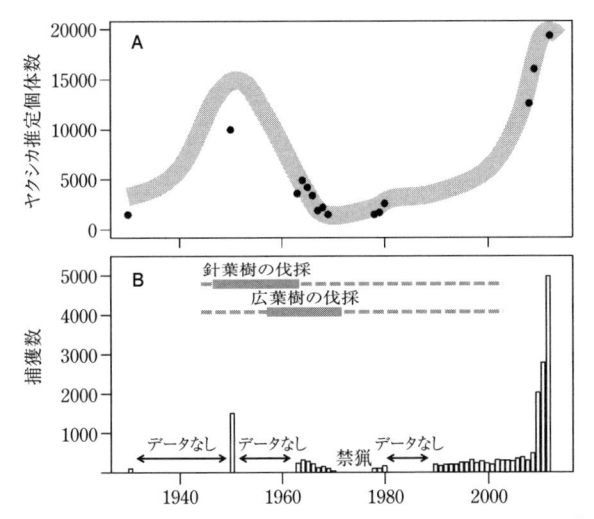

図 8.5 A：ヤクシカの推定個体数の変遷．個体数推定には不確定要素が多く，実際の個体数を正しく評価しているとは限らない．トレンドラインは推定個体数や資料から推察される当時の様子をもとに大雑把な傾向を描いたものであり，推定個体数同様，正しく評価できているとは限らない．B：ヤクシカ捕獲数の変遷．1940年代後半から1970年代にかけて針葉樹や広葉樹の伐採が大規模に行われた（データ引用元については本文や辻野2014を参照）．

この時期にシカが多いという記載は見当たらない．100頭の捕獲数という数字から，後で述べる鹿児島県自然愛護協会（1981）の個体数推定式を単純に適用すると，島全体におよそ1500頭が生息していたという計算になる．ただし，当時の猟法は1980年代に比べると劣ると考えられ，実際にはもっと多く存在したと考えられる．

1952年に屋久島を調査した白井によれば，低地から高地まで随所でシカを観察しており，当時狩猟者数30名で，年間1000-2000頭を捕獲していたという報告をしている（白井1956）．1930年代に比べれば急増したことは明らかであり，白井も，当時に急激に増加し，最大値に達しつつあるだろうと考察している．永田岳の北稜付近では1日で百数十頭にも出会うことがあると述べており，亜高山帯での個体数は現在よりも多い状況であったのかもしれない．

このように急増したヤクシカは，1950年代の全国的な乱獲の時代のなかで，減少に転じる．1960年代のヤクシカの捕獲頭数は減少し，1970年には100頭を下回るようになった．この減少の主要因は，過剰な狩猟による個体数減少で

表 8.3 近年のヤクシカの捕獲数の推移. 国有林内と国有林外での捕獲頭数と, 狩猟捕獲の数をまとめた.

年	2004	2005	2006	2007	2008	2009	2010	2011	2012
国有林内	311	294	359	292	188	325	1278	2164	3852
国有林外	0	0	0	0	0	13	501	315	413
狩猟捕獲	0	0	0	93	114	155	250	316	717
合計	311	294	359	385	302	493	2029	2795	4982

あろう. ヤクシカの保護のため, 1971年に10年間の禁猟の措置がとられた. 当時 (1967–69年) の個体数を鹿児島県自然愛護協会は 1900 頭, 地元猟友会は 3000 頭と推定した (鹿児島県自然愛護協会 1981).

その後, ヤクシカの生息頭数が増え, 造林地の稚樹や果樹の食害が増えたために, 禁猟期間の最後の3年 (1978–80年) には有害鳥獣駆除が行われた (100–170 頭/年). 10 年の期限が切れる直前に行われた鹿児島県自然愛護協会の調査 (1980 年) では全島でのシカ個体数は 1900 頭と推定され, 禁猟前と同じであった (鹿児島県自然愛護協会 1981). ただしこの推定値は, 乱獲を助長しないように配慮したために, 過小評価された可能性がある. 当時の猟師たちのヤクシカの推定頭数は 3000–1 万頭であった (鹿児島県自然愛護協会 1981).

1980 年代の情報は乏しい. 80 年代の捕獲数データは欠損しているが, 90 年代の捕獲頭数は 200–300 頭前後で安定している. 辻野 (2014) は, 1980 年代から 1990 年代半ばまではヤクシカ生息頭数はそれほど変わらず多くはなかっただろうと推測している. 一方で, 辻野 (2014) は 1990 年代後半から 2000 年にかけてヤクシカが急増したと述べている. 1988 年と 2001 年に行われた西部地域でのロードカウント (道を移動しながら観察されたシカをカウントする調査) において, シカの密度は 2.55 から 40.74 頭/km^2 に激増していた (Tsujino et al. 2004).

2000 年代にはシカが日常的にめだつようになり, 2008–09 年の推定個体数は1万 6015 頭, そして 2012 年の推定では 1 万 8667 頭 (90% 信頼区間: 1 万 6402–2 万 1088) と考えられた. ただし, 後述するが, この推定値は過小評価の可能性が高い. 2010 年からはヤクシカの積極的な駆除活動が始まった. 2009 年以前は数百頭の捕獲であったが, 2010 年からは 2029, 2795, 4982 頭と, 3 年間で 9800 頭余りを捕獲した (表 8.3). この集中的な捕獲にもかかわらず, 上述のとおり, 推定個体数は 2009 年から 2012 年にかけて増加している (九州地方環境事務所 2013).

以上のように，ヤクシカの個体数変遷を概観したが，2つの点について，よりくわしく考察していきたい．1つめは，1980年代に安定していたと見られた個体群が90年代になぜ急増したか，2つめは，2010年以降の積極的な駆除活動がどの程度ヤクシカ個体数の抑制につながっているかである．

（4）　1990年代以降のヤクシカ急増について

　かりに1980年のヤクシカ個体数が3000頭，2010年が2万頭だったとし（図8.6），個体数が指数的に増加する（捕獲がない状態）と仮定した場合，年あたりの見かけの自然増加率は1.065である．この値は環境条件がよいシカ個体群の一般的な増加率（約1.2）に比べると低い．実際には，狩猟によって，個体数が間引かれていたので，真の自然増加率はもっと高い．翌年と当年の個体数と，自然増加率，捕獲数の間には以下のような関係がある．

$$\text{翌年の個体数} = \text{当年の個体数} \times \text{自然増加率} - \text{捕獲数} \quad (1)$$

この関係式を用いて，捕獲数が個体群増加におよぼした影響を大雑把に評価することができる．1981-90年の捕獲頭数の記録は残っていないが，1987-90年の有害鳥獣駆除数や1990年から残っている捕獲頭数データから類推すると，1980年代にも年に200-300頭程度を捕獲していた可能性は高い．捕獲数は猟師の自己申告であり，過小評価になりやすいので，捕獲数を年300頭と仮定すると，1980年の3000頭が2010年に2万頭に増える条件を満たす自然増加率は約1.122である．環境条件がよいシカ個体群の一般的な増加率（約1.2）に比べるとやや低いが，長期間の平均値としては現実的な値と見ることができる．そしてさらに重要なことは，捕獲がない場合の増加パターンに比べ，捕獲があった場合の増加パターンは異なることである．図8.6では，捕獲がない状態で自然増加率が1.065の場合（単純な指数増加）と，年300頭の捕獲がある場合で自然増加率が1.122の場合を図示したものである．これらのパラメータはどちらも1980年の3000頭のシカが2010年には2万頭に増加するように設定されているが，捕獲があった場合のほうが，初期の個体数増加は低く抑えられ，後から急激に増加しているのがわかる．つまり1980年代では捕獲数が自然増加数に近く，個体数の純増加率を低く抑えていたが，2000年代になると自然増加数が捕獲数をはるかに上回り，捕獲による頭数調整効果がなくなったことを意味する．この計算は，90年後半以降にシカ個体数が急増したという印象と，

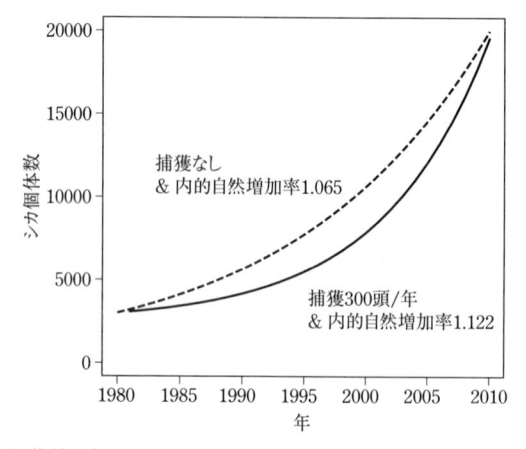

図 8.6 シカの個体数増加のシミュレーション．1980 年に 3000 頭，2010 年に 2 万頭と仮定した場合における 2 つのシナリオにもとづく増加パターン．破線は捕獲なしの状態での単純指数増加のパターンで，実線は年 300 頭の捕獲のもとでの増加パターン．捕獲がある場合では，初期の個体数の増加率は低く抑えられるが，時間が経つにつれ，捕獲効果が薄れ，個体数が急速に増える様子がわかる．現実は後者に近い．

ある程度一致するだろう．なお，1990 年代に，シカ個体数増加にもかかわらず，狩猟数が増えなかった理由として，1993 年に屋久島が世界遺産に登録され，自然保護意識が強まったこと，また 1998 年に有害鳥獣駆除活動中に誤射によって林野庁職員が死亡する事故が発生し，国有林における銃猟を中断したことなどがあげられる．

（5） 2010 年以降の捕獲活動による効果

2010 年からの大規模な捕獲にもかかわらず，糞粒法・糞塊法による屋久島全島でのシカ推定個体数は 2009 年の 1 万 6015 頭（推定中央値）から 2012 年の 1 万 8667 頭（推定中央値）に増加した．捕獲数を考慮して，2009 年から 2012 年の内的自然増加率について式（1）を使って計算すると，1.235 となる．ヤクシカの性比はほぼ 1：1 であるので，1.235 という値は，メスジカの出産率 100％で，幼獣死亡率が 10％以下という非現実的状況を仮定しなければ説明できない（図 8.3）．つまり屋久島のシカの推定個体数は過小評価だった可能性が高い．個体数の過小評価は，屋久島に限ったことでなく，全国的な問題である．宇野ほか（2007）は都道府県別のシカの保全管理の現状をまとめ，ほとんどの県で，個体数推定が過小評価であったことを報告している．シカの個

体数推定の方法は，糞粒法，区画法，ライトカウントなどさまざまな方法があり，方法間の相関は概して高いため，個体数の相対的指標としては使えるが，絶対値としてはほとんどの場合過小評価である．では，どのくらいのずれ（誤差）があるのだろうか．これは同一手法による推定個体数の変化と捕獲頭数の関係と，内的自然増加率を考慮すると計算することができる．

当年の個体数推定値×誤差率＝前年の個体数推定値×誤差率×内的自然増加率
－捕獲数 (2)

ヤクシカの内的自然増加率が1.2ならばおよそ5%の過小評価，1.15ならば11%の過小評価，1.1ならば18%の過小評価であったと計算される．

　結局のところ，森林内における厳密な個体数推定は事実上不可能であるので，基準年を100と定めて，その年に比べて，どの程度増減したかを把握する方法（個体数指数）を使うことが合理的である．正確な個体数把握に労力を費やすよりも，個体数指数を利用したほうが，順応的管理には役立つ．

（6）　ヤクシカによる影響

　全国的なシカの農作物被害と平行するように，屋久島町でもヤクシカによる農作物被害が増加しており，2011年度は4000万円を超え，過去最大となり，ヤクザルによる被害額を上回った（屋久島町有害鳥獣捕獲対策協議会2013）．鹿児島県全体のシカの農作物被害総額は1.23億円であるので（農林水産省2014），土地面積では鹿児島県の5.5%しかない屋久島が，シカ被害額の34%を被っている計算になる．

　ヤクシカによる被害は，野菜，飼料作物などの食害に加え，果樹の樹皮食害（立ち枯れを誘発する）が深刻である．屋久島ではぽんかん，たんかんの栽培がさかんであり，2012年のぽんかん，たんかん被害額は5700万円（被害総額の84%）に達している．また近年では，茶・ウコン・ガジュツ（屋久島で生産されている民間薬用の薬草）の食害が新たに報告されている．シカはそれまで食べていた食物を食い尽くすと，つぎつぎに新しいものを食べるようになる傾向があり，茶などの新たな食害もそのようなシカの特性によるものだろう．

　森林生態系に関しては，西部地区を中心に，シカが好まない一部の忌避植物を除いて，林床植生がほとんどない状況になっている．すでに述べたが，屋久島は固有植物種や絶滅危惧種の宝庫であり，その消失が懸念されている（図

8.4).一例をあげれば,固有種のヤクシマタニイヌワラビは,生息地のほとんどが失われ,島内2カ所に残存するのみとなっている.種は絶滅してしまってからでは取り返しがつかないので,予防原則として,希少な個体群を守るために,シカ防除柵などの設置が進められている.

(7) ヤクシカの個体群管理の行方

ヤクシカのあり方を考えるためには,これまで述べてきたようなヤクシカの生態,農林業被害,屋久島の生態系,希少動植物の保護など,総合的に考慮したうえで,管理目標を定める必要がある.ヤクシカは先史時代から屋久島に生育する哺乳類であり,島を訪問する観光客にアピールできる資源でもあるので,根絶という目標を主張する人はいない.一方で,農林業被害や絶滅危惧植物などへの被害が生じているので,一切駆除すべきでないという主張も聞かれない.ただし,世界自然遺産地域や国立公園特別地域などの保護地域では,駆除せずに自然の推移にまかせることで,いずれ森とヤクシカのバランスがとれるのではないかという意見がある.

自然保護地域において自然のプロセスを尊重することは,管理上望ましいことである.ただし,いくつか考慮しなければならない点がある.①ヤクシカは古くから(おそらく縄文時代以後),人間の狩猟圧下に置かれてきた.この点で,人間による狩猟は自然のプロセスの一部であった.②現在の屋久島では,世界自然遺産地域や国立公園特別地域などの保護地域内にも林道や車道があり,これらの道路に沿った明るい環境は,ヤクシカの餌場となっている.この点で,自然ではない環境が保護地域に存在している.③保護地域と非保護地域を分けているのは人間であり,シカはこの境界を超えて移住する.この点で,ヤクシカが保護地域で高密度化すれば,その影響が農地を含む非保護地域におよぶことは避けられない.

これらの点を考慮し,屋久島世界自然遺産科学委員会(環境省と林野庁により2009年に設置)では,世界自然遺産地域以外も視野に入れて,全島的なヤクシカ管理のあり方を検討してきた.また,鹿児島県は2012年にヤクシカの特定鳥獣保護管理計画を策定し,屋久島を6つの地域に分けてそれぞれの捕獲目標を定めている.現状では,駆除の大部分は国有林以外の非保護地域で実施されている.2010年以後3年間で捕獲された9806頭のうち,国有林内で捕獲されたのは1229頭にすぎない.9806頭捕獲しても推定個体数が増えていることから,自然増加率分すら捕獲できていないと考えられる.その理由の1つは,

国有林内での捕獲圧が低いためと考えられる（表8.3）．とくに，世界自然遺産地域では駆除を実施していないため，固有種・絶滅危惧種の減少が続いている．このため，世界自然遺産地域の管理主体である行政側では，世界自然遺産地域での駆除を早期に実現したいという意向がある．一方で，世界自然遺産地域を含む保護地域でのヤクシカ管理には，①アクセスが悪く，現状の捕獲体制だけでは管理しきれない，②駆除個体の処理方法が確立していない，③世界自然遺産地域では捕獲によらない管理を行うべきだという意見がある，という課題がある．

　2010年から始まった大規模な捕獲にもかかわらず，自然増加率分すら捕獲できていない現状を考えると，今の捕獲努力を毎年続けていても，シカの個体数は減らず，農林業被害も減らないうえに，行政の負担も大きい．したがって，個体数をより大幅に低下させる必要がある．かりに1万頭を捕獲する場合，2年間で行うのではなく，1年間で行ったほうが，その後の個体群管理において効果がある．近年のシカ個体群管理の失敗原因は大きく2つあり，1つは初期個体数の過小評価，2つめは捕獲目標数を達成できないことである（環境省2010）．前者についてはすでに述べた．後者については，捕獲目標が大きければ大きいほどむずかしくなる．行政とハンターの効果的な連携が欠かせない．

　シカは極度の餌不足や病気による大量死が起こらない限りは，年に1-2割は増加するため，大胆な個体数調整をした後も，自然増加分を捕獲する努力が永続的に必要となる．どの程度捕獲するかを決めるうえで，定期的なモニタリングは欠かせない．そして，シカは貴重な自然の恵みであることを忘れてはならない．捕獲したシカを有効活用し，持続的に利用することも，個体数調整と同様に重要なことである．

　シカは生態系に大きな影響をおよぼすキーストーン種であり，その個体数変動の把握は重要である．シカは1年に1頭しか出産しないため，一度に多産するほかの動物に比べると，個体数変動を予測しやすい．しかし，2000年代の個体数推定は各地で過小評価になっており，当初の捕獲計画では十分に個体群を制御できない例が多い．また捕獲目標を達成できず，シカの個体群増加を食い止められていない例も多い．これまでの知見をふまえて，大胆な個体群管理を行うなど，長期的な視野に立った対策が必要である．

　屋久島は，地質，気候，歴史などユニークな条件のもと，独自の生態系を構成してきた．そしてヤクシカも九州本土のシカとは隔絶され，独自の進化をし

てきた．ヤクシカは屋久島に暮らす人々と，数千年以上にわたり，ともに歩んできた．歴史を見れば，人間活動や社会的情勢によりヤクシカの個体群は大きく変動してきており，今後も屋久島の自然，人々の暮らしを考えつつ，ヤクシカとのよい付き合い方を考える必要がある．この文章が多少なりとも役立てば幸いである．

引用文献

揚妻直樹．2013．野生シカによる農業被害と生態系改変——異なる二つの問題の考え方．生物科学，65：117–126．

浅野早苗・及川真里亜・天野里香・黒川勇三・板橋久雄．2007．アルファルファヘイキューブを給与したニホンジカの消化生理とその季節変化．丹沢大山総合調査学術報告書．pp. 153–159．

Barnosky, A. D., P. L. Koch, R. S. Feranec, S. L. Wing and A. B. Shabel1. 2004. Assessing the causes of late Pleistocene extinctions on the continents. Science, 306：70–75.

Beschta, R. L. and W. J. Ripple. 2010. Recovering riparian plant communities with wolves in northern Yellowstone, USA. Restoration Ecology, 18：380–389.

Goodman, S. J., H. B. Tamate, R. Wilson, J. Nagata, S. Tatsuzawa, G. M. Swanson, J. M. Pemberton and D. R. McCullough. 2001. Bottlenecks, drift and differentiation: the population structure and demographic history of sika deer (*Cervus nippon*) in the Japanese archipelago. Molecular Ecology, 10：1357–1370.

堀野眞一・三浦愼悟．1998．シカ個体群シミュレーション SimBambi——その仕組みおよびシミュレーションの立場から見た個体群管理．（高槻成紀，編：五葉山のシカ調査報告書 1994–1997 年度）pp. 41–48．岩手県生活環境部自然保護課，盛岡．

鹿児島県立埋蔵文化財センター（編）．1996．一湊松山遺跡——主要地方道上屋久・永田・屋久線改良事業に係る埋蔵文化財発掘調査報告書．鹿児島県立埋蔵文化財センター，鹿児島．

鹿児島県自然愛護協会．1981．ヤクシカの生息・分布に関する緊急調査報告書．鹿児島県自然愛護協会調査報告，5：1–34．

鹿児島国際大学国際文化学部博物館実習施設考古学ミュージアム（編）．2005．屋久島横峯遺跡（鹿児島国際大学考古学ミュージアム調査研究報告，第 2 集）．鹿児島国際大学，鹿児島．

亀井節夫．1979．日本列島の新生代哺乳動物について．哺乳類科学，19：1–11．

亀井節夫・樽野博幸・河村善也．1988．日本列島の第四紀地史への哺乳動物相のもつ意義．第四紀研究，26：293–303．

亀山明子・仲村昇・宇野裕之・梶光一・村上隆広．2005．オオカミ（*Canis lu-*

pus）の保護管理及び再導入事例について．知床博物館研究報告，26：37-46.
環境省．2010．特定鳥獣保護管理計画作成のためのガイドライン．環境省，東京．
環境省・農林水産省．2014．抜本的な鳥獣捕獲強化対策．www.maff.go.jp/j/seisan/tyozyu/higai/pdf/kyouka.pdf
環境省自然環境局．2013．統計処理による鳥獣の個体数推定について．環境省，東京．www.env.go.jp/council/12nature/y124-04/mat02.pdf
Kawamura, Y. 2009. Fossil record of Sika deer in Japan. *In*（McCullough, D. R., S. Takatsuki and K. Kaji, eds.）Sika Deer. pp. 11-25. Springer, Japan.
九州地方環境事務所．2013．平成24年度ヤクシカ対策について（中間報告）（ヤクシカワーキンググループ（第6回）資料2-1）www.rinya.maff.go.jp/kyusyu/fukyu/shika/pdf/wg6siryou2-1.pdf
丸山直樹・三浦慎悟．1976．シカ．（四手井綱英・川村俊蔵，編：追われる「けもの」たち——森林と保護・獣害の問題）pp. 60-75. 築地書館，東京．
南正人．2008．個体史と繁殖成功——ニホンジカ（高槻成紀・山極寿一，編：日本の哺乳類学②霊長類・中大型哺乳類）pp. 123-148. 東京大学出版会，東京．
Nagata, J. 2009. Two genetically distinct lineages of the Japanese Sika deer based on mitochondrial control regions. *In*（McCullough, D. R., S. Takatsuki and K. Kaji, eds.）Sika Deer. pp. 27-42. Springer, Japan.
Nagata, J., R. Masuda, H. B. Tamate, S. Hamasaki, K. Ochiai, M. Asada, S. Tatsuzawa, K. Suda, H. Tado and M. C. Yoshida. 1999. Two genetically distinct lineages of the Sika Deer, *Cervus nippon*, in Japanese Islands：comparison of mitochondrial D-loop region sequences. Molecular Phylogenetics and Evolution, 13：511-519.
Nelson, M. P., R. O. Peterson and J. A. Vucetich. 2008. The Isle Royale Wolf-Moose project：fifty years of challenge and insight. The George Wright Forum, pp. 98-113.
農林水産省．2014．全国の野生鳥獣による農作物被害状況について（平成24年度）．www.maff.go.jp/j/seisan/tyozyu/higai/h_zyokyo2/h24/index.html
大泰司紀之．1976．奈良公園のシカの生命表とその特異性．昭和50年度天然記念物「奈良のシカ」調査報告：83-95.
尾瀬国立公園シカ対策協議会．2009．尾瀬国立公園シカ管理方針．www.env.go.jp/park/oze/effort/data/deer_12.pdf
Ripple, W. J. and R. L. Beschta. 2012. Trophic cascades in Yellowstone：the first 15 years after wolf reintroduction. Biological Conservation, 145：205-213.
下司信夫．2009．屋久島を覆った約7300年前の幸屋火砕流堆積物の流動・堆積機構．地學雜誌，118：1254-1260.
白井邦彦．1956．屋久島の野生鳥獣及び屋久犬．鳥獣集報，15：53-79.
自然環境研究センター．2011．平成23年度 生物多様性評価の地図化に関する検討調査業務報告書．自然環境研究センター，東京．
杉本順一．1957．屋久島の矮小植物について．植物趣味，18：2-10.
高槻成紀．1992．北に生きるシカたち——シカ，ササ，そして雪をめぐる生態学．どうぶつ社，東京．

高槻成紀. 2006. シカの生態誌. 東京大学出版会, 東京.
Tamate, H. B., S. Tatsuzawa, K. Suda, M. Izawa, T. Doi, K. Sunagawa, F. Miyahira and H. Tado. 1998. Mitochondrial DNA variations in local populations of the Japanese sika deer, *Cervus nippon*. Journal of Mammalogy, 79：1396-1403.
立澤史郎. 2012. 屋久島世界自然遺産地域の現状と課題. www.env.go.jp/nature/isan/kento/conf02/03/mat01.pdf
Terada, C., S. Tatsuzawa and T. Saitoh. 2012. Ecological correlates and determinants in the geographical variation of deer morphology. Oecologia, 169：981-994.
徳田御稔. 1933. 屋久島, 種子島の哺乳動物相の研究. 生物地理学会報, 3：168-185.
鳥居春己・石川周. 2011. 奈良公園ニホンジカの初期死亡率の推定. 奈良教育大学附属自然環境教育センター紀要, 12：9-12.
辻野亮. 2011. 日本列島での人と自然のかかわりの歴史. (湯本貴和・矢原徹一・松田裕之, 編：日本列島の三万五千年——人と自然の環境史1 環境史とはなにか) pp. 33-51. 文一総合出版, 東京.
辻野亮. 2014. 屋久島におけるヤクシカの個体群動態と人為的攪乱の歴史とのかかわり. 奈良教育大学附属自然環境教育センター紀要, 15：15-26.
Tsujino, R., N. Noma and T. Yumoto. 2004. Growth in sika deer (*Cervus nippon yakushimae*) population in the western lowland forest on Yakushima Island, Japan. Mammal Study, 29：105-111.
宇野裕之・横山真弓・坂田宏志. 2007. ニホンジカ個体群の保全管理の現状と課題. 哺乳類科学, 47：25-38.
Warwick, S. I. and D. Briggs. 1978. The genecology of lawn weeds I. Population differentiation in *Poa annua* L. in a mosaic environment of bowling green lawns and flower beds. New Phytologist, 81：711-723.
Warwick, S. I. and D. Briggs. 1979. The genecology of lawn weeds. III. Cultivation experiments with *Achillea millefolium* L., *Bellis perennis* L., *Plantago lanceolata* L., *Plantago major* L. and *Prunella vulgaris* L. collected from lawns and contrasting grassland habitats. New Phytologist, 83：509-536.
Yahara, T., H. Ohba, J. Murata and K. Iwatsuki. 1987. Taxonomic review of vascular plants endemic to Yakushima Island, Japan. Journal of the Faculty of Science, the University of Tokyo III, 14：69-119.
ヤクシカワーキンググループ (第6回) 資料3-1. 2013. ヤクシカの捕獲数及び捕獲効率等について. www.rinya.maff.go.jp/kyusyu/fukyu/shika/pdf/wg6siryou3-1.pdf
屋久島町有害鳥獣捕獲対策協議会. 2013. 平成23年度 屋久島町鳥獣被害の実態と対応 (ヤクシカワーキンググループ (第6回) 資料2-3). www.rinya.maff.go.jp/kyusyu/fukyu/shika/pdf/wg6siryou2-3.pdf
依光良三 (編). 2011. シカと日本の森林. 築地書館, 東京.
湯本貴和. 1995. 屋久島——巨木の森と水の島の生態学. 講談社, 東京.

湯本貴和・松田裕之（編）．2006．世界遺産をシカが喰う――シカと森の生態学．文一総合出版，東京．

第9章 外来生物対策と時間
マングース対策と在来種の回復
亘 悠哉

　1970年代の終わり，ハブの咬傷に苦しんでいた島民の救世主となるべく，奄美大島にマングースが放たれた．それ以来，アマミノクロウサギやアマミイシカワガエルの姿がつぎつぎと見られなくなり，固有種の宝庫ともいわれる奄美の生態系が未曾有の惨禍に見舞われてしまった．ここから，マングース防除事業が始まった．これは後に国内でも最大規模の外来種対策となり，今やマングースの密度を極低密度状態にまで至らせることに成功している．そしてその結果，複数の在来種が大幅に回復するという喜ばしい成果が得られたのだ．ただし，ここまでの道のりはけっして平坦ではなかった．関係者の熱意や斬新なアイディアによって，いくつものブレイクスルーを生み出し，さまざまな課題や危機に対処してきた結果である．また，このような新しい問題へ取り組む過程で，これまでの社会的，生態学的な常識と現実とのギャップが浮き彫りになり，人々の認識の成熟が促進されたことも大きかった．このような試行錯誤の経緯は，これからさまざまな保全策において活用される知見となりうるであろう．本章では，いかにマングース対策が直面する課題を乗り越え，さらに，人々の認識の変化につながってきたかについて整理することで，保全策が成功するまでに至る具体的なロードマップのイメージを提供したい．

9.1　マングースによる島の生物への甚大な影響

　アマミノクロウサギ（*Pentalagus furnessi*）やアマミイシカワガエル（*Odorrana splendida*）で代表されるように，奄美大島の森林には，固有種や希少種が数多く存在し，独特な生物多様性が成立する貴重な生態系が形成されている（図9.1）．このような豊かな多様性は，島が旧北区と東洋区の2つの生物地理区の境界に位置しているという地理的な条件，大陸や隣接する島々からの連結と隔離を繰り返してきた大陸島としての形成過程，およびそれにともなう生物

図 9.1 アマミノクロウサギ（左）とアマミイシカワガエル（右）．アマミノクロウサギは奄美大島と徳之島，アマミイシカワガエルは奄美大島のみに生息する．

の渡来と進化によって創出され，さらに世界の同緯度地域でも特異的に形成される亜熱帯性常緑広葉樹林によって維持されてきたものである（安間 2001）．このようなさまざまな条件によって初めて成り立つ生物多様性は世界的にも類まれな価値を有しており，この自然を後世にわたって残すことの重要性はきわめて高い．

奄美大島の生物多様性のおもな脅威は，かつての大規模森林伐採と本章のテーマである外来種フイリマングース（*Herpestes auropunctatus*；以下，マングース）の侵入があげられる．森林伐採は 1960 年代から 70 年代に非常に広範囲で行われ，在来生物に多大な影響を残した．たとえば，かつては奄美大島西部の半島の全域にアマミノクロウサギが生息していたが，現在は見られない．これは，当時の森林伐採の影響といわれている（Sugimura *et al.* 2003）．

マングースは 1979 年前後にハブの生物防除のために奄美市に約 30 頭が導入された．その後，マングースは分布域を多くの希少動物が生息する森林域に拡大させた．それにともない奄美大島の象徴種であるアマミノクロウサギの生息域が大きく縮小したことがわかり（Sugimura *et al.* 2000；Yamada *et al.* 2000），2000 年からマングース防除事業が開始されている．一方で，奄美大島の希少動物へのマングースの影響の全体像は，当時まだ不明なままであり，これを明らかにすることが 2002 年から始まった奄美大島での筆者の研究のテーマとなったのである．とはいえ，最初の 1 年は，右も左もわからないまま調査地の開拓や調査手法の試行錯誤で終わってしまった．そして 2 年目からようやく方針が固まり，マングースの侵入年代の勾配に沿って，可能な限りの在来生物の生息状況を調べることとなった．初年度の経験も活かし自動撮影カメラやライン

センサス，粘着トラップなどさまざまな手法を駆使して調査を実施したところ，哺乳類から昆虫まで14種の在来生物について，マングースの定着期間勾配と生息パターンの関係を明らかにすることに成功した．その結果，アマミノクロウサギ，アマミヤマシギ（*Scolopax mira*），アマミハナサキガエル（*Odorrana amamiensis*），アマミイシカワガエル，オットンガエル（*Babina subaspera*），ヘリグロヒメトカゲ（*Ateuchosaurus pellopleurus*），アカマタ（*Dinodon semicarinatus*）の7種が，マングースが長期間定着している地域で極端に密度が低いことがわかり，これまで認識されていたよりもはるかに甚大な影響が生じていることが明らかになったのである（Watari *et al.* 2008）．

9.2　フイリマングースの影響が強い理由

　では，なぜこれほどまでにマングースの影響が強いのだろうか．まずは，マングースの食性からこの問いに迫りたい．「マングースはなにを食べているの？」とよく聞かれるが，これがじつに答えにくい質問なのである．というのも質問する側が期待する回答と実際のマングースの食性が往々にしてまったく異なるからである．マングースの食性分析の結果を見ると（表9.1），捕食された個体数ではオオゲジ（*Thereuopoda clunifera*）やカマドウマ科の一種などの節足動物，重量では体が大きい動物が順位を上げて外来種のクマネズミ（*Rattus rattus*）や冬鳥のシロハラ（*Turdus pallidus*）などが上位にあげられているが，いずれにしてもマングースの主食はありふれた動物たちとなっている（亘 2009）．一方で，質問者が回答として明らかに期待しているアマミノクロウサギやアマミトゲネズミ（*Tokudaia osimensis*），アマミイシカワガエルといった奄美の希少種の割合ははるかに低く，とても主食とはいえないことがわかる．このような結果を見ると，マングースの影響は，じつはたいしたことがないのでは？　と思う方も多いであろう．しかし，食性分析の正しい見方はこれとはまったく逆になるのだ．現に，マングースの影響は甚大であることはすでに述べた．この一見矛盾した食性分析結果の見方がなぜ正しいのか，筆者はこのありふれた餌＝減らない餌に依存していること自体が強い影響が生じる理由ではないかという視点で研究を進め始めた．

　上記で述べたように，マングースが長年定着している地域では，ほとんどの地上性の希少脊椎動物が姿を消した．もし，マングースがこれらの餌を主食としているならば，餌不足でマングースも減少し，いずれは一度減少した在来種

表 9.1 マングースの餌動物の内訳. 奄美大島の捕獲マングース 1511 個体の消化管内容物の分析結果（亘 2009 より改変）.

捕食個体数

順位	餌動物	捕食個体数の割合
1	オオゲジ	17.1%
2	カマドウマ科の一種	9.5%
3	マダラコオロギ	8.3%
54	アマミトゲネズミ	0.1%
63	アマミノクロウサギ	0.04%

捕食重量

順位	餌動物	捕食重量の割合
1	クマネズミ（外来種）	15.4%
2	オオゲジ	10.2%
3	シロハラ（冬鳥）	8.4%
21	アマミトゲネズミ	0.5%
29	アマミノクロウサギ	0.2%

も回復するはずである．しかし実際には，希少在来種が減少しても，マングースは高い密度を維持したまま，つねに高い捕食圧をかけ続けてきたのだ．この高密度を支える役割を，減らない餌が担っているのではないだろうか．この仮説を検証するために，筆者はマングースの冬期の主食の1つである冬鳥のシロハラに着目した（亘 2008）．シロハラの最大の特徴は，その飛来数に大きな年変動があることで，2000-01 年冬から 2006-07 年冬の 7 シーズンに 3 度の大量飛来が記録されている．そのため，大量飛来の年（以下，シロハラ年）と通常の年（以下，通常年）を比較することによって，マングース個体群に対する減らない餌の役割を明らかにできると考えた．図 9.2 には，マングースの消化管内容物分析の結果を示す．これを見てわかるとおり，シロハラ年にはマングースはシロハラに大きく依存していることが明らかになった．さらに，この栄養状態の向上が，マングースの繁殖の季節性に影響を与え，通常年では冬期は非繁殖期にもかかわらず，シロハラ年では繁殖が始まる個体が出てくることが明らかになったのだ．この繁殖期の早期化の影響を調べるためにシミュレーションを行ったところ，シロハラの大量飛来がマングースの個体群増加率を 3% 上昇させていること，つまりシロハラがマングースの密度上昇に貢献していることが明らかになったのだ．

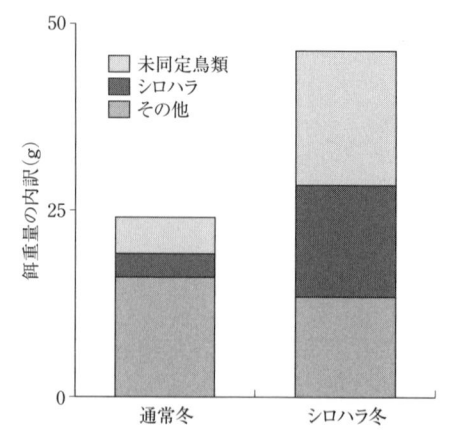

図 9.2 冬期（12-2 月）におけるフイリマングースの食性の重量の内訳．未同定鳥類についてもシロハラの可能性が高いものが多く含まれている（亘 2008 より改変）．

在来生物の絶滅といった強いインパクトを引き起こす外来捕食者に対して，私たちは希少種を主食としてバリバリ食べているというイメージを抱きがちである．しかし，これはじつはまちがった印象で，外来種が強い影響を引き起こすかどうかは，その外来種がどれだけ増えられるかという"個体数"が重要な要素になるのである．そしてそれは，どれだけ"減らない餌"に依存できるかにかかっているのだ（亘 2009）．いいかえれば，マングースにとっては，アマミノクロウサギを食べ尽くしてしまっても一向に困らないともいえる．この個体数への着目の視点は，外来種のインパクトを外来種によるトップダウン効果だけでなく外来種へのボトムアップ効果も含めて考慮することの重要性を示している．群集生態学において，見せかけの競争（apparent competition），あるいは過剰捕食（hyper predation）として知られる仕組みである．

9.3 マングース駆除対策の到達点と 4 つのブレイクスルー

このようなマングースの甚大な影響に対して，奄美大島のマングース対策が，日本でももっとも規模の大きい事業で実施されている．現在では，40 名以上の雇用捕獲従事者（奄美マングースバスターズ）によって，年間 200 万罠日以上の捕獲圧をかける体制が整っている．階層ベイズモデルにより，マングース個体数は，2000 年の推定 6000 頭前後をピークとし，2012 年には 200 頭前後に

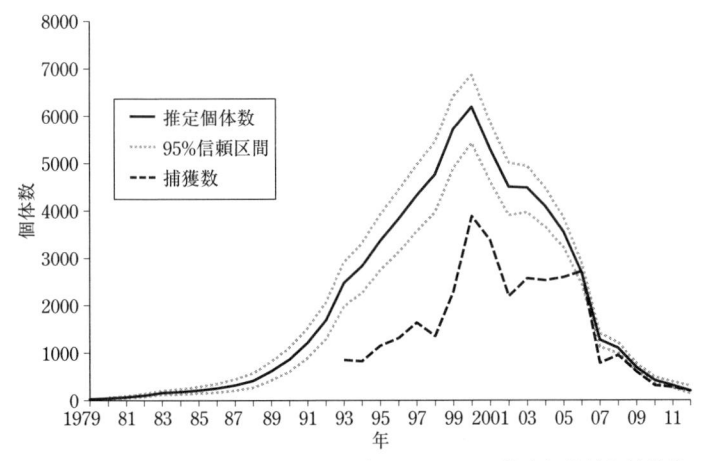

図 9.3 奄美大島のマングースの階層ベイズモデルによる推定個体数と捕獲数の推移（Fukasawa et al. 2013a; 環境省那覇自然環境事務所・自然環境研究センター 2013 より改変）．

まで減少したと推定されている（図 9.3; Fukasawa et al. 2013a; 環境省那覇自然環境事務所・自然環境研究センター 2013）．これはピーク時の約 3% にあたり，マングースを極低密度状態にまで至らせた大きな成果が得られている．しかし，対策当初からその必要性が認められ，十分な予算がついて事業が始まったわけではなかった．冒頭でも述べたが，そもそもマングースの導入はハブの駆除が目的であり，かつてはマングースが救世主として認識されていた時代があった．このような状況からいかに人々の意識が変化し，現在の規模の事業に至ったのか，またマングース対策関係者の試行錯誤がどのように事業の効率の上昇につながったのか，これまでに直面した課題とおもなブレイクスルーを社会的，生態学的な視点に関連づけて概説したい．

(1) 救世主から害獣へ

外来種問題の解決に向けては，対策に予算がつけられ事業化されることが第1歩である．そのためには，必要な対策の意義が既存の法律の趣旨と合致していると示されることが不可欠となる．奄美大島のマングースを最初に問題化させたのは，マングース調査の開始を契機に 1989 年に結成された地元 NGO の奄美哺乳類研究会である．当時救世主として位置づけられていたマングースを問題視していた数少ないメンバーからなり，マングースに関するあらゆる調査を精力的に進めた．調査成果のなかでも，とくにマングースがそれまで考えら

れていた以上に広く分布していたこと（高槻ほか 1990；阿部ほか 1991），農作物被害発生の疑いが強いこと（半田 1992），食性分析からハブ以外の在来生物を捕食していること（阿部 1992）により，行政もようやく重い腰を上げ 1993 年からの有害鳥獣駆除の開始につながった．その後，研究者らによってアマミノクロウサギへの影響も指摘され始め（Sugimura et al. 2000；Yamada et al. 2000），現在の外来生物法にもとづく生態系被害対策としての位置づけのベースができたのである．結果的には，初期の対策ではマングースの増加と分布拡大を防ぐことはできず，初動対策の遅れの重大性（Simberloff et al. 2005；Finnoff et al. 2007）が大きな教訓となったものの，もし初期の地元住民の熱心な活動がなければ，固有種の絶滅など事態はさらに深刻化していたであろう．

（2）　報奨金制度から雇用従事者制度へ

外来種対策はただ捕獲するだけが戦略ではない．基本的な目標は，分布域の縮小と生息密度の低減化という，ときには相反する 2 つの要素からなり，個体群全体の情報を随時把握しながら，限られた労力を自空間的に最適に配分する戦略が立てられる（亘 2011a）．このような個体群情報の収集コストが戦略策定に必須であるという点が個体群管理の特徴であり，このコストを担保する組織的な体制づくりが，外来種対策の成否を左右するといっても過言ではない．この点において農作物被害対策など限られたエリアを守る対策とは対照的である．奄美大島のマングース対策は，当時害獣対策のほぼ唯一のオプションであった有害鳥獣駆除という報奨金制度の形でスタートし，2000 年に始まった環境省による防除事業でも 2005 年まで報奨金制度が存続した（山田ほか 2012）．この間，農地や市街地，林道沿いなどアプローチの容易な場所に捕獲が限定されているうちに，島の大部分を占める森林域からマングースの分布の拡大を許してしまった．これに対して 2003 年から雇用捕獲従事者の体制が徐々に整備され，2005 年の外来生物法の施行を機に奄美マングースバスターズとして雇用従事者を組織化し，すべて雇用従事者による捕獲事業となった（山田ほか 2012）．これにより，報奨金制度では対応できない，森林内での作業や，GIS を用いたマングース捕獲情報の整理，罠の改良など，駆除効果を自律的に上昇させるためのコストが担保される事業の形ができあがったのだ．

（3）　生け捕り罠から捕殺罠へ

現在のマングース防除事業は，島内全域に緻密に設置された約 3 万個の罠を

雇用従事者が定期的に巡回し，年間200万罠日以上の捕獲努力量を達成している（山田ほか 2012）．この高い捕獲圧を可能にしたのは，2003年から試験的に導入された筒状の捕殺罠の導入である．それまでは生け捕り式のかご罠を使用していたが，生け捕り罠の最大の制約は，在来種の捕獲時には放鳥，放獣する必要があり，毎日の巡回作業が必要であったことである．一方で，捕殺罠は罠の巡回頻度を任意に設定することができ，労力の大幅な削減につながった．この新たな罠を積極的に導入することで捕獲努力量と罠設置エリアの飛躍的な増大につながり，マングース密度の低減化にいっそう貢献したのである．

(4) 混獲致死ゼロの呪縛からの脱却

　捕殺罠の導入によるマングースの大幅な低密度化にともない，在来生物が回復し始めてきた．これ自体喜ばしい成果であるが，回復が検出された1つのきっかけが，罠に混獲される在来生物の増加である．ともに天然記念物に指定されているアマミトゲネズミとケナガネズミ（*Diplothrix legata*）が，それまで生息が確認されず捕殺罠が使用されていたエリアでつぎつぎと混獲され始めたのである（Fukasawa *et al.* 2013b）．当然ながら混獲された生物が天然記念物ということで大問題として取り上げられ，2007年の一時期，マングースの捕獲作業が中断を余儀なくされる事態に至ってしまった．これに対して当時の対応は，混獲が生じたエリアは，在来種の回復をもたらした捕殺罠を中止し，生け捕り罠に設置し直すという，あくまでも混獲ゼロがなによりも最優先されるという形をとらざるをえなかった．

　一方で，データから読み取れる事実は，以下の4つである．①捕殺罠はマングースと在来種どちらも捕獲する，②捕殺罠によってマングースを減少させることができる，③捕殺罠では在来種を減少させることはできない，④マングースの減少によって救われる在来種の個体数が，混獲されて死ぬ個体数を凌駕している．このように生物間相互作用の視点で見ると，捕殺罠は栄養段階をまたいだプラスの間接効果によって在来生物を救っているのだ（図9.4；亘 2011b）．群集生態学において，栄養段階カスケード（trophic cascade）と呼ばれる仕組みである．幸いなことに，2011年には在来ネズミ類の生息に配慮しつつもマングースの効率的な捕獲を進めるという対応方針が決定され，在来ネズミ類の低密度生息地域の一部においても捕殺罠による捕獲作業へと切り替えが行われた（山田ほか 2012）．あわせて，在来ネズミ類の致死率を低下させる筒の形状の改良も進んできている．

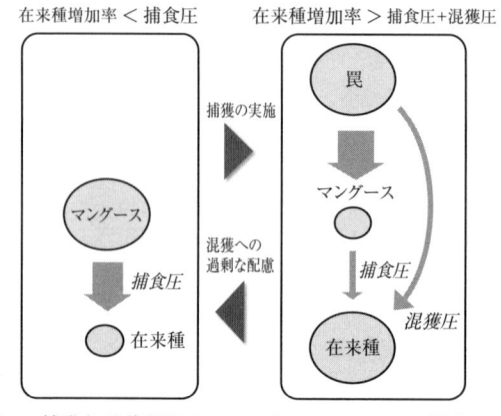

図 9.4 マングース捕獲と栄養段階カスケード．マングースの捕獲に付随して混獲は生じるが，捕食圧の大幅な減少による正味のプラスの効果により，在来種は増加に至っている．混獲のみに注目してマングース対策を制限するような過剰な配慮をすると，結果的に保全すべき在来種により大きな悪影響が出てしまう．

このように，奄美大島のマングース防除事業は，天然記念物を指定する文化財保護法という個体の保護を目的とする方策が，より多くの個体を死に至らしめてしまうというジレンマを浮き彫りにした．幸いなことに生態学的な考え方が徐々に浸透し，在来種側に立った視点の対応がなされ始めたことは救いであり，今後の根絶までの道筋のなかでも大きな転換点の1つとなるであろう．文化財保護法は人間による生物個体への直接的な悪影響への対応を前提としており，外来種や生息地破壊などの悪影響を想定していない．そのため，生物多様性の保全を目的とした方策とのコンフリクトが生じうる．混獲に配慮する感情はもちろん大切であるが，過度な配慮が思いとはむしろ逆の効果を引き起こしうる事実を認識することの重要性もわれわれは学んだのである（亘 2011b）．

（5） 第5のブレイクスルー

外来種対策では，高密度個体群を低密度に至らせるまでは比較的容易であるが，低密度状態から密度を同じペースでさらに減らすことはむずかしい場合が多い．ここに根絶がなかなか思うように達成されない場合の課題がある（亘 2011a）．奄美大島のマングース防除事業はまさにこの段階に入ってきており，この課題を乗り越える最後のブレイクスルーが求められている．この現象を生じさせる仕組みとしては，罠を警戒する性質を持った個体（トラップシャイ

の増加や，罠の設置が困難な場所での個体の残存などが考えられる（King *et al.* 2009）．罠で捕獲できない残存個体を探索し，駆除できる手法の開発がカギとなる．現在，新たな取り組みとして，マングース探索犬の導入，ハンドラーの育成が進められ，捕獲実績も徐々に上がっている（環境省那覇自然環境事務所・自然環境研究センター 2013）．はたしてこれが最後のブレイクスルーになれるのか，今後の検証を期待したい．

9.4 衰退から回復へ——ようやく得られた喜ばしい一成果

（1） マングース駆除の劇的な効果

　以上では，マングースの侵入に対する地元からの働きかけ，防除事業の開始，そしてマングースを減らす試行錯誤の結果から，極低密度状態まで至らせることができた経緯を説明してきた．では，マングースが減ったことでそれに虐げられていた奄美の在来の動物たちにどのような変化が起きたのだろうか．おさらいになるが，筆者は 2003 年にアマミノクロウサギをはじめ，在来の生物の生息状況の調査を開始した．そのときに，アマミノクロウサギだけでなく，希少カエル類なども含め，ほとんどの在来種がまったくといってよいほど観察されないという衝撃的な現状が明らかになった．その後も，卒論生や修論生の助けも借りながら現在まで同じモニタリングを継続してきた．そして，在来種の反応はまもなく目に見えた形で表れてきた（亘 2011c; Watari *et al.* 2013）．図 9.5 は，マングースの放獣地点からの距離に対する，2003 年，2006 年，2009 年のアマミノクロウサギと希少カエル類の観察個体数を示したグラフである．これを見るとアマミノクロウサギは，2003 年には，マングース放獣地点から 18 km 離れないと観察できなかったのが，2006 年には分布の前線の上昇が見られ，2009 年には分布前線の個体数も大幅に回復してきたことがわかった．アマミハナサキガエルの分布前線の上昇幅は，アマミノクロウサギほどではないものの，1.5–3.0 km ほどになり，確認個体数も増加傾向にある．オットンガエルについては，分布前線の上昇は見られなかったが，確認個体数は大幅に増加している．そして，アマミイシカワガエルに関しては，これまで見てきた種のなかでももっとも著しい回復傾向が認められた．2003 年には，調査ルートの終点付近でしか個体が確認されなかったが，2006 年には調査ルートの中盤から目撃されるようになり，2009 年には，個体数の大幅な上昇が見られて

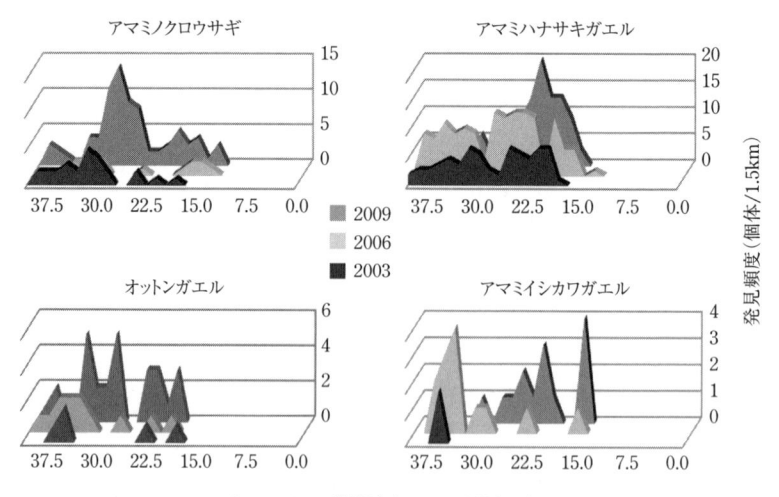

160　第9章　外来生物対策と時間

図 9.5　奄美大島の在来種の発見頻度とマングース放獣地点からの距離との関係の年推移（亘 2011c より改変）．

いる．前線がなんと 19.5 km も上昇したのである．これはあくまでも観察によって検出できる範囲なので，必ずしも実際に 19.5 km も分布域が広がったわけではないことに注意が必要であるが，いずれにしてもこれまで絶対に動物を見られなかったという場所でつぎつぎに動物が確認されるようになったのである．それも，3.0–19.5 km も手前からである．登山の経験者であれば山中でのこの距離感のイメージから，われわれの驚きを想像していただけるであろう．このような回復傾向は，上述したようにマングース防除事業のモニタリング捕獲データからも明らかになっており，ケナガネズミとアマミトゲネズミも近年大幅に分布域と密度が回復してきている（Fukasawa *et al.* 2013b）．

（2）　マングースを減らせても回復が見られない地域

　一方で，マングースの放獣地点に近く，長期間マングースが定着してきた地域においては，希少動物の出現数がゼロの状態が続いている（図 9.5）．つまり，衰退の原因となった外来種を除去しても回復が見られないのである．ある程度の影響であれば，残存する個体の繁殖によって回復が見られるはずだが，この地域の在来種は一度局所的な絶滅を経験し，さらに周辺からの移入も期待できない地点であるために回復に遅れが生じているのだと考えられる．このような，

影響の過程と回復の過程が異なる現象はヒステリシス（履歴効果）と呼ばれ，保全生態学において重要な考え方として近年認識が定着している（Scheffer et al. 2001; 亘 2011d）．筆者らが得た在来種の回復のパターンを見ると，回復は後半地域からの前線の上昇という形で見られており，現在ゼロの地域で回復が観測されるまでにはかなりの時間を要する可能性がある．成果が出るまでにタイムラグがあることは，生態系保全対策の特徴である．

興味深いのは，種によって分布の前線の上昇具合に差があることである．調査結果からは，上昇が顕著な順にアマミイシカワガエル＞アマミノクロウサギ＞アマミハナサキガエル＞オットンガエルであった．この差が生じる仕組みとしては，ポテンシャルハビタット（生息条件を備えた潜在的な分布域）の連続性，生物の移動分散能力，増加率など，さまざまな要因における種ごとの違いが関係していると考えられる．たとえば，カエル類3種の比較を例にして，ポテンシャルハビタットの連続性について考えると，アマミイシカワガエルの産卵環境は，湧水のある沢の最上流部で，このような産卵適地が周辺にいくつも集まっている場所が，景観生態学でいう"底上げ効果"を生じさせ生息適地になりやすい（川崎ほか 2007）．そういった環境の形成されやすさは，山の形である程度決まっており，本種の場合には，小さな起伏があるが全体的にはなだらかな山で，山頂より少し下あたりにできる．本種の回復が検出された地域では，このようなポテンシャルハビタットが連続しており，それが本種の確認エリアの大幅な回復に反映されているのだと考えられる．アマミハナサキガエルの産卵環境は，イシカワガエルよりも下流となる．当然川の下流ほど本数は少なくなるので，産卵場所の連続性は低下する．オットンガエルは，産卵に安定した止水が必要で，奄美大島の山にはまれにしか形成されない．そのため，オットンガエルの回復は，空間的に連続しない飛び飛びのパターンを示すことが予測され，実際に2011年の調査では，2003年の前線よりも10 km手前でスポット的に本種が確認されている（Watari et al. 2013）．実際には，回復速度は1つの要因で決まっているわけではなく，たとえばポテンシャルハビタットが連続していても移動分散能力が低ければ当然回復は遅いということもある．このような要因間の関係を明らかにすることは，興味深い今後の研究テーマになるであろう．

（3） 回復傾向の高止まりをどう説明するか——回復度の評価基準の提示

以上のように，モニタリングを繰り返すごとに，在来種が回復している確信

が年々深まってきた．一方で，少し悩ましいことが起こってきた．当初の回復の勢いが緩やかになり，毎年代わり映えのないデータになってきたのである．つまり回復傾向から高止まりの状態に移行し，"回復している"というよりも"回復が止まってきた"というネガティブな表現のほうがぴったりしてきたのである．高止まりはけっして悪い状態ではないはずなのに，ポジティブな表現で伝えられない．しばらく悩まされることになった．ちょうどその時期，筆者の学生時代の指導教官の宮下直氏から，この高止まり状態を回復度の評価基準に使えないかというアイディアをもらった．これが解決の方向性が見つかった瞬間であった．要するに，高止まりの位置は環境収容力を示している可能性があり，これを基準として現在の状態を評価することで回復度を数値として示せるのではないかということである．たとえば，ある地点の目撃個体数の頻度が環境収容力に達していれば，回復度は100%，半分であれば50%と定量的に評価することができ，順応管理のプロセスでもっとも重要な数値目標の設定が可能となるのである．問題は環境収容力をどのように推定するかであるが，当時東京大学の学生だった西嶋翔太氏が長期モニタリングデータに密度効果とマングースの捕食圧を考慮したモデルをあてはめ，各種の環境収容力の検出に成功した．こうして，2011年時点において，調査地全体の3分の1程度で回復度が100%に達していることを明らかにし，在来種の回復の観点からマングース防除事業の達成度を評価することができるようになった（Watari *et al.* 2013）．

このように，"回復が止まってきた"を"回復度の評価ができるようになった"とポジティブにいいかえることができたことは研究の一歩前進になり，事業に対する貢献にもつながった．それに加えてほかにも大きな意義があったと考えている．1つは応用研究の締めの言葉の常套句になりつつある"長期モニタリングの重要性"について，具体的なアウトプットの一事例を提示できたことである．今回の環境収容力の検出は，長期モニタリングデータなくして成しえなかったのだ．もう1つは，生態系の健全な状態を推定し，定量的な評価を可能にした点である．多くの保全の現場では，衰退前の健全な生態系の状態が不明なため，回復がどの程度達しているかを原理的に評価できないという問題を抱えている．保全対策の定量的な評価は今後ますます求められるようになるはずであり，環境収容力という生態学のもっとも基本的な学習内容を応用することで影響前の生態系の状態を推定した本研究の考え方は広く応用される可能性がある．

9.5 理解されなかったマングース対策の成果

(1) 行政事業レビューでのまさかの低評価

　このように奄美大島のマングース防除事業は，マングースの極低密度化，衰退していた複数の在来生物の回復を達成するという節目に至った．世界的にも前例のない大面積の島での取り組みの一成果に，われわれ関係者も束の間の達成感に浸り，この成果をもってつぎのステップ，つまり在来種の存続を担保するためのマングースの根絶に向かって弾みをつけようとしていたところであった．そんな矢先のことである．2012年に実施された行政事業レビューでのまさかの低評価「抜本的改善」を受けたのだ．さらにいうと，われわれが「成果」と信じていたデータが，逆に「非効率」という判定の根拠とされてしまったのである．これはいったいなんなのか，同じデータを見てなぜこのように180度評価が異なるのか．いずれにしても奄美大島の在来種を絶滅の危機から救っている事業の存続が危ぶまれる事態であった．幸い，研究者や学会，行政の迅速な対応によって（山田ほか 2012），結果的には予算が継続され，危機が回避されたわけだが，一大成果を残した外来種対策が，あやうく頓挫しそうになったきわめて重大な事例であり，ここで少し掘り下げて検証する必要があるだろう．

　まずは，行政事業レビューの議事録から関連する発言を見てみよう（環境省 2012）．

- （奄美の捕獲数が年間261頭，従事者1人あたりにして年間6頭になることに対して）「2カ月に1匹とっていくと，月に18万円くらいお給料がもらえるというビジネスを彼らは展開しているということでいいですかね．」
- （捕獲数が減ってきたことに対して）「それで，この予算効率は，今後どんどん下がっていく予定なんですか．」
- 「私，この作業員だったら，絶対に根絶させませんよ．だって，根絶させてしまったら失業してしまうんですよね．固定費で（捕獲従事者に）お金を支払い続けるという仕組み自体が，もう圧倒的に効率悪いんじゃないですか．」
- 「やっぱり私，これはもう報奨金型にしたほうがいいと思います．劇的に高い金額でできるはずなんです．」

- 「少なくとも今のこの仕組み（雇用制度）のままだと，やっぱり本当のところ，作業者の皆さんには根絶されるインセンティブは湧かないので，その点は，やっぱり制度としては不十分というか，よくない制度だと思います．」
- （報奨金だと組織的な動きができず，低密度や山奥など捕獲しにくい場所は駆除圧がかからなくなるという説明に対して）「その点については，価格を変えるべきだと思います．低密度のところと高密度のところは，当然，報奨価格は変えなければいけないと思いますけれども，そこは，なんで逆に一定だという前提で話されているのかが全然わからないけれども，それは適切な金額をそれぞれに設定させればいいんじゃないでしょうか．」

要するに，予算あたりの捕獲数が減ってきたので非効率的であるという意見である．また，根絶させたら失業してしまうから，根絶はさせたくないといった，あくまでも個人的なメンタリティーを一般化することで，暗に捕獲数低下の要因を捕獲従事者のモチベーションの低下と関連づけている．それを受けて現行の雇用制度では根絶のインセンティブが働かないため，報奨金制度にすべきだと主張しているのである．外来種対策は，生息個体数を減らす，すなわち一定の予算，捕獲努力量で捕獲数が減っていくことが目標である．また，捕獲個体数が減ったのはそもそも駆除従事者の仕事ぶりの成果であり，モチベーションの低下を暗に示した評価軸は明らかに誤りである．提案された報奨金制度自体に関しても，密度の低下にともない報奨金を劇的に上昇させねばならないこと，また持続的に報奨金を得るために根絶を妨げるインセンティブが働きうることから（Clout and Ericksen 2000），けっきょく自ら問題視した予算効率やモチベーションの低下に至るという自己矛盾を抱えた提案になっている．さらに，局所的に根絶させた場所においても，個体が検出されないことを確認し続けるリスク管理的な要素も重要となるのである．これは病原菌などの検疫システムが報奨金制度を採用していないのと同様である．

（2） "成果"を説明する大切さ，むずかしさ

なぜこのようなすれ違いが生じてしまったのであろうか．捕獲数が評価軸とされたことが問題であることはすでに述べたが，じつは行政の説明者の用語の使い方がこのすれ違いをミスリードした側面があったことは見過ごせない点である．マングース防除事業に関する説明のなかで，行政説明者が「効率」とい

う言葉を6回使っている．そのうちの3回は捕獲数（正確には捕獲努力量あたりの捕獲数；CPUE）のことを効率として誤って扱っており，マングースが減少したという本来評価されるべきプラスの成果を，捕獲効率が低下したというマイナスの表現で説明し混乱を生じさせてしまったのだ．効率改善を使命とする評価者が，これを聞いて反射的に低い評価を下すのも無理のない話である．残りの3回は，「効率を上げる努力をする」という文脈で使用されており，当然これは捕獲数を増やすということではなく，捕獲努力の配分や捕獲方法の改良など，限られた予算内で効果を最大にするという本来の効率化を念頭に置いているはずである．しかし，議論はすでに前者の効率の定義を前提として進んでしまっているために，効率を上げる努力をしますという宣言が，結果的に捕獲数が減って非効率であるという指摘を認めた形になってしまっている．このように，異なる定義の「効率」が混同されて使用されたことが一因となって，議論のすれ違いが生じてしまったのである．

じつは，行政が実施する野生動物対策の多くは，捕獲頭数，またはCPUEを捕獲効率として扱っている事実がある．というのもこれまでの行政の野生動物対策は，設定された目標頭数を達成することが目的の有害鳥獣駆除が主体であり，この場合の関心は，何頭捕獲したかにあるからである．一方で，外来種対策を含む野生動物の個体群管理においては，生息個体数のうちどのくらい捕獲できたか（捕獲割合）に焦点があり，この場合捕獲効率という言葉をもし使うならば，個体数ではなく捕獲割合のほうが指標としてふさわしい．ただし，生息個体数が同一の条件下では，この2つの効率は同じものを指すため，なおさら混乱をきたす原因となる．たとえば，ある地域において異なる罠の性能を比較するような場合には，捕獲割合の分母（生息個体数）が同一なため，結果的に分子（捕獲数）だけの比較になる．したがって，この場合，2つの効率を区別する必要はないのである．このように今回の行政事業レビューの説明には，これまで行政が主として実施してきた捕獲頭数ベースの制度設計の思想が色濃く反映されていた．そもそも「効率」という言葉は，目的が変われば使用するデータも変わる主観的なものである．そのため，誤解を避ける意味でもできるだけ使用しないほうがよい．どうしても使う場合は，事前にきちんと事業の成果というものを定義してから用いるべきであろう．

ここまでは行政事業レビューのなかでの「効率」をめぐる認識のギャップについて述べてきたが，事業成果の説明責任という視点が提供された観点においては，マングース対策に限らずあらゆる保全策に共通するきわめて意義深い機

会になったのではないだろうか．現状の保全対策は，残念ながら対策の成果を評価するプログラムが存在しない場合が多い．そのため，必要性の低い事業が継続していたり，逆に必要性が高くても効果を得るには不十分な対策のまま内容が見直しされずにいたり，効果的な手法でも適切な合意形成のプロセスを得られずに終わってしまうこともある．最適な予算配分によって全体の保全効果を最大化させるためにも，対策と成果の評価が一体となった仕組みづくりが不可欠であり，今回の議論で示された，成果を伝える大切さは今後の保全事業の大きな教訓になったといえる．山田ほか（2012）は，マングース対策の評価されるべき基準として，CPUEの低下，マングースの根絶可能性の上昇，在来種の個体数回復，希少種の絶滅リスクの低減をあげている．これに加えて，現在の取り組みのなかで意欲的に実施されている罠の改良や探索犬の導入，モニタリングと駆除の組み合わせなどのさまざまな試行錯誤の成果を実施者自らが1つ1つ定量化して積極的に提示していく姿勢も，必要な予算を確保していくうえで重要となるであろう．

また，説明側にとっては成果を伝えるむずかしさ，評価側にとっては成果を評価するむずかしさが浮き彫りになった議論でもあった．固有種の価値など経済的価値と同じ通貨で計ることはできないもの，ほかの事業などとは異なり不確実性が大きくつきまとう事業に対して，どのように成果を評価していくのか，そもそも費用対効果による評価がふさわしい枠組みであるのかどうかなど，事業実施者と評価者，両者にとって考え方を整理すべき課題が幅広く抽出された．このような課題に取り組むことは行政や研究者だけでなく社会全体にとっての大きな醍醐味であり，これを機会に幅広く議論されることが望まれる．

9.6　保全策と時間

本章では，奄美大島のマングース問題を取り上げ，マングースが引き起こす影響，マングース対策が現在の規模に至った経緯，在来種の回復という成果，その過程で浮き彫りになった人々の認識のギャップと促進された認識の変化について概説してきた．マングース対策はけっしてアスファルト道路を楽に進んできたわけではなかった．外来種問題がそれほど認知されていない社会という原野を切り開き，つぎつぎと掘り起こされる課題にその都度対処しながら進んできたのである．また，その成果はタイムラグをともなって初めて得られるものであり，取り組みの評価には長期的な視点が欠かせないことも示された．こ

のような側面はあらゆる保全対策に少なからず共通する特徴であり，奄美大島の事例は，保全対策が成果に至るまでのロードマップの縮図ともいえるであろう．重要な要素としては，新たな課題を乗り越えるための試行錯誤，人々の認識の変化，生じている影響の定量化，目的の明確化と成果の評価，自律的な組織の構築などがあげられる．これらの要素を機能させるためには，各要素の実現に要するコストが確実に担保されることが不可欠である．そして，その担保の土台の上で，対策の成果というものが問われるものではないだろうか．いいかえれば，ロードマップという時間軸を担保する制度設計が，本来の保全策のありようだと筆者は考える．

引用文献

阿部愼太郎．1992．マングースたちは奄美でなにを食べているのか？ チリモス，3：1-18．

阿部愼太郎．1995．マングース駆除へ一歩前進となるか？——マングースの命と引き換えにわたしたちが学ばなければいけないこと．チリモス，6：7-9．

阿部愼太郎・高槻義隆・半田ゆかり・和秀雄．1991．奄美大島におけるマングース（*Herpestes* sp.）の定着．哺乳類科学，31：23-36．

Clout, M. and K. Ericksen. 2000. Anatomy of a disastrous success: the brushtail possum as an invasive species. *In* (Montague, T. L., ed.) The Brushtail Possum: Biology, Impact and Management of an Introduced Marsupial. pp. 1-9. Manaaki Whnus Press, Aukland.

Finnoff, D., J. F. Shogren, B. Leung and D. Lodge. 2007. Take a risk: preferring prevention over control of biological invaders. Ecological Economics, 62: 216-222.

Fukasawa, K., T. Hashimoto, M. Tatara and S. Abe. 2013a. Reconstruction and prediction of invasive mongoose population dynamics from history of introduction and management: a Bayesian state-space modelling approach. Journal of Applied Ecology, 50: 469-478.

Fukasawa, K., T. Miyashita, T. Hashimoto, M. Tatara and S. Abe. 2013b. Differential population responses of native and alien rodents to an invasive predator, habitat alteration and plant masting. Proceedings of the Royal Society B: Biological Sciences, 280: 2013-2075.

半田ゆかり．1992．マングースによる被害調査——総括．チリモス，3：28-24．

環境省．2012．行政事業レビュー（公開プロセス）取りまとめ結果．https://www.env.go.jp/guide/budget/spv_eff/review_h24/result_120607.html

環境省那覇自然環境事務所・自然環境研究センター．2013．平成24年度奄美大島におけるジャワマングース防除事業報告書．環境省・自然環境研究センター，東京．

川崎菜実・亘悠哉・山下亮・落合智・戸田敏久・西真弘・野口浩人・登博志・福田稔・松田悦郎・山室一樹・山口良彦・吉原隆太・琉子盛夫・迫田拓・永井弓子・宮下直. 2007. 奄美大島における希少種イシカワガエルの生息適地の推定──GIS を用いた評価. 日本生態学会大会第 54 回大会講演要旨集.

King, C. M., R. M. McDonald, R. D. Martin and T. Dennis. 2009. Why is eradication of invasive mustelids so difficult? Biological Conservation, 142：806-816.

Scheffer, M., S. Carpenter, J. A. Foley, C. Folke and B. Walker. 2001. Catastrophic shifts in ecosystems. Nature, 413：591-596.

Simberloff, D., I. M. Parker and P. N. Windle. 2005. Introduced species policy, management, and future research needs. Frontiers in Ecology and the Environment, 3：12-20.

Sugimura, K., S. Sato, F. Yamada, S. Abe, H. Hirakawa and Y. Handa. 2000. Distribution and abundance of the Amami rabbit *Pentalagus furnessi* in the Amami and Tokuno Islands, Japan. Oryx, 34：198-206.

Sugimura, K., F. Yamada and A. Miyamoto. 2003. Population trend, habitat change and conservation of the unique wildlife species on Amami Island, Japan. Global Environmental Research, 7：79-89.

高槻義隆・半田ゆかり・阿部愼太郎. 1990. 奄美大島におけるマングースの分布──中間報告. チリモス, 1：3-18.

亘悠哉. 2008. 外来種ジャワマングースが奄美大島の在来生物群集に及ぼす影響とその機構の解明. 東京大学大学院農学生命科学研究科博士論文.

亘悠哉. 2009. マングースは何を食べているのか？──外来生物の食性分析結果の正しい見方. 森林技術, 803：30-31.

亘悠哉. 2011a. 失敗の活用──外来種を減らせない場合の解決策. (山田文雄・池田透・小倉剛, 編：日本の外来哺乳類──管理戦略と生態系保全) pp. 379-400. 東京大学出版会, 東京.

亘悠哉. 2011b. 生物多様性保全のためのマングース対策──奄美大島における成果と課題について. 森林技術, 835：35-39.

亘悠哉. 2011c. 衰退から回復へ──日本の爬虫類・両生類を救うマングース対策. 爬虫両棲類学会報, 2011：137-147.

亘悠哉. 2011d. 外来種を減らせても生態系が回復しないとき──意図せぬ結果に潜むプロセスと対処法を整理する. 哺乳類科学, 51：27-38.

Watari, Y., S. Takatsuki and T. Miyashita. 2008. Effects of exotic mongoose (*Herpestes javanicus*) on the native fauna of Amami-Oshima Island, southern Japan, estimated by distribution patterns along the historical gradient of mongoose invasion. Biological Invasions, 9：7-17.

Watari, Y., S, Nishijima, M. Fukasawa, F. Yamada, S. Abe and T. Miyashita. 2013. Evaluating the "recovery-level" of endangered species without prior information before alien invasion. Ecology and Evolution, 3：4711-4721.

Yamada, F., K. Sugimura, S. Abe and Y. Handa. 2000. Present status and conservation of the Endangered Amami rabbit *Pentalagus furnessi*. Tropics, 10：

87-92.
山田文雄・石井信夫・池田透・常田邦彦・深澤圭太・橋本琢磨・諸澤崇裕・阿部愼太郎・石川拓哉・阿部豪・村上興正. 2012. 環境省の行政事業レビューへの研究者の対応――効果的・効率的外来哺乳類対策の構築に向けて. 哺乳類科学, 52：265-287.
安間茂樹. 2001. 琉球列島――生物の多様性と列島のおいたち. 東海大学出版会, 東京.

第10章
地域的な絶滅と時間
景観変化が引き起こす絶滅の遅れ
小柳知代

　私たち人間の営みは，土地利用を介して，地域の自然をさまざまな形に改変し，そこに生息する生物の分布や多様性に影響を与えてきた．すなわち，ある地域における現在の生物の分布や多様性のパターンは，その地域における人間活動の歴史を反映したものだと考えることができる．近年，地理情報システム（GIS）を活用した研究から，数十年もしくは数百年前の人為的な土地利用が，現在の森林生や草原生の植物の分布に影響を与えていることが示されている．人間活動による景観の変化が生じてから実際に地域の生物多様性が低下するまでには，長いタイムラグが生じる場合がある．本章ではこのタイムラグに着目し，保全の現場において絶滅の負債（extinction debt；将来の生物の種数や個体数の減少量）を検出することの重要性とその方法，タイムラグが生じるメカニズムについて解説する．

10.1 「過去を知る」ことの重要性

（1） 過去の記憶

　図10.1に示す2つの写真は，一見，同じ種類の落葉広葉樹からなる雑木林に見えるだろう．しかし，林縁部に生育する植物の種類は大きく異なっている．図10.1Aの林縁では，林内から繁茂するアズマネザサに混ざってセイタカアワダチソウやハルジオンなどの外来種や一，二年草が多く生育している．しかし図10.1Bの林縁では，アズマネザサと共存してワレモコウやヒヨドリバナなどの在来の草原生植物を複数種確認することができる．これらの雑木林は，どちらも明治時代は採草地として利用されてきた場所である．茨城県に位置する筑波稲敷台地上には，このようなかつての採草地に由来する雑木林が点在している．現在は，そのほとんどで林内での下草刈りなどの管理は行われていな

図 10.1 かつての採草地に由来する管理放棄された雑木林（茨城県つくば市，2007年8月）．

いものの，道路沿いでは道路整備を目的とした草刈りが定期的に行われており，林縁部においてのみ草原的な環境が維持されている（小柳ほか 2008）．林縁部に生育する草原生植物は，採草地としての利用の歴史を反映していることが予測されるが，では，なぜ場所によって，草原生植物が数多く残されている場合と，外来種や一，二年草ばかりでほとんど残されていない場合があるのだろうか．

（2） 絶滅の負債 (extinction debt)

現在の生物の分布が，過去の土地利用の影響を反映しているということは，古くから知られていた（たとえば Peterken and Game 1984; Koerner *et al.* 1997）ものの，実際に何年前のどのような土地利用がどの程度の影響を与えているのかを定量的に示すことはむずかしかった．しかし，1990 年代以降，地理情報システム (Geographic Information System; GIS) の発達により，過去の地図画像（古地図など）をデジタル化することが可能になった．その後，2000 年代に入ってから，こうした地図データを使って過去の影響を定量化し，現在の生物多様性のパターンを説明する研究がさかんに行われるようになった．たとえば，スウェーデンの半自然草地に生育する草原生植物を対象とした研究からは，現在の草原生植物の種多様性のパターンが，現在ではなく 50-100 年前の景観構造（生育地の面積や連結性）によって説明できることが示されている (Lindborg and Eriksson 2004)．つまり，半自然草地が大幅に減少する前に形成された種多様性のパターンが，50 年以上経過した現在も残されていると考えることができる．もし，景観構造の変化がゆっくりとした時間をかけて

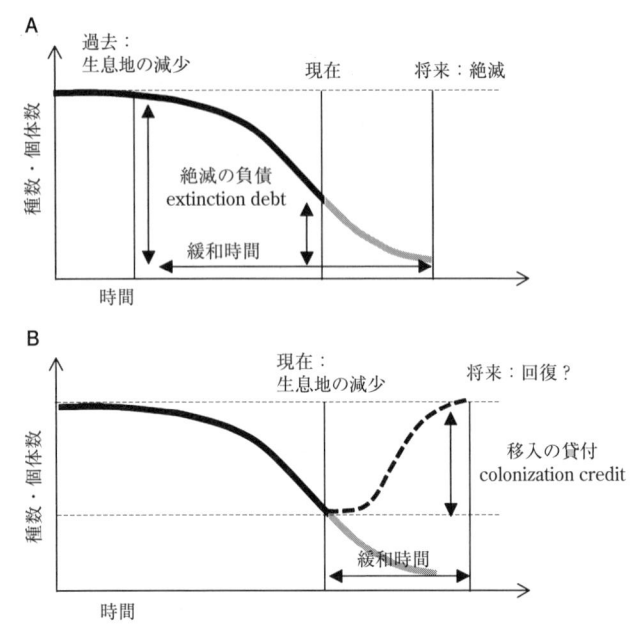

172 第10章 地域的な絶滅と時間

図10.2 「絶滅の負債（extinction debt）」（A）と「移入の貸付（colonization credit）」（B）の概念図．島嶼生物地理学（island biogeography）の理論は，種の移入と絶滅の繰り返しのなかで生物群集が形成され，維持されていることをわかりやすく示した（MacArthur and Wilson 1967）．この島嶼生物地理学の理論をメタ個体群動態の理論（Hanski 1999）に応用することで，生息地の消失や分断化にともなって群集が新たな平衡状態に達するまでに，長いタイムラグが存在する場合があることが示された（Tilman *et al.* 1994；Hanski 2010）．長いタイムラグの後に失われる種数や個体数の減少量を「絶滅の負債（extinction debt）」（A）と呼び，生息地が再生された後，長いタイムラグを経て回復すると考えられる種数や個体数の増加量を「移入の貸付（colonization credit もしくは immigration credit）」（B）と呼ぶ．Aの左右の縦矢印はそれぞれ，生息地が減少した直後の「絶滅の負債」と現在の「絶滅の負債」を表している．景観変化後に，群集や個体群が新たな平衡状態に達するまでの時間は，緩和時間（relaxation time）と呼ばれる（Diamond 1972）．

種の分布や個体群サイズに影響するとしたら，今現在の状態を維持したとしても，いずれそこに分布する種は消失してしまうだろう（図10.2A）．このように，景観変化にともなって本来の生息地が消失もしくは縮小した後に，地域的な絶滅が遅れて生じることによる生物の種数や個体数の減少量を「絶滅の負債（extinction debt）」と呼ぶ（Tilman *et al.* 1994）．逆に，生息地が再生された後，

長いタイムラグを経て回復すると考えられる種数や個体数の増加量を「移入の貸付（colonization credit もしくは immigration credit）」と呼び（図 10.2B），湖沼生態系を事例として，タイムラグが生じる背景がくわしく紹介されている（第 11 章参照）．なお本章では，景観をたんなる風景という意味ではなく，ランドスケープ（ある一定の自然および社会的な条件のもとで区分される地域；武内 1991）の意味で用いることとする．

（3）保全上の重要性

景観変化と生物多様性変化との間に長いタイムラグがある場合には，現状の生息地環境の過大評価につながってしまうおそれがある（Kuussaari *et al.* 2009）．すなわち，すでに生息地が大きく減少してしまっていたとしても，現時点で保全対象種の生息が確認されていることから，現状維持でだいじょうぶだという判断を下してしまう．結果として，将来起こりうる絶滅を止めることができず，手遅れになってしまうだろう．逆に，「絶滅の負債」を検出することができれば，将来起こりうる生物の地域的な絶滅を事前に防ぐための対策を講じることが可能になり，保全効率が飛躍的に向上することが期待される（Kuussaari *et al.* 2009）．北欧フィンランドでは，木材の利用圧の増加により北方林の伐採が進み，老齢林の面積が大きく減少している．その結果，森林生の昆虫の多くが絶滅危惧種に指定されるなど，生物多様性の低下が懸念されて

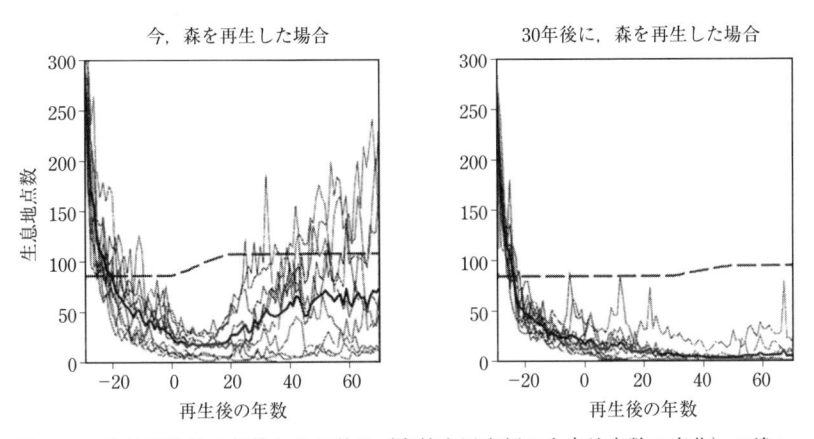

図 10.3 森林再生後の年数とその効果（森林生甲虫類の生息地点数の変化）の違い．破線は，生息地の質が平均的にどの程度改善していくかを示している（Hanski 2000 より改変）．

いる（Hanski 2000）．Hanski and Ovaskainen（2002）は，森林生の甲虫類を対象として，森林環境の悪化と地域個体群の動態との間に存在するタイムラグを検出した．さらに，森林再生の時期とその効果の違いを検証し，絶滅の負債が検出された今，すぐに森林の再生を行えば，数十年後に個体群が大きく回復する一方で，今から30年後に森林を再生しても地域個体群はほとんど回復しない可能性を示した（Hanski 2000；図10.3）．このように，絶滅の負債を検出することで，生息地の保全再生の緊急性を適切に判断することが可能になる．

10.2 絶滅の遅れはなぜ生じるのか

(1) 絶滅の遅れが生じるメカニズム

通常，ある種の生息地面積が縮小すると，そこに生息する個体群の規模が小さくなり，近交弱勢などのさまざまな負の連鎖が生じることで，地域的な絶滅につながっていくと考えられる（絶滅の渦 extinction vortex；Gilpin and Soulé 1986）．しかし，もし局所個体群の規模がこのようなレベルにまで縮小したとしても，成熟個体が寿命をまっとうするまでの間は，個体群は存続し続けることになる．また，景観スケールで考えた場合，個体群は1つの生息地内のみで維持されているわけではなく，地域全体で大きなメタ個体群を形成していることが多いため，ほかの生息地からの個体の移入によって，個体群が「救済」され，しばらくの間維持される場合もある（救済効果 rescue effect）．また，植物の場合，土壌中に眠っていた埋土種子が発芽し，新たな遺伝的組成を持つ個体が"移入"することで，救済効果に似たメカニズムが働く可能性もある（Piessens *et al.* 2004）．最終的に，生息地の分断が進み，周辺からの個体の移入率よりも局所個体群内での絶滅率のほうが高くなれば，その個体群は消失し，地域的な絶滅につながっていくだろう（Tilman *et al.* 1994；Nagelkerke *et al.* 2002）．生息地の消失や分断だけでなく，周辺の土地利用変化にともない，生息地環境が徐々に変化することによって生じる絶滅の遅れもある（たとえばPiha *et al.* 2007）．また，いまだ実証研究は少ないものの，特定の種の絶滅が生物間相互作用を介してほかの種の絶滅を引き起こす場合に，絶滅の遅れがよりいっそう長くなる可能性も指摘されている（Mouquet *et al.* 2011；Spiesman and Inouye 2013）．

（2） タイムラグの長さに影響を与える要因

では，具体的にどのような要因によって，景観変化と生物の地域的な絶滅との間のタイムラグが長くなったり短くなったりするのだろうか．前述のとおり，草原生や森林生の草本植物を対象とした実証研究からは，50-100年のタイムラグが存在する場合があることがわかっている（たとえば Lindborg and Eriksson 2004; Vellend et al. 2006）．一方で，寿命の長い木本を対象とした研究では，タイムラグの長さが数百年から数千年におよぶ可能性も指摘されている（Lindbladh and Foster 2010）．ここでは，タイムラグの長さに影響を与える要因として，生物の種特性との関係を中心に紹介する．なお，人間活動などの外的要因である景観履歴との関係については，小柳・富松（2012）で紹介されている．

世代時間の違い

個体が寿命をまっとうするまでの時間（もしくは，繁殖齢に達するまでの時間）を世代時間と呼び，世代時間が長い種ほどタイムラグの長さも長くなることが知られている．草原生植物を対象とした研究からは，一年生草本ではなく多年生草本でのみ絶滅の負債が検出されている（Lindborg 2007; Saar et al. 2012）．また，半自然草地に生息する複数の分類群を対象とした研究からも，世代時間の短いチョウ類のほうが植物よりもタイムラグが短いことが示されている（Krauss et al. 2010）．

移動分散能力の違い

植物の場合，分断化が進んだ状態でも生育地間での移動が可能な風散布型の種のほうが，重力散布型の種よりもタイムラグが長いことが示されている（Koyanagi et al. 2012; Purschke et al. 2012）．一方で，移動分散能力と繁殖能力との間にはトレードオフがあり，分散距離の長い風散布種子は，重力散布種子よりも種子サイズが小さく発芽定着率が劣ることが知られている（Soons and Heil 2002; Jakobsson and Eriksson 2003）．そのため，風散布型の種にとっても移動分散が不可能なほど急速に分断化が極端に進んだ景観においては，風散布型のほうが重力散布型よりも，個体群が縮小しやすい（Saar et al. 2012）．動物の場合は，移動分散能力が高い種ほど，すばやくほかの生息地を探して移動することができるため，景観変化後のタイムラグは短くなると考え

生息地特異性の違い

種の生息地特異性は，分断化された景観における種の移動分散能力に影響を与える．つまり，生息地特異性が低い種ほど，生息地周辺の景観構成要素である景観マトリックスを有効に活用し，ほかの生息地に速やかに移入することができるため，タイムラグは短くなると考えられる（Ellis and Coppins 2007; Sang et al. 2010）．

埋土種子の寿命（植物の場合）

長期的なシードバンクを形成するかどうかは，植物個体群の存続や再生可能性を左右する重要な要因である（第11章参照）．前述のとおり，規模が縮小した個体群であっても，埋土種子からの新たな個体の供給により，救済効果に似た効果が得られる可能性がある．実際に，草原生植物を対象とした研究から，長期的なシードバンクを形成する種ほど，景観変化後の絶滅速度が遅く，タイムラグが長くなる傾向が示されている（Lindborg 2007; Koyanagi et al. 2012）．

（3）「絶滅の負債」の検出方法

一般に，生息地面積が増加するにつれて，種数や個体数は一定の割合で増加し，最終的には飽和状態に達するだろう（図10.4A）．この種数−面積モデルを応用することで，絶滅の負債を検出することができる．

現在の生物データ×経年の景観データ

過去の土地利用図などを活用することで，景観構造（生息地の面積や連結性）に関しては，経時的なデータを入手できる場合が多い．しかし，対象種の分布データに関しては，現在のデータと同じ（もしくは近い）精度の過去のデータを入手することはきわめてむずかしい．その場合，過去と現在の景観構造のどちらが，より現在の対象種の分布や多様性のパターンを説明できるかを検証することで，絶滅の負債の有無を推定することができる（図10.4B）．絶滅の負債を，実証データを用いて検出した研究事例の多くがこの手法を用いており，草原生や森林生の草本植物，地衣類，チョウ類，両生類など多様な分類群を対象として，現在の多様性のパターンが数年から数十年，場合によっては数百年前の景観構造で説明できることが示されている（たとえばHelm et al.

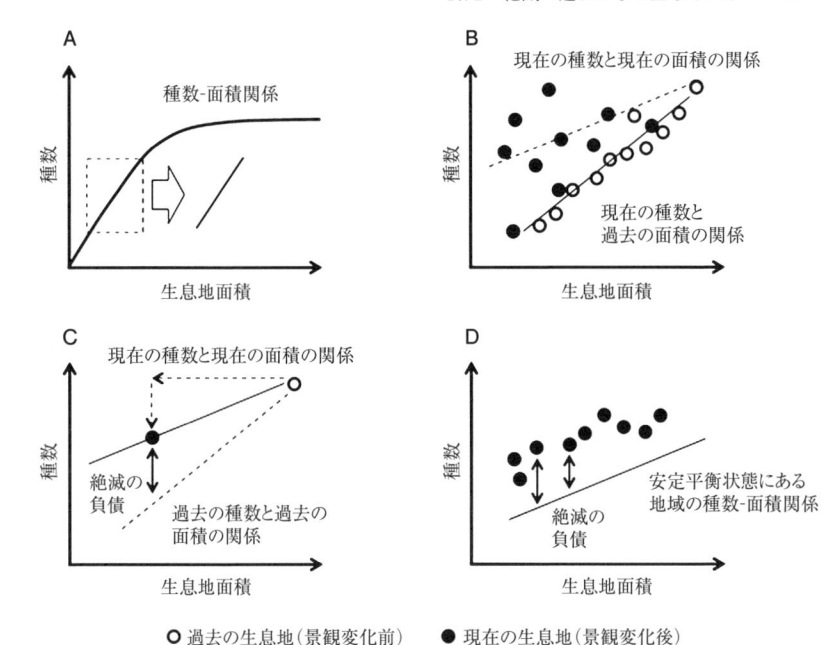

図 10.4 「絶滅の負債」の検出方法．A：種数-面積関係．B：現在の種多様性パターンが現在ではなく，過去の生息地面積とより強い関係を示す．C：景観変化前の種数-面積関係と景観変化後の種数-面積関係との間の傾きの差を示す．D：安定平衡状態にある地域の種数-面積関係をもとに，景観変化した地域の生息地における種数を予測し，実際の種数との差を示す（Kuussaari et al. 2009 より改変）．

2006；Gustavsson et al. 2007；Krauss et al. 2010）．

経年の生物データ×経年の景観データ

　景観構造および対象種の分布それぞれについて，経時的なデータがそろっている場合には，景観が変化した後に生じる種数や個体数の減少のプロセスを直接検証することができる．たとえば，景観変化が起きる前のある時点において，10 ha あたり 50 種の植物が生育していたとする．景観変化後に，5 ha にまで面積が減少したとしても，そこに生育する植物種がすぐに 25 種にまで減少するわけではなく，タイムラグがある場合，しばらくの間，たとえば 40 種が維持されるかもしれない（図 10.4C）．このように，過去と現在のデータそれぞれから種数-面積関係を導き出し，景観変化前の安定平衡状態と比較して，変化後（現在）の種数-面積関係の傾きがどの程度異なるかに着目することで，

その差を絶滅の負債として検出することができる（図10.4C）．1980年代からブラジル・アマゾンで行われている大規模な実証実験にもとづく研究からは，こうした経時的なデータをもとに，熱帯雨林の分断化にともなう鳥類相の絶滅の負債が検出されている（Stouffer *et al.* 2009）．

現在の生物データ×現在の景観データ

景観構造と生物分布の両方について，過去のデータが手に入らない場合であっても，絶滅の負債の有無を推定することは可能である．具体的には，景観変化がほとんど生じていない地域もしくは景観変化が生じてから長い年月が経過した地域を安定平衡状態にあるものと考えて種数-面積モデルを構築し，景観変化が生じてまもない生息地パッチでの種数を予測し，その差を絶滅の負債として検出する（図10.4D）．Vellend *et al.* (2006) は，この方法を用いて，ベルギーの農村景観における森林生草本植物に内在する絶滅の負債を検出し，森林の減少後に実際に植物の種多様性が低下するまでには100年以上の時間がかかる可能性を示している．しかし，この方法では，リファレンスとする地域がほんとうに平衡状態にあるのかを確かめることはむずかしい．また，比較する地域が同じ景観履歴をたどってきたわけではなく，森林減少以外にも地域間で異なるさまざまな人為的影響を受けてきた可能性があるということを忘れてはならない．

10.3 国内での研究事例——里山に生育する草原生植物の絶滅の遅れ

冒頭の事例（道路沿い林縁での植物種組成の違い）について，ここで答えを確認しておきたい．前述のとおり，図10.1に示された雑木林は，どちらもかつての採草地に由来している．日本の里山では，かつて採草地として利用される半自然草地が広く分布し，多様な草原生植物が生育していた．しかし，近代化が進むにつれて採草地としての利用価値が消失し，土地利用の転換や管理放棄が進行した．結果として，多くの草原生植物が絶滅危惧種として指定され，保全の緊急性が指摘されている（兼子ほか2009）．対象地である茨城県つくば市も例外ではなく，明治時代に分布していた半自然草地のごく一部が，現在は管理放棄された雑木林として残存している．このうち外来種や一，二年草を主体とする図10.1Aは，1950年代以降に畑地として利用された履歴を持つ場所

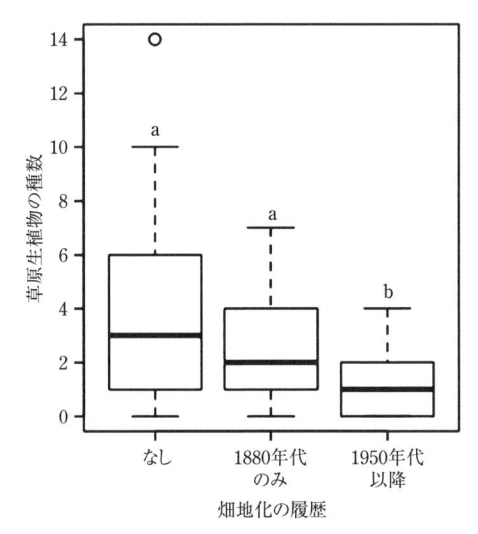

図 10.5　畑地化の履歴と雑木林の林縁部における草原生植物の種数の関係（Koyanagi et al. 2009 のデータをもとに作図）.

であったのに対して，在来の草原生植物が生育する図 10.1B は，畑地化された履歴がなく，採草地としての「荒地」から直接「森林」へと遷移した場所であることがわかった（Koyanagi et al. 2009）．過去の畑地化の履歴の差異に着目して，現在の林縁部での草原生植物の種数を比較してみると，戦後 1950 年代以降に畑地化された履歴を持つ場所は，畑地化の履歴を持たない場所もしくは近代的な農法が用いられる以前の明治時代（1880 年代）にのみ畑地化された場所に比べて，草原生植物の種数が有意に低かった（図 10.5）．また，畑地化の履歴を持たない場所は，現在の林縁部での草原生植物の種数が，現在ではなく過去（1950 年代）の立地周辺の荒地および森林の面積割合によって説明できることもわかった（Koyanagi et al. 2009, 2012）．つくば市では，筑波研究学園都市の建設にともなって，1970 年代以降，過去の採草地に由来する樹林の多くが失われた．今回の結果は，景観が大きく変化する以前に形成された 1950 年代の草原生植物の多様性パターンが，約 60 年のタイムラグを経て，今もなお残されてきたことを示唆している．対象地域は，大都市近郊に位置するため，日本の里山のなかでも景観の変化が比較的早い時期に急速に進行した地域である．このような地域で絶滅の負債が検出されたということは，景観変化の開始時期が遅く，また変化速度も緩やかであったと考えられるほかの多くの

里山でも、絶滅の負債が検出される可能性が高いだろう（小柳・富松 2012）.

ほかにも、国内では都市近郊の分断林に生息するチョウ類（Soga and Koike 2013）や小笠原諸島に生息する陸生貝類（Chiba et al. 2009）など、さまざまな分類群を対象として、絶滅の負債に着目した研究の蓄積が進んでいる．かつては、都市化や農地の集約化が日本各地で進行したものの、人口減少の兆しが見え始めた近年は、地域によっては、農地の管理放棄などにともなう樹林化（再自然化）が進んでいる．現在の生物多様性のパターンは、過去に生じたさまざまな種類（方向性）の景観変化の影響を受けて形成されていると考えられ、異なる年代の影響が作用しあうことで、いまだに変化し続けているのかもしれない．人間活動と生物多様性との関係を、過去数十年もしくは数百年にわたる長い時間軸上で整理し、生物の地域的な絶滅や移入の遅れが生じるプロセスを理解することは、今後の重要な課題といえる．

10.4 保全への示唆

人間活動にともなう景観変化が生じてから、実際に地域の生物多様性が変化するまでには、長いタイムラグがある場合がある．土地開発が進む一方で、人口減少にともなって管理放棄が進行するなど、人間活動の方向性は多様化している．こうした状況のなかで、地域の生物多様性を長期的に維持し、高めていくためには、以下の点を重視する必要がある．

① 「現在」だけでなく、「過去」を知る．

現在の生物の分布や生物多様性のパターンは、現在の景観や環境のみでは説明できない．生物多様性の長期的な動態を理解するためには、対象地域における人間活動の歴史を知り、過去に生じたさまざまな「インパクト」を再評価する必要がある．

② 今、残されている個体群の「ソース」を将来につなぐ．

「絶滅の負債」が存在する場合、現状維持に徹していても、地域の生物多様性を長期的に維持していくことはむずかしい．種の「見かけのソース」が存在するうちに、できるだけ早く生息地環境の改善や生息地の復元に取り組むことで、地域個体群を持続可能な規模まで回復させ、将来につないでいくことが重要である．その際、生息地の再生と種多様性の回復との間にも長いタイムラグが生じる場合があることを認識し（第11章参照）、長期的な視野に立った取り組みを続けていく必要がある．

③生物間相互作用や生態系機能の時間的変化に対する理解を深める．

　特定の生物の地域的な絶滅は，生物間相互作用を介してほかの分類群へも波及し，生態系機能（たとえば，花粉媒介や水質汚染など）の変化をも引き起こす場合がある．しかし，長期的な時間軸上での，これら関係性の変化についてはほとんどわかっていない．今後は，特定種の絶滅の負債を検出するだけでなく，複数の分類群を対象とした調査研究や長期的なモニタリング調査を積み重ねていくことが重要である．

引用文献

Chiba, S., I. Okochi, T. Ohbayashi, D. Miura, H. Mori, K. Kimura and S. Wada. 2009. Effects of habitat history and extinction selectivity on species-richness patterns of an island land snail fauna. Journal of Biogeography, 36：1913–1922.

Diamond, J. M. 1972. Biogeographic kinetics：estimation of relaxation-times for avifaunas of southwest Pacific islands. Proceedings of the National Academy of Sciences of the United States of America, 69：3199–3203.

Ellis, C. J. and B. J. Coppins. 2007. 19th century woodland structure controls stand-scale epiphyte diversity in present-day Scotland. Diversity and Distributions, 13：84–91.

Gilpin, M. E. and M. E. Soulé. 1986. Minimum viable populations：processes of species extinction. In (Soulé, M. E., ed.) Conservation Biology：The Science of Scarcity and Diversity. pp. 19–34. Sinauer, Sunderland.

Gustavsson, E., T. Lennartsson and M. Emanuelsson. 2007. Land use more than 200 years ago explains current grassland plant diversity in a Swedish agricultural landscape. Biological Conservation, 138：47–59.

Hanski, I. 1999. Metapopulation Ecology. Oxford University Press, Oxford.

Hanski, I. 2000. Extinction debt and species credit in boreal forests：modelling the consequences of different approaches to biodiversity conservation. Annales Zoologici Fenniciv, 37：271–280.

Hanski, I. 2010. The theories of Island Biogeography and metapopulation dynamics. In (Losos, J. B. and R. E. Ricklefs, eds.) The Theory of Island Biogeography Revisited. pp. 186–213. Princeton University Press, Princeton.

Hanski, I. and O. Ovaskainen. 2002. Extinction debt at extinction threshold. Conservation Biology, 16：666–673.

Helm, A., I. Hanski and M. Pärtel. 2006. Slow response of plant species richness to habitat loss and fragmentation. Ecology Letters, 9：72–77.

Jakobsson, A. and O. Eriksson. 2003. Trade-offs between dispersal and competitive ability：a comparative study of wind-dispersed Asteraceae forbs. Evo-

lutionary Ecology, 17 : 233-246.
兼子伸吾・太田陽子・白川勝信・井上雅仁・堤道生・渡邊園子・佐久間智子・高橋佳孝．2009．中国5県のRDBを用いた絶滅危惧植物における生育環境の重要性評価の試み．保全生態学研究，14：119-123.
Koerner, W., J. L. Dupouey, E. Dambrine and M. Benoit. 1997. Influence of past land use on the vegetation and soils of present day forest in the Vosges mountaions, France. Journal of Ecology, 85 : 351-358.
小柳知代・楠本良延・山本勝利・武内和彦．2008．年二回の草刈によって成立する道路沿い林縁部刈取草地における草原生植物の生育状況．ランドスケープ研究，72：507-510.
Koyanagi, T., Y. Kusumoto, S. Yamamoto, S. Okubo and K. Takeuchi. 2009. Historical impacts on linear habitats : the present distribution of grassland species in forest-edge vegetation. Biological Conservation, 142 : 1674-1684.
小柳知代・富松裕．2012．絶滅と移入のタイムラグ——景観変化に対する生物多様性の長期的応答．保全生態学研究，17：245-255.
Koyanagi, T., Y. Kusumoto, S. Yamamoto, S. Okubo, N. Iwasaki and K. Takeuchi. 2012. Grassland plant functional groups exhibit distinct time-lags in response to historical landscape change. Plant Ecology, 213 : 327-338.
Krauss, J., R. Bommarco, M. Guardiola, R. K. Heikkinen, A. Helm, M. Kuussaari, R. Lindborg, E. Ockinger, M. Pärtel, J. Pino, J. Poyry, K. M. Raatikainen, A. Sang, C. Stefanescu, T. Teder, M. Zobel and I. Steffan-Dewenter. 2010. Habitat fragmentation causes immediate and time-delayed biodiversity loss at different trophic levels. Ecology Letters, 13 : 597-605.
Kuussaari, M., R. Bommarco, R. K. Heikkinen, A. Helm, J. Krauss, R. Lindborg, E. Ockinger, M. Partel, J. Pino, F. Roda, C. Stefanescu, T. Teder, M. Zobel and I. Steffan-Dewenter. 2009. Extinction debt : a challenge for biodiversity conservation. Trends in Ecology & Evolution, 24 : 564-571.
Lindbladh, M. and D. R. Foster. 2010. Dynamics of long-lived foundation species : the history of *Quercus* in southern Scandinavia. Journal of Ecology, 98 : 1330-1345.
Lindborg, R. 2007. Evaluating the distribution of plant life-history traits in relation to current and historical landscape configurations. Journal of Ecology, 95 : 555-564.
Lindborg, R. and O. Eriksson. 2004. Historical landscape connectivity affects present plant species diversity. Ecology, 85 : 1840-1845.
MacArthur, R. H. and E. O. Wilson. 1967. The Theory of Island Biogeography. Princeton University Press, Princeton.
Mouquet, N., B. Matthiessen, T. Miller and A. Gonzalez. 2011. Extinction debt in source-sink metacommunities. PLoS ONE 6:e17567. DOI:10.1371/journal.pone.0017567
Nagelkerke, K. C. J., J. Verboom, F. van den Bosch and K. van de Wolfshaar. 2002. Time lags in metapopulation responses to landscape change. *In* (Gutz-

willer, K. J., ed.) Applying Landscape Ecology in Biological Conservation. pp. 330-354. Springer-Verlag, New York.

Peterken, G. F. and M. Game. 1984. Historical factors affecting the number and distribution of vascular plant-species in the woodlands of central Lincolnshire. Journal of Ecology, 72 : 155-182.

Piessens, K., O. Honnay, K. Nackaerts and M. Hermy. 2004. Plant species richness and composition of heathland relics in north-western Belgium : evidence for a rescue-effect? Journal of Biogeography, 31 : 1683-1692.

Piha, H., M. Luoto and J. Merila. 2007. Amphibian occurrence is influenced by current and historic landscape characteristics. Ecological Applications, 17 : 2298-2309.

Purschke, O., M. T. Sykes, T. Reitalu, P. Poschlod and H. C. Prentice. 2012. Linking landscape history and dispersal traits in grassland plant communities. Oecologia, 168 : 773-783.

Saar, L., K. Takkis, M. Partel and A. Helm. 2012. Which plant traits predict species loss in calcareous grasslands with extinction debt? Diversity and Distributions, 18 : 808-817.

Sang, A., T. Teder, A. Helm and M. Pärtel. 2010. Indirect evidence for an extinction debt of grassland butterflies half century after habitat loss. Biological Conservation, 143 : 1405-1413.

Soga, M. and S. Koike. 2013. Mapping the potential extinction debt of butterflies in a modern city : implications for conservation priorities in urban landscapes. Animal Conservation, 16 : 1-11.

Soons, M. B. and G. W. Heil. 2002. Reduced colonization capacity in fragmented populations of wind-dispersed grassland forbs. Journal of Ecology, 90 : 1033-1043.

Spiesman, B. J. and B. D. Inouye. 2013. Habitat loss alters the architecture of plant-pollinator interaction networks. Ecology, 94 : 2688-2696.

Stouffer, P. C., C. Strong and L. N. Naka. 2009. Twenty years of understorey bird extinctions from Amazonian rain forest fragments : consistent trends and landscape-mediated dynamics. Diversity and Distributions, 15 : 88-97.

武内和彦. 1991. 地域の生態学. 朝倉書店, 東京.

Tilman, D., R. M. May, C. L. Lehman and M. A. Nowak. 1994. Habitat destruction and the extinction debt. Nature, 371 : 65-66.

Vellend, M., K. Verheyen, H. Jacquemyn, A. Kolb, H. van Calster, G. Peterken and M. Hermy. 2006. Extinction debt of forest plants persists for more than a century following habitat fragmentation. Ecology, 87 : 542-548.

第11章 湖沼生態系回復と時間
タイムラグと不可逆性
西廣 淳

　湖沼の生態系において，水生植物は水の透明度の維持や多様な動物への生息場所の提供などの重要な役割を担っている．しかし世界各地の湖沼で，流域の人口増加や農業の近代化などにともない，水生植物の群落規模や種多様性の低下の問題が生じている．一部の湖沼では，下水道の整備などの負荷削減の努力が功を奏し，水質の改善が進みつつあるが，そのような湖沼においても，負荷削減が進んでから水生植物の種多様性が回復するまで長いタイムラグ（時間遅れ）が生じることが報告されている．さらに，一見すると植生が回復したような場合でも過去に存在した種の一部しか回復していない場合が多いことも報告されている．本章では，このような回復までのタイムラグや種組成変化の不可逆性が生じる機構について，現在までに明らかにされている知見を整理する．とくに，種組成変化の不可逆性の原因の1つである「散布体バンクの枯渇」，すなわち植物の回復の源になる種子や胞子の寿命の問題についてくわしく議論をする．

11.1　湖沼生態系における水生植物

（1）　水生植物の機能

　湖沼の生態系がもたらす生態系サービスは，食用となる魚類をはじめとする有用物を供給するサービスから，良好な景色といった精神面へのサービスまで，多岐にわたる．これらのサービスを生み出す源泉は，複雑な相互作用で結ばれ，さまざまな機能を担う多様な生物である．湖沼にすむ動植物のなかでも水生植物（macrophyte）は，それ自体が多様な種を含むだけでなく，ほかの生物の生息環境を整える働きを持つ，いわば「多様性の要」ともいえる存在である．すなわち，水生植物は物質循環における一次生産者であるだけでなく，複雑な

立体構造を持つために，魚類への産卵場所や稚魚の生息場所の提供，水生昆虫の生息場所の提供などの働きを通して，多様な動物の生息を可能にしている．さらに，光をめぐる競争やアレロパシーによる植物プランクトン増殖の抑制，植物プランクトンに対する捕食者となる動物プランクトンへの生息場所の提供，栄養塩の吸収，底泥の巻き上げとそれにともなうリンの再循環の抑制などを通し，アオコの発生を抑制し水の透明度の維持に寄与する（Scheffer 1998）．このように，水生植物はほかの生物の生息環境の維持だけでなく，人間にとって利用しやすい水の提供にも寄与する．

(2) 水生植物の衰退

　湖沼における窒素やリンなどの栄養塩濃度の上昇（富栄養化）は世界各地で生じており，そのような湖沼では，たいていの場合，水生植物の群落面積や種多様性の顕著な減少が生じている．日本各地でも 1960 年代ごろから生活や農業由来の栄養塩流入量が急速に高まり，湖沼の透明度が低下した．これと時期を同じくして水生植物の衰退が生じた．もちろん，水生植物相の衰退には，水質悪化だけでなく，干拓などの湖岸の開発，水位の改変，ソウギョなどの外来草食魚の導入など，多様な要因が影響したものと考えられる．しかし，少なくとも水中を透過する光と水中の炭素を利用して光合成する「沈水植物」にとって，水質は主要な生育制限要因となることはまちがいない．

　水生植物の衰退は全国各地の湖沼で進行している．図 11.1A に例示した関東平野の湖沼では 1960 年代から，図 11.1B で例示した北海道釧路湿原の湖沼では 2000 年代に入ってからの種数の減少が顕著である．これらの地域の違いは，流域での人間活動の歴史の違いを反映したものだろう．関東平野では，高度経済成長を背景とした流域人口の増加，生活様式の変化，化学肥料などを多用する近代的な農業への転換などが水質の悪化の主要な原因となった（田渕 2005）．豊かな大自然のイメージがある釧路湿原の湖沼においても，畜産排水などが原因となり，水生植物の消失とアオコの発生などの問題が生じている（Takamura *et al.* 2003；西廣ほか 2009）．

　筆者らは過去に行われた湖沼の植物相調査の結果を集積したデータベースを作成している（Nishihiro *et al.* 2014）．これを用いて，2000 年以前と 2000 年以降にわたる 2 回以上の植物相調査が行われている全国 50 の湖沼を対象に，湖沼あたりの水生植物（沈水植物・浮葉植物・浮遊植物）種数を集計したところ，平均 39% の種しか残存していないことがわかった（図 11.1C）．

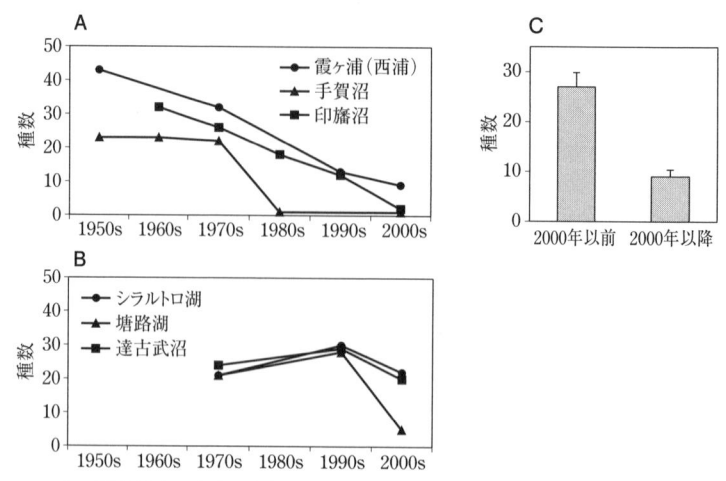

図 11.1 A：関東地方の湖沼（霞ヶ浦，手賀沼，印旛沼）の水生植物種数の変化．B：釧路湿原の湖沼（シラルトロ湖，塘路湖，達古武沼）の水生植物種数の変化．C：日本の湖沼の水生植物種数の変化（2000 年以前と 2000 年以降を含む 2 時点以上で植物相調査が行われた 31 湖沼の平均と標準誤差）（Nishihiro *et al.* 2014 のデータをもとに作図）.

　近年多くの動植物が絶滅危惧となっているが，水生植物はとくにその割合が高い．たとえば日本には約 90 種の在来の沈水植物があるが，およそ半数にあたる 46 種が全国版のレッドリスト（環境省第 4 次レッドリスト 2012；http://www.env.go.jp/press/press.php?serial=15619）に掲載されている．水生植物が残存する水域での種の保全や，衰退した水域での水生植物の回復は，湖沼を利用する人々に対する生態系サービスの維持や回復と同時に，地球上の生物多様性の保全という国際的な目標にとっても重要な課題といえる．

　また近年の研究では，水生植物の種多様性は，物質生産や水中の栄養塩除去などの生態系機能と正の関係を持っていることもしだいに明らかにされつつあり（Engelhardt and Ritchie 2001, 2002；Downing and Leibold 2002），「多様な種から構成される生態系」を維持することは，生態系サービスを安定的に享受するためにも重要であることが示唆されている．

　種多様性が低下した水生植物群落を回復させるためにはなにが必要だろうか．「衰退を招いた環境要因を元通りにすれば，再び過去の状態が取り戻せる」という予測，すなわち水質悪化により水生植物がいったん減少した湖沼では，水質改善を進めれば元通りに回復するというのが，もっとも単純な予測になるだろう．しかし，生態系の複雑さを考えると，それは楽観的すぎるように思われ

る．水質悪化により水生植物がいったん減少した湖沼において，水質改善が進んだとき，水生植物はどのような挙動を示すだろうか．その検討では，長期モニタリングデータを用いた解析が有効である．

11.2　環境変化にともなう水生植物の衰退と回復

（1）フーア湖（Lake Fure）の長期モニタリング

　デンマークのフーア湖では，過去およそ100年間にわたり，栄養塩の流入量，湖の水質，水生植物の種組成や分布水深のモニタリングが行われており，水質と植物多様性の関係についての分析が可能である．その豊富なモニタリングデータを解析した論文が，Sand-Jensenらにより発表されている（Sand-Jensen *et al.* 2008）．

　フーア湖はデンマークの首都コペンハーゲンから20 kmほど離れた場所にある面積9.4 km^2，平均水深7.4 mの湖沼である．1950年代から流域人口が増加し，それにともない栄養塩の流入量がしだいに増加した．1970年代前半には，1年間に流入するリン量が1900年ごろの30倍にまで増加している（図11.2A）．しかし1975年に転機が訪れる．それまで湖沼に流入させていた生活排水を，湖沼の下流に放出するように変更したのだ．このような対策を系外放出（diversion）という．下水道の整備と系外放出の効果により，湖沼への栄養塩の流入量は劇的に減少した（図11.2A）．

　栄養塩の流入量の変化にともない，湖の透明度も変化した．水の透明度は，セッキ深度，すなわちセッキ板という直径30 cmの白色の円盤がどの深さまで視認できるかという指標で評価する．フーア湖のセッキ深度は1900年代前半までは5–6 m程度までであったが，富栄養化が頂点に達したころには1.6 mにまで低下した（図11.2B）．この急速な変化は，湖沼生態系が，水生植物が卓越する状態から，植物プランクトンが卓越する状態へと「レジームシフト」したことを示唆する（第12章参照）．

　流入する栄養塩負荷が激減した1975年以降は，徐々に透明度は回復し，最大のセッキ深度は4.1 m程度まで到達している．しかしリンの流入量が同程度だった1950年以前の水準よりは低い．これは，流入量が減少しても過去に流入し蓄積したリンが底質から溶出し続けること（Søndergaard *et al.* 2007）や，水生植物の量が少なく透明度維持作用が十分に機能しないことによるもの

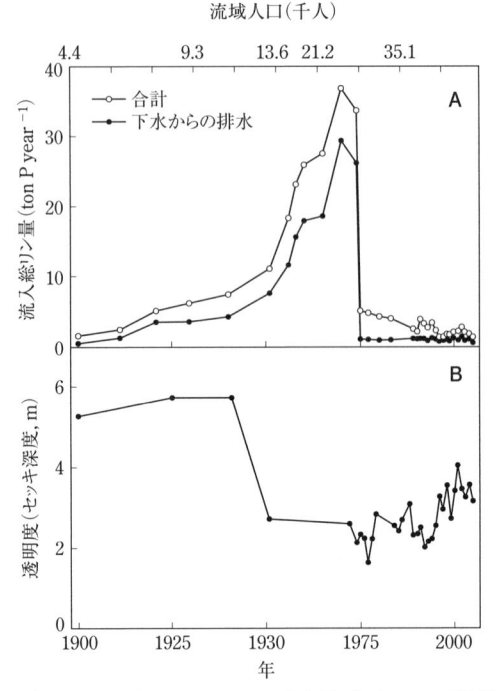

図 11.2 フーア湖（デンマーク）におけるリン流入量（A）および湖沼水の透明度（B）の時間的変化．上の横軸は流域人口の変化を示している（Sand-Jensen *et al.* 2008 より改変）．

であり，ヒステリシス（第 12 章参照）の一例といえるだろう．

（2） 水生植物回復のタイムラグと不完全性

　水質の変化にともない，フーア湖の水生植物相や分布範囲も変化している（Sand-Jensen *et al.* 2008）．1970 年代から 1980 年代において，小型の被子植物，水生コケ類，車軸藻類を中心に，多くの種が消失した．たとえばかつて 10 種認められた車軸藻類は，1980 年代後半には完全に消失した．1911 年の調査では 37 種記録された水生植物は，1951 年には 21 種，1983 年には 15 種，1994 年には 13 種と減少を続けた（図 11.3）．

　水生植物相の回復が認められるようになったのは，1990 年代後半からである（図 11.3）．1997 年には 16 種，2000 年には 19 種，2005 年には 25 種と変化した．このように，水生植物相の回復は，栄養塩の流入負荷が激減した 1975

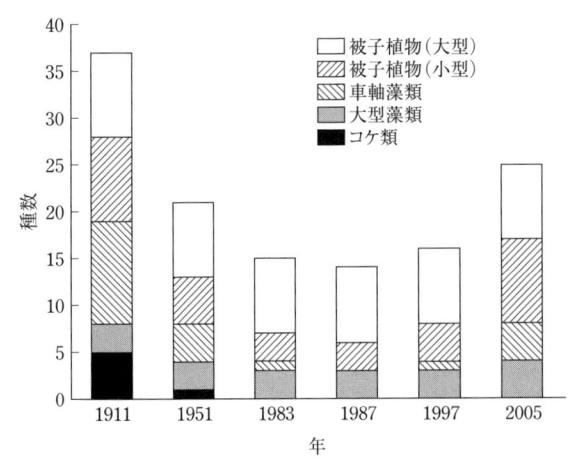

図 11.3 フーア湖（デンマーク）における水生植物種数の時間的変化（Sand-Jensen *et al.* 2008 より改変）．

年から，約 20 年のタイムラグをはさんで認められている．このタイムラグが生じる原因の 1 つは，上述したように，栄養塩の流入量が減っても透明度は容易には改善されないことにあると考えられる．

さらに，水質が回復傾向にある近年でも，「復活」してこない種が多いことが指摘されている（Sand-Jensen *et al.* 2008）．たとえば，水生のコケ類と車軸藻類では回復した種が少ない．また被子植物でも，*Eleocharis acicularis*（カヤツリグサ科マツバイの変種），*Littorella uniflora*（オオバコ科の沈水-湿生植物），*Potamogeton filiformis*（ヒルムシロ科の沈水植物）などの種が回復していないことが報告されている．

このような，いったん悪化した環境を改善させても種組成が元通りにはならない現象，すなわち種組成変化の不可逆性（irreversibility）は，ほかの湖沼や河川の水生植物（Riis and Sand-Jensen 2001），海洋沿岸域の藻類（Middleboe and Sand-Jensen 2000），陸上の草原（Silvertown *et al.* 2006）でも認められている．つぎに，湖沼の水生植物において種組成の変化が不可逆になる原因を考えてみよう．

（3） 種組成変化の不可逆性の要因

種組成が不完全にしか回復しない主要な理由として，「環境改善の不完全性」と「散布体バンクの枯渇」の 2 通りが考えられる．これらは相互に排他的

ではなく，両方が複合的に影響している可能性がある．

環境改善の不完全性

まず「環境改善の不完全性」について考えてみよう．Sand-Jensen らがとくに指摘しているのは，水質が改善されても，底質は砂地が減ってヘドロ的な場所が増えるなどの悪化が進んだままなので，回復できない種が多いという点である．富栄養化が進んだ時代に，水深が浅い場所は草丈の高い抽水植物で覆われるとともに，高い生産性を反映して底質に有機物が厚く堆積した場所が多く，それらは透明度が回復した後も元通りには戻っていないという．

水質悪化時代の「名残」が底質に維持され，植生回復が妨げられる可能性は，日本の諏訪湖でも指摘されている．諏訪湖もフーア湖と同様に，系外放出により水質改善が進み，アオコの発生も顕著に少なくなった（朴 2005）．しかし水生植物の回復は必ずしも順調ではないという．過去に優占していた沈水植物の多くは回復せず，その原因として底質の回復が不完全であることが指摘されている（武居 2005）．

また，光や酸素の利用性といった物理条件が「散布体（propagule，種子や胞子）からの更新」に対して不十分であることも，環境改善の不完全性を通した影響のメカニズムになっている可能性がある．水生植物には多年生の種も多い．多年生植物は地下茎などで越冬し，翌年もそれらの器官から再成長することが普通である．しかし，環境が悪化した状態が何年も継続し，地下茎を含めた植物帯がいったん消失してしまうと，種子や胞子から更新しない限り「回復」はできなくなる．種子や胞子からの更新に必要な光量，温度，酸素濃度などの条件の集合を「更新ニッチ（regeneration niche）」というが，一般に，更新ニッチは栄養成長段階のニッチよりも狭い（Poorter 2007）．種子や胞子の発芽のためには，地下茎からの再成長よりも強い光が必要な場合や，いったん水がなくなって干出するようなイベントが必要になる（Brock *et al.* 2003）ことが予想される．植物が消失した当時の水準まで水質が回復するだけでは不十分で，より大幅な環境改善やなんらかの刺激がないと，種子や胞子からは回復しにくいだろう．

散布体バンクの枯渇

つぎに「散布体バンクの枯渇」について考えてみよう．消失した植物が復活するための源となる種子や胞子は，流入河川などから湖に供給される場合もあ

る．しかしそれは，流域に十分な植物群落が残存しており，その場所との連結性が維持されている場合に限られる．水生植物が衰退した湖沼において植物の主要な供給源となるのは，植物が繁茂していた時代に生産され，湖沼の底質中に休眠状態のまま堆積した散布体の集団である．土壌や基質中にある生きた種子の集団を土壌シードバンク（soil seed bank），さらに種子だけでなくシダ，コケ，藻類の胞子を含めた場合は散布体バンク（propagule bank）と呼ぶ．

　すべての植物が寿命の長い散布体バンクを形成するわけではない．散布された種子のほぼすべてが散布直後に発芽するような植物や，せいぜい最初の発芽時期までしか維持されない植物も存在する．そのような「すぐに発芽する」性質は生育に適した環境が安定して維持されていれば有利に働くが，大きな攪乱などの環境変動がまれにでも生じる環境下では，個体群が全滅するリスクがある．散布体バンクの形成は，地上個体群が消失するような環境変動がまれに生じる条件で，有利に働く戦略といえる．湖沼は，長期的に見れば，嵐による攪乱や水位の大幅な低下など，極端な変動が生じうる環境であり，散布体バンクを形成する植物が多いことが予測される．実際，多くの湖において底質中から多様な植物の散布体バンクが確認されている（たとえば De Winton *et al.* 2000）．

　散布体バンクが底質から消失してしまうと，周辺からの種子供給がない限り，いくら環境を改善しても植物を復活させることはできない．上記した「環境改善の不完全性」に原因がある場合には，環境改善を進めることにより原理的には解決が可能である．それに対して，「散布体バンクの枯渇」は真に不可逆な変化であるという点で，深刻度が高い．

　散布体バンクはどのように維持され，枯渇してしまうのだろうか．つぎに散布体バンクの時間的な動態について説明する．

11.3　散布体バンクの動態と寿命

(1)　散布体バンクの動態

　散布体バンクの密度は，地上で生産された種子の加入による増加と，発芽，病気や食害，生理的な寿命のための死亡による減少のバランスで決まる（図11.4）．発芽した個体がその場所で成長し，新たな種子生産に成功すれば，加入量が増加することになり散布体バンクの密度は向上する．しかし生育環境が

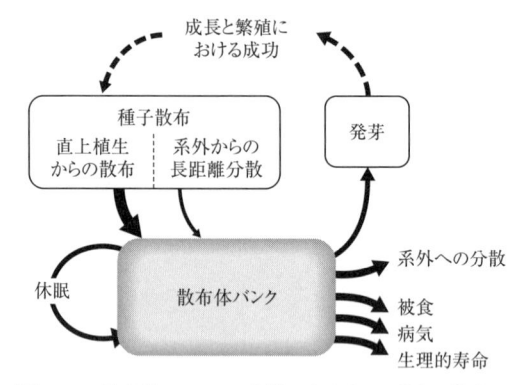

図 11.4　散布体バンクの動態にかかわる要因の模式図.

損なわれると，新たな種子供給が生じなくなり，種子密度は時間とともに漸減し，やがて枯渇する．植生回復の取り組みは，それまでの期間に進めなければならない．

（2） 湖沼の散布体バンク評価

　植生回復の限界ともいえる散布体バンクの枯渇は，地上植生が消失し，新たな種子や胞子が供給されなくなってから，何年くらいで訪れるのだろうか．散布体バンクの減少量，すなわち，その後の成長に至らない発芽や病食害（図11.4）の程度は湖沼内の環境条件に強く依存するので，枯渇までの時間は湖沼によって異なるものになる．しかし，類似した条件下にある湖沼での現象は，回復の「目安」を考える参考になるだろう．ここでは散布体バンクの研究が比較的進んでいる霞ヶ浦と印旛沼を対象に検討した．ともに，1960年代後半以降の水生植物の衰退がとくに顕著な湖沼である（図11.1A）．
　霞ヶ浦では国土交通省による「湖岸植生保全のための緊急対策事業」の一環として，堤防建設などで失われた植生帯の地形を復元し，その表層に湖底から浚渫した土砂を撒き出す事業が行われた（西廣 2010）．その結果，湖底の土砂に含まれていた散布体バンクから，霞ヶ浦の地上植生ですでに「絶滅」したと考えられていた種を含む多様な水生植物が再生した（Nishihiro et al. 2006）．また事業以外にも，散布体バンクの種組成を調べる研究が複数行われ，多くの水生植物が確認されている（西廣ほか 2003; 黒田ほか 2009）．
　印旛沼では，千葉県による「印旛沼水循環健全化会議」の活動の一環としての水生植物再生事業や，関連した調査が進められ，湖底の散布体バンクの種組

成の調査が進められている．たとえば印旛沼北部の「八代地区」では，湖岸に接した湖面（約3000 m^2）を鉄板で仕切り，その内部の底質表層に堆積したヘドロを除去したうえで，過去の水位変動を再現し，春先の水位を大幅に低下させる実験が行われている．この場所では，ムサシモ（環境省レッドリスト絶滅危惧IA類），ヒロハノエビモ，オオトリゲモをはじめとする，「過去に生育記録があるものの，近年では絶滅したと思われていた」多様な沈水植物が再生している（河川環境管理財団 2011）．

霞ヶ浦と印旛沼で進められた事業や調査は，散布体バンクの種の豊かさと，植生回復の材料としての有用性を示した．しかし，過去にそれぞれの湖沼に生育していた植物のすべてが確認されたわけではない．たとえば，霞ヶ浦で1890年代に行われた調査では，バイカモ，タヌキモ，タチモ，ヒシモドキといった植物が記録されているが（黒田 1899），これらは霞ヶ浦の地上植生からはすでに姿を消し，散布体バンクを活用した事業や散布体バンクの種組成調査でも確認できなくなっている．

地上植生から消失してしまった植物のうち，底質の散布体バンクに種子が残っている種と散布体バンクからも見出されなくなった種，換言すれば，いまでも再生可能な種と，再生がほぼ不可能になってしまった種の違いに対する，「消失してからの時間」の効果を分析した．

（3）再生可能性に影響する要因

霞ヶ浦でこれまでに一度でも記録されたことのある水生植物（沈水・浮遊・浮葉植物）は61種あり，このうち2001年以降には確認されなくなった種を「消失種」と定義すると，45種が該当する．同様に印旛沼では，一度でも記録がある38種のうち，34種が消失種にあたる．これら消失種のうち，散布体バンクを活用した植生再生事業や散布体バンクの調査において種子や胞子の生存が確認された種は，霞ヶ浦では12種，印旛沼では19種であった．

散布体バンクの生存を確認できた種と確認できなかった種を，それぞれの種が地上植生から消失してからの経過時間ごとに分けて示すと図11.5のようになった．時間経過にともなって，種子や胞子が生存している種の割合が減少することがわかる．この減少パターンについて統計モデルを用いて推定したところ，新たな種子や胞子が供給されなくなってから，散布体の生存可能性は急速に低下し，50年ほど経過すると生存率がほぼゼロになってしまうことが示唆された（図11.6）．

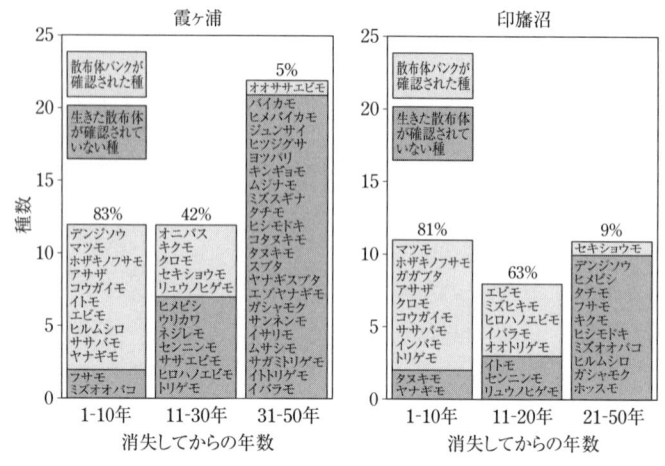

図 11.5 地上植生から消失した水生植物を，消失してからの経過年代ごとに，散布体バンクの残存が確認された種と確認されていない種に分けて示した．散布体バンクが確認された種の割合を各バーの上に示した（西廣ほか 未発表）．

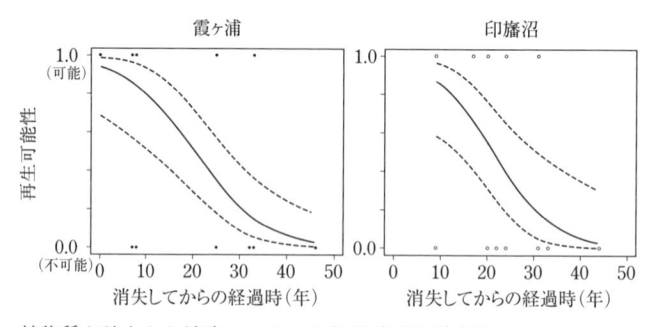

図 11.6 植物種が地上から消失してからの経過時間と散布体バンクからの再生可能性の関係．各点は各種を表す．曲線は一般化線形モデルによる回帰曲線，点線は信頼区間を示す（西廣ほか 未発表）．

この時間的パターンは，土壌中の種子の生死を長期間にわたって追跡調査した「Beal博士の実験」の結果と類似している．ミシガン農業大学のBeal博士は，1879年に，北米に生育するさまざまな陸上植物25種の種子を土に埋め，定期的に掘り出して発芽能力を調べる実験を開始した．この実験はBeal博士亡き後も継続されており，2000年には「120年目の発芽試験」が行われ，種子の生存率が発表されている（Telewski and Zeevaart 2002）．この研究では，

120年経った時点でも *Verbascum blattaria*（ゴマノハグサ科モウズイカ属の植物）の種はわずかに生存しているものの，多くの種が最初の50年程度の間に生理的な寿命や病食害のために生存力を失ったことが示されている．

土壌中の種子の生存は確率的な事象であるため，最初に供給された種子数が多く，また幸運な条件が重なれば，数百年以上生存する種子があることは不思議ではない．しかし，植生の回復に用いることができるほど多くの散布体が生存しているのは「消失してから50年以内」を目安とすべきことを，これらの結果は示唆している．

（4） 植生再生への示唆

植物が消失してからの時間と散布体バンクからの再生可能性の関係の推定図（図11.6）と，その推定の根拠となった湖沼における水生植物種の消失パターン（図11.1A）を照合すると，植物の再生への取り組みと「時間」の関係についての示唆が得られる．

関東平野の多くの湖沼は，多くの植物が消失して，まさに50年が経とうとしている．これらの湖沼では，一刻も早い再生への取り組みが必要である．水質や底質の条件などを湖沼全域で再生させるのは容易ではなく，また上述したように水質改善の取り組みの効果が目に見える形で発揮されるまでには長い時間が必要であるため，その間に散布体バンクの寿命が尽きてしまうかもしれない．これらの湖沼では，将来における本格的な生態系再生のポテンシャルを失わないようにするため，湖沼の環境改善と並行して，底質の散布体バンクからなるべく多くの植物を発芽させ，新たな種子生産が可能な条件で育成することにより，系統を維持する取り組みが必要である．印旛沼では，複数の小規模な取り組みにより出現した植物種を千葉県立中央博物館の圃場に移植し，系統維持している（林2013）．このような取り組みを多くの湖沼で戦略的に進める必要がある．その場合，遺伝的多様性の確保への配慮も，今後の重要な課題になるだろう．

また釧路湿原の湖沼の例（図11.1B）のような，比較的近年に植物の衰退が進行した湖沼では，なるべく早期に再生への取り組みに着手することで，種の多様性と遺伝的多様性の両面の回復において効率的な事業が期待できる．また水生植物が卓越する状態から植物プランクトンが卓越する状態へのレジームシフトが生じていないのであれば，それを回避することは重要である．レジームシフトが生じた後に，もとのレジームに戻すことはきわめて困難だからである

(Scheffer 1998).

11.4 保全への示唆

　ここで紹介した事例や一般的な事実から，湖沼の水生植物の保全や再生に向けて，以下のような示唆が得られる．
①水質対策は息の長い取り組みが必要である．
　湖沼への栄養塩類の流入負荷の低減は容易ではない課題だが，かりに流入負荷が低減したとしても，湖沼の水の透明度など植物への影響が大きい環境条件が回復するまでは，数年から数十年のタイムラグがある．対策の評価もそれに合わせて長期的に行う必要がある．
②水質以外の要因にも留意する．
　湖沼の水質は生態系サービスと直結するため，ほかの環境要因に比べてモニタリングの対象にされやすく，比較的データが充実している．しかし，水生植物の生育の可否には，底質の状態や植食者の密度などほかの条件も制限要因になりうる．長期モニタリングデータを活用した解析や，疑わしい要因を取り除く実践の検証を通して，主要な制限要因を明らかにするとともに，それらの要因のモニタリングを継続することが重要である．
③散布体バンクを保全する．
　散布体バンクが枯渇すると，いくら環境を改善しても種は復活できない．その事態を避けるために，散布体からの発芽を促し，成長させ，新たな種子や胞子を形成できる場所を確保することが必要である．とくに植物が消失してから時間が経過している湖沼では，環境改善の取り組みと並行して，あるいは優先させて散布体バンクの保全を進め，再生のポテンシャルを将来につなぐことが必要である．

引用文献

Brock, M. A., D. L. Nielsen, R. J. Shiel, J. D. Green and J. D. Langley. 2003. Drought and aquatic community resilience: the role of eggs and seeds in sediments of temporary wetlands. Freshwater Biology, 48: 1207-1218.

De Winton, M. D., J. S. Clayton and P. D. Champion. 2000. Seedling emergence from seed banks of 15 New Zealand lakes with contrasting vegetation histories. Aquatic Botany, 66: 181-194.

Downing, A. L. and M. A. Leibold. 2002. Ecosystem consequences of species richness and composition in pond food webs. Nature, 416：837-841.

Engelhardt, K. A. M. and M. E. Ritchie. 2001. Effects of macrophyte species richness on wetland ecosystem functioning and services. Nature, 411：687-689.

Engelhardt, K. A. M. and M. E. Ritchie. 2002. The effect of aquatic plant species richness on wetland ecosystem process. Ecology, 83：2911-2924.

林紀男．2013．印旛沼・手賀沼における沈水植物再生の取り組みと課題．八郎湖流域管理研究，2：422-432.

河川環境管理財団（河川環境総合研究所）．2011．我が国の湖沼での沈水植物の再生及び利活用に関する資料集．河川環境総合研究所資料第30号．河川環境管理財団，東京．

黒田侃．1899．霞ヶ浦産植物．植物学雑誌，144：51-53.

黒田英明・西廣淳・鷲谷いづみ．2009．霞ヶ浦の浚渫土中の散布体バンクの種組成とその空間的不均一性．応用生態工学，12：21-36.

Middleboe, A. L. and K. Sand-Jensen. 2000. Long-term changes in macroalgal communities in a Danish estury. Phycologia, 39：245-257.

西廣淳．2010．霞ヶ浦における湖岸植生の保全・再生の試み．（矢原徹一・松田裕之・竹門康弘・西廣淳，監修；日本生態学会，編：自然再生ハンドブック）pp. 79-87．地人書館，東京．

西廣淳・高川晋一・宮脇成生・安島美穂．2003．霞ヶ浦沿岸域の湖底土砂に含まれる沈水植物の散布体バンク．保全生態学研究，8：113-118.

Nishihiro, J., M. A. Nishihiro and I. Washitani. 2006. Assessing the potential for recovery of lakeshore vegetation：species richness of sediment propagule banks. Ecological Research, 21：436-445.

西廣淳・岡本実希・高村典子．2009．釧路湿原シラルトロ湖の植生と植物相．陸水学雑誌，70：183-190.

Nishihiro, J., M. Akasaka, M. Ogawa and N. Takamura. 2014. Aquatic vascular plants in Japanese lakes. Ecological Research (data paper).

朴虎東．2005．アオコの消長と毒素．（信州大学山岳科学総合研究所・沖野外輝夫・花里孝幸，編：アオコが消えた諏訪湖――人と生き物のドラマ）pp. 192-219．信濃毎日新聞社，長野．

Poorter, L. 2007. Are species adapted to their regeneration niche, adult niche, or both? American Naturalist, 169：433-442.

Riis, T. and K. Sand-Jensen. 2001. Historical changes in species composition and richness accompanying perturbation and eutrophication of Danish lowland streams over 100 years. Freshwater Biology, 46：269-280.

Sand-Jensen, K., N. L. Pedersen, I. Thorsgaard, B. Moeslund, J. Borum and P. Brodersen. 2008. 100 years of vegetation decline and recovery in Lake Fure, Denmark. Journal of Applied Ecology, 96：260-271.

Scheffer, M. 1998. Ecology of Shallow Lakes. Chapman & Hall, London.

Silvertown, J., P. Poulton, E. Johnston, G. Edwards, M. Heard and P. M. Biss. 2006. The Park Grass experiment 1856-2006：its contribution to ecology.

Journal of Ecology, 94：801-814.
Søndergaard, M., E. Jeppesen, T. L. Lauridsen, C. Skov, E. H. van Nes, R. Roijackers, E. Lammens and R. Portielje. 2007. Lake restoration successes, failures and long-term effects. Journal of Applied Ecology, 44：1095-1105.
田渕俊雄．2005．湖の水質保全を考える――霞ヶ浦からの発信．技報堂出版，東京．
Takamura, N., Y. Kadono, M. Fukushima, M. Nakagawa and B.-H. Kim. 2003. Effects of aquatic macrophytes on water quality and phytoplankton communities in shallow lakes. Ecological Research, 18：381-395.
武居薫．2005．増え始めた水草．（信州大学山岳科学総合研究所・沖野外輝夫・花里孝幸，編：アオコが消えた諏訪湖――人と生き物のドラマ）pp. 220-243．信濃毎日新聞社，長野．
Telewski, F. W. and A. D. Zeevaart. 2002. The 120-yr period for Dr. Beal's seed viability experiment. American Journal of Botany, 89：1285-1288.

第12章

草地生態系回復と時間
乾燥地の土地荒廃からの回復可能性

柿沼 薫

　乾燥地の草原生態系において，過度な土地利用がもたらす土地荒廃からの回復は，持続的放牧地管理上の重要な課題である．しかし，土地荒廃から回復する場合としない場合が報告されており，生態系の修復へ応用するためには，その原因の解明と対策の枠組みが必要とされている．本章では，まず乾燥地の草原生態系の特徴を説明したうえで，近年の過耕作や過放牧によって生じる土地荒廃について解説する．また，土地荒廃にかかわる概念を整理したうえで，回復の意義について述べる．さらに，野外における長期の回復実験（禁牧試験や施肥試験）を実施した研究例を紹介するとともに，回復のパターンと要因を整理し，生態系修復へ向けた議論をする．

12.1　乾燥地域の草地生態系とは

(1)　乾燥地の分布と特徴

　温暖で湿潤な気候の日本で生活をしていると，水によって生活が制限されていると感じる機会はそれほど多くないだろう．しかし，降雨量が少ない乾燥地では水によって生態系や人々の生活が大きく左右される．本節ではまず，その乾燥地の特徴と分布について述べていきたい．

　国際連合により世界規模で実施された生態系の状態評価であるミレニアム生態系評価では，「乾燥度指数」を用いて乾燥地を定義している．乾燥度指数とは年間降水量を可能蒸発散量で割って算出する値である．可能蒸発散量とは，十分な水供給が行われた場合に可能となる最大の蒸発散量であり，降雨量が可能蒸発散量を超えると水過剰，下回れば水不足となる．ミレニアム生態系評価ではこの乾燥度指数が 0.65 以下の地域を乾燥地と定義している．この定義にもとづくと，乾燥地はアメリカ大陸からアフリカ，アジア，オセアニアまで幅

広く広がり，じつに陸上の約41％という広大な面積を占めている．利用できる水の量は非常に少ないうえに，年間の変動性が高く干ばつも頻発する．ここに，世界の人口の3分の1にあたる約20億人が生活をしている（Safriel et al. 2005）．

降雨が少なく生産性が低いとされる一方で，乾燥地には多様な生物が生息している．降水量の少ない乾燥地で生き抜くため，多くの生物がユニークな特徴を有しているのだ．固有性の高い生物層が多く生息することから，世界に点在する生物多様性のホットスポットのうち，3分の1は乾燥地であるといわれている（Smith et al. 2009）．

以上のように，乾燥地はその脆弱性の高さや，生物多様性保全としての期待から，積極的な管理が必要であると認識されている．ミレニアム生態系評価でも，乾燥地は土地荒廃や気候変動に対する影響がとくに大きい地域の1つとしており，持続的管理の開発は早急の国際的課題といえる．

（2） 乾燥地における土地利用

乾燥地では農牧業が，主要な経済活動の1つである．人々は厳しい環境で生活するため，降水量が少なく変動性が高い環境に対応した農牧業を発達させてきた（Reynolds et al. 2007；Smith et al. 2007）．乾燥地では，植物を直接利用するのではなく，家畜に植物を食べさせ，家畜から生活に必要な食物，衣類などの生産物を得る「牧畜」が主体となる場合が多い．牧畜は，作物生産が困難な地域でも植物を利用できるという点において，自然環境に適応した土地利用形態といえる（小泉ほか 2000）．

乾燥地に特徴的な牧畜のあり方に，家畜とともに人間が移動しながら放牧をする「遊牧」がある（Weber and Horst 2011）．降雨のばらつきが大きい乾燥地では資源がまばらに分布するが，遊牧によって移動しながらその資源を利用することで，家畜を太らせることができる．家畜種はラクダ，ヤギ，ヒツジ，ウシ，ウマ，ヤク，リャマなどが飼育され，このうち1世帯で複数種を同時に飼うこともある．

降雨依存農業

灌漑設備を持たず，自然の降雨に依存する農業を降雨依存農業と呼ぶ．乾燥地における降雨依存農業の限界はおよそ年降水量が250 mm以上であり，年降水量400 mm以上になると比較的安定した収量が得られる（恒川 2007）．乾燥

地における降雨依存農業の場合，作物の生産量は変動性の高い降雨に大きく左右される．このため，いかにして限られた雨水を有効にとらえ，保持し，そしてこれを作物生育に利用するかが重要となる．たとえば土壌深くまで畑を耕すことで，太陽や風食の作用を受けることなく，雨水を速やかに土壌深くまで浸透させるといった工夫がされる（佐藤 2002）．

灌漑農業

河川，湖沼，ダム，井戸などから得られる降雨以外の水資源を利用するため，灌漑設備を設けて実施する農業を灌漑農業という（恒川 2007）．降水量がおよそ 250 mm 以下の地域では灌漑設備の導入が農業にとって不可欠となる．降雨依存農業に比べ灌漑農業は，降雨の変動性に左右されにくく，安定的に水供給を得ることができる．たとえばイランでは，紀元前よりカナートと呼ばれる地下水路をつくり水路に沿って井戸を掘ることで，取水を行ってきた（小堀 1996）．カナートは傾斜を利用するため，遠く離れた場所まで地下水を自然に運ぶことができる．近年では，技術の発達により，水を貯え配分するためのポンプ装置が開発され，効率的に地下水をくみ上げることができる．一方で，ポンプ装置の設置や稼働させるための燃料代や維持にコストがかかるという側面もある．

12.2　土地荒廃にかかわる概念

(1)　土地荒廃とは

乾燥地に住む人々は，その環境の厳しさに対応するための土地利用を発達させ，長い間生活をしてきた（Reynolds *et al.* 2007; Smith *et al.* 2007）．しかし，近年では農業の大規模化，定住化政策，市場経済の導入といった社会政治的要因によって，その土地利用形態が変わってきている．たとえば，遊牧システムが主要な牧畜様式だった地域において，市場経済の拡大にともない，牧民が市場の近くへ集中するようになり，牧民の移動頻度や距離が低下するといった変化が生じている（Weber and Horst 2011）．このような変化は，特定の場所に過度な攪乱を与えることになり，土地荒廃を引き起こすことが懸念されている．

土地荒廃とは，「土地の利用や人間活動などに起因するプロセスによって，降雨依存農地，灌漑農地，放牧地，牧草地および森林の生物的または経済的な

生産性および複雑性が減少しまたは失われること」をいう（UNCCD 1994）．ここでのプロセスには，「風や雨による土壌浸食，土壌の物理性，化学性などの劣化，植生が長期的に失われること」などが含まれる．世界の乾燥地のうち10-20％がすでに荒廃しているとされている（Millenium Ecosystem Assessment 2005）．

（2） 急速に起こる土地荒廃――レジームシフト

　ある場所に成立する生態系には，いくつかの安定状態が存在する場合があると考えられている．図 12.1 では，縦軸は生態系の状態，横軸は家畜の頭数や遊牧における滞在時間などの外的要因の強さ（以降「攪乱の強さ」とする）を表しており，S_1（白色の領域）と S_2（灰色の領域）は 2 つの生態系の安定状態を示している．たとえば，植生に覆われていない裸地では，風による土壌の風食がより強く働き，さらに植物が定着しにくい土壌環境になるといった，土壌と植生の関係にフィードバックが働く．このため，裸地は安定状態となる．図 12.1 では，さらに環境条件の変化によって，ある安定状態から異なる安定状態へ移行する様子を示している．これは，放牧圧が高くなることで，イネ科草本が優占する群落から裸地の状態へ移行することにあてはまる．この場合，イネ科草本が優占する群落が S1 にあたり，裸地が S2 にあたる．攪乱の強さが E2 を超えるとイネ科草本優占の群落 S1 は裸地 S2 へと急速に変化する．このように，群落の移行は徐々に生じるのではなく，ある閾値を境に急速に生じる場合が多いとされる．この急速な移行を，レジームシフトという（Scheffer and Carpenter 2003）．レジームシフトは，生態系にとっての外的要因が閾値を超えて変化したり，さらになんらかの突発的な環境変化（perturbation，揺籃ともいう）が生じたりした際に，引き起こされると考えられている（Scheffer and Carpenter 2003; Suding *et al.* 2004; 図 12.1A）．

　人間にとって好ましくないレジームシフトを防ぐ管理を実施するためには，その閾値を特定し，変化を予測するような指標種を提示することが重要である．たとえばモンゴル草原では，放牧圧の強さに沿って，植物の種組成が多年生のイネ科草本から家畜不嗜好性の一年生双子葉草本の優占へ非線形に変化することが観察されている（図 12.2; Sasaki *et al.* 2008）．これら非線形な変化が生じる点（閾値）と各種植物の放牧傾度に沿った被度の変化を対比させることにより，変化を防ぐための予防的な指標種の提案が可能となる（Sasaki *et al.* 2009）．たとえば，閾値が起こる前に急速に被度が減少，または増加するよう

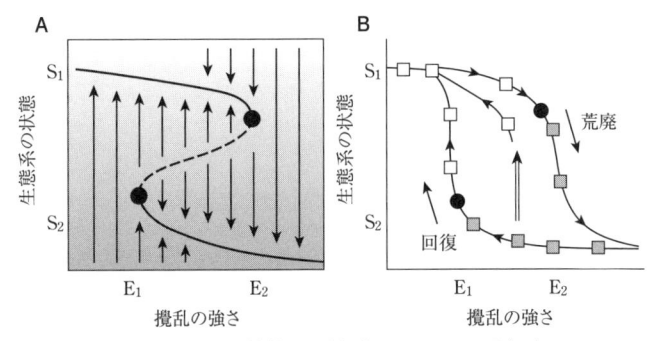

図 12. 1　攪乱の強さとシステムの状態の関係（レジームシフト）（Suding *et al.* 2004 より改変）.

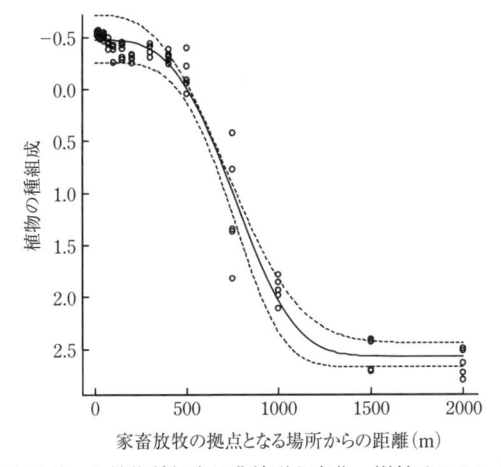

図 12. 2　放牧傾度に沿った植物種組成の非線形な変化．縦軸は DCA（Detrended Correspondence Analysis）によって得られた第 1 軸の値（Sasaki *et al.* 2008 より改変）.

な種は，非線形な変化を予測するための指標種となることが期待できる．しかしながら，レジームシフトや閾値の実証的な研究は，あまり進んでいないのが現状で，野外におけるそれらの検出が，持続的放牧地管理上の大きな課題の 1 つとなっている（Suding and Hobbs 2009）．

（3）　土地荒廃からの回復のむずかしさ——ヒステリシスと不可逆性

　土地荒廃からの回復にはいくつかのパターンが考えられる（図 12.3）．図 12.3A は攪乱の強度にともない，生態系の状態が非線形な変化を起こしても，

A 履歴効果が存在しない場合　**B** 履歴効果が存在する場合　**C** 不可逆性が存在する場合

縦軸：生態系の状態　横軸：攪乱の強さ

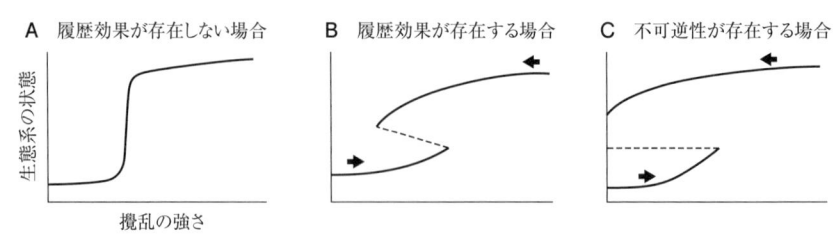

図 12.3 攪乱強度にともなう生態系の状態の変化．A：履歴効果が存在しない場合——攪乱によって状態が非線形に変化するが，荒廃が生じた同程度の攪乱強度に戻せば回復が生じる．B：履歴効果が存在する場合——攪乱により状態が不連続に変化し，荒廃が生じた同程度の攪乱強度より弱めないと回復が生じない．C：不可逆性が存在する場合——荒廃が生じると攪乱を排除してももとの状態へ戻らない（Walker *et al.* 2010 より改変）．

攪乱の強度を下げることで，速やかに回復が生じる場合を示している．一方で，図 12.3B は非線形な変化を起こし，攪乱をもとの強さより弱めなければ荒廃した状態がもとに戻らない場合を示している（Suding *et al.* 2004）．たとえば，放牧強度にともない草地の状態が，イネ科草本の優占から裸地へと変化した場合，放牧圧をイネ科草本の優占から裸地へ移行した状態より弱めなければ，イネ科草本の優占へは回復しないことが考えられる．このように，2 つの安定状態の間で異なる軌道をたどることを履歴効果（ヒステリシス）という（Scheffer *et al.* 2001; Scheffer and Carpenter 2003; Walker *et al.* 2010；図 12.3B）．履歴現象が存在する場合は，生態系の状態の変化は可逆的であるが，回復には長い時間がかかると想定されている．さらに，図 12.3C では攪乱を排除しても生態系の状態がもとに戻らない不可逆性が存在する場合を示している（Walker *et al.* 2010）．履歴効果や不可逆性が存在する場合には，回復を促すために植栽や火入れの実施など人為的な手段が必要となることが多いため，その存在を明らかにしておくことは非常に重要である（James *et al.* 2013）．

12.3　土地荒廃からの回復を検証した研究の紹介

　実際の生態系において，攪乱強度にともない不連続な状態の変化が生じた場合に，その変化に履歴効果や不可逆性が存在しているかを検証することは簡単ではない．攪乱を排除して生態系の状態がもとに戻るか長期的に調べる必要があるからだ．本節では，乾燥地生態系の回復に向けた試みとして，(1) 攪乱の

12.3 土地荒廃からの回復を検証した研究の紹介

排除のみを行った例，(2) 多種との競合緩和を行った例，(3) 土壌環境のモニタリングを実施した例，を紹介する．

(1) 攪乱の排除のみ

　土地利用による攪乱は草地生態系に対し直接さまざまな影響をおよぼす．たとえば，放牧では，家畜の採食が植物種組成を大きく変化させる．家畜の採食圧が強くなるにつれ，棘や化学物質を合成するような採食に対し抵抗性を持つ植物種や，生長点を地下に持つシバ類のように高い被食圧に適応した性質を有する特定の種が優占し，単調な種組成になる．このため放牧圧を除去し採食の影響が緩和すると，採食に対し抵抗性や耐性を持たない種も生息が可能となり，植物種多様性は高くなることが予想できる．たとえば，中国の北東地域，ナイマンにおける草地で禁牧（家畜の放牧を排除した状態）の年数が異なる柵内の植生を調査したところ，植物種数や被度は年数が高くなるにつれ線形に増加していた（Zhang et al. 2005）．この研究では禁牧 3 年から 45 年までの柵を扱っており，短い年数でも放牧圧の排除のみで，植物の種数や被度の増加に一定の効果があることを示した．

(2) 多種との競合緩和

　(1) では攪乱による植生へ与える直接的な影響のみに着目したが，間接的な影響も植生の回復に大きくかかわることがある．乾燥地において，放牧圧が強くなるにつれイネ科草本の優占から，低木の優占へと移行することがしばしば報告されている（Eldridge et al. 2013）．放牧圧によって増加した低木は，イネ科草本と水をめぐって競争し，イネ科の成長を阻害することが示されている（Ansley and Castellano 2006; Bestelmeyer et al. 2013）．つまり，過放牧によってイネ科草本には直接的な影響（採食や踏みつけ）に加えて間接的な影響（低木との競合）がかかることになる．このため，イネ科草本の回復を促すには，放牧の排除だけでなく，低木との競争も緩和させる必要が考えられる．アメリカのニューメキシコ州の草地では，放牧圧と低木との競合をそれぞれ排除することで，両者の要因がイネ科草本の回復にどのように影響しているかを検証している（Bestelmeyer et al. 2013）．その結果，禁牧を実施して 2 年が経過すると，イネ科草本の被度が増加し始め，さらに，禁牧区（家畜の放牧を排除した区）において低木を除去することにより，イネ科草本の被度がさらに増加した．

（3） 土壌環境のモニタリング

　耕作や放牧といった土地利用は，植物だけでなく土壌へも大きな影響を与える．耕作は土を掘り返し，施肥をすることで，土壌の物理化学性を大きく改変する．放牧は，家畜の踏みつけによる土壌の硬化や糞尿による土壌中の栄養塩の増加が進む（Fernandez-Gimenez *et al.* 2001）．このような土壌の改変は植物の種組成にも大きく影響するため，回復を促すためには土壌環境の改善が重要である．たとえば，アメリカのアリゾナ州の放牧地では，土壌環境の改善によってイネ科草本の回復が生じることが報告されている（Valone *et al.* 2002; Valone and Sauter 2005; Castellano and Valone 2007; Allingthon and Valone 2010, 2011）．ここでは，禁牧柵を設置して，禁牧柵内外で出現した植物の種と被度，土壌硬度，土壌の水分浸透率を計測した．その結果，土壌の水分浸透率は禁牧年数が短いと低い状態であったが，禁牧年数が25年以上になると上昇することがわかった（図12.4）．これは，禁牧を実施したことで家畜による踏みつけがなくなり，土壌硬度が低下したことにともない，水分浸透圧が増加したためと考えられた（Castellano and Valone 2007）．そして，イネ科草本の被度も禁牧25年までは増加が見られなかったものの，25年以上するとその増加が観察された（Valone *et al.* 2002）．乾燥地のような水の制限が強い地域で回復を促すためには，このような土壌物理構造の変化がもたらす水利用効率の促進が，非常に重要であることを示唆した例といえる．

　一方で攪乱を排除してから長い年月が経ち，土壌環境が改善されたにもかかわらず，植生の回復が生じない場合もある．アメリカのミネソタ州の草地では，

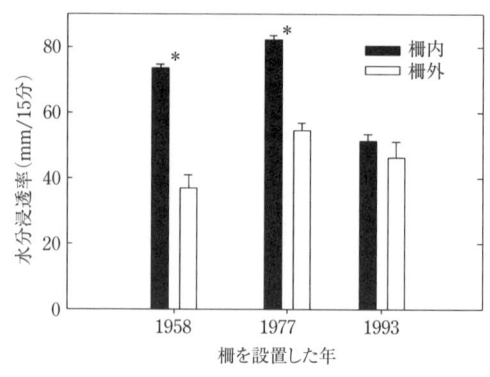

図12.4　各禁牧柵内外における水分浸透率（Castellano and Valone 2007 より改変）．

施肥により一度増加した土壌中の窒素量が，施肥停止後20年経過すると低下した（Isbell *et al.* 2013）．しかし，それにともなう植生の回復（種数の増加）は見られず，むしろ外来種の被度が増加していた．土壌の栄養塩が増加することで，外来のイネ科草本の被度が増加することは既存研究でも報告されているが（Cione *et al.* 2002; Standish *et al.* 2006），この研究により土壌中の窒素量が低下しても，外来種の被度減少および植物種数や多様性の増加には，必ずしもつながらないことがわかった（Isbell *et al.* 2013）．これは，荒廃の過程で生じた土壌環境の変化を介して，競争力の強い外来種が侵入・定着したため，非生物的環境が回復した後ももともとの植物種が生息しにくくなったことが予想される．このように，荒廃の過程で生じる植物種間の相互作用や土壌-植物の関係によって，攪乱を排除しただけでは簡単に回復が生じない場合がある．

12.4 生態系の修復へ向けた回復の枠組み

（1） 生態系の状態と回復にかかる時間

12.3節では，草地生態系の回復にかかわる要因と事例を紹介したが，回復にかかる時間は要因によって異なり，短くて2年，長くて25年かかっていた．なぜこのように回復にかかる時間が異なってくるのだろうか．ここでは攪乱の影響を受けた生態系の状態に着目して，回復にかかる時間の長さの違いについて整理する．

回復に要する時間は，生態系が「生物的閾値」と「非生物的閾値」を超えた状態にあるかどうかにより大きく異なり，図12.5に示すような3つのフェイズに分けることができる．生物的閾値を超えた状態とは，埋土種子の消失や競争力の高い外来種の優占などを指す．また，非生物的閾値を超えた状態とは土壌栄養塩の増大や土壌物理構造の著しい変化などを指す．

第1のフェイズは，攪乱の程度が弱く，生物的閾値も非生物的閾値も超えていない状態である．このような生態系では，攪乱を排除すれば草地の植生は比較的早く回復することが予想できる．たとえば，上記した中国ナイマンの草地での禁牧の例（Zhang *et al.* 2005）が該当する．この場合，植物種を新たに導入するなどの積極的な措置はむしろ経済的でなく，攪乱を排除することが効率的な手段となるだろう（Zhang *et al.* 2005）．

第2のフェイズは，攪乱が比較的強く，生態系が生物的閾値を超えた状態で

第 12 章　草地生態系回復と時間

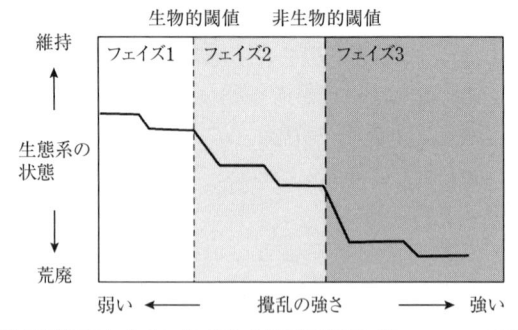

図 12.5　攪乱の強度にともない生じる 2 段階の閾値（Cramer *et al.* 2008 より改変）．

ある．この場合，攪乱を排除するだけでは回復は速やかには生じず，たとえば回復のターゲットとする植物種を導入することや，競合している外来種を取り除くことなどの人為的な管理が必要となってくるだろう．上記したニューメキシコ州の例（Bestelmeyer *et al.* 2013）は，これにあてはまる．

　生態系が生物的閾値だけでなく，非生物的閾値も超えてしまった第 3 のフェイズ，すなわち埋土種子の消失や多種との競合に加え，土壌の物理化学性の変化も進んでしまった場合は，攪乱要因の排除や一部の生物の導入だけでは，よほど長い時間をかけないと回復しないことが予想される．たとえば先にあげたアリゾナの放牧地だと，土壌の物理化学性の改善に禁牧を実施してから 25 年という長い年月がかかっており，その間イネ科草本の被度の回復は観察されなかった．25 年経過してから，土壌の水浸透率が向上したことにともないイネ科草本の被度が増加している．

　以上のように，攪乱が生態系の状態へどの程度影響を与えているかによって，回復にかかる時間が異なってくる．フェイズ 1 から 3 になるにつれて回復にかかる時間が長くなるだろう．

（2）降雨の変動性と回復

　12.1 節で記述したとおり，乾燥地には降雨の変動性が高いという大きな特徴があり，植生回復にも大きな影響を与える（Briske *et al.* 2003）．たとえば降雨の変動性が高いと降雨が植生へ与える影響が大きくなり，降雨の変動性が低いと降雨よりも放牧圧が植生へ与える影響が大きくなることが，禁牧柵を用いたモニタリングによってしばしば観察されている（たとえば Fernandez-Gimenez and Allen-Diaz 1999；Miehe *et al.* 2010）．

また，降雨と放牧圧の相互作用が植生の状態へ強く影響することも示されている．モンゴル放牧草原において禁牧柵を設置したモニタリングによると，降雨量が少ないときは降雨が強い制限要因として働き，柵の効果が小さかったが，降雨量が多いときは柵内のイネ科草本の被度が増加し，降雨と柵の交互作用が確認された（Sasaki *et al.* 2009）．同様な交互作用は，アリゾナ州の草原での研究でも確認されている（Loeser *et al.* 2007）．このように，放牧による植生への影響は降雨の条件によって左右されることが示唆されている（たとえばLoeser *et al.* 2007; Sasaki *et al.* 2009; Angassa and Oba 2010）．

しかし，降雨と放牧圧の影響を同時に調べたこれらの研究は，荒廃していない放牧地を対象として行われており，すでに荒廃が進んだ植生の回復に対する検証はされていない．今後，地球温暖化の影響などにより，降雨の変動性が高くなることが予測されており（Burke *et al.* 2006），降雨が生態系の回復に与える影響の解明はますます重要な課題になるだろう．

（3）　生態系の修復へ向けて

一度荒廃した生態系の修復のための努力は世界各国で実行されており，年間1億ドル以上ものお金をかけている国もある（Cao *et al.* 2011; Merritt and Dixon 2011; James *et al.* 2013）．たとえば中国政府は荒廃した土地の植林プログラムを実施し，2000年から2010年の間で100億ドル以上投資している（Cao *et al.* 2011）．このように，生態系修復の重要性は認識され，多くの投資が行われている一方で，その試みは成功しているとはいいがたい．

生態系の修復が成功していない理由の1つとして，対象としている生態系が受けている攪乱の大きさを十分に把握していないことがあげられる．すでに述べたとおり，生態系が受けた攪乱の大きさにより，荒廃からの回復のパターンは異なることが予想される．非生物的要因と生物的要因のどちら（あるいは両方）が回復の妨げとなっているのかを検証したうえで管理を実施しなければ，効率的に回復を促すことはむずかしいだろう（Cramer *et al.* 2008）．生態系の状態がどこにあるかを把握することで，荒廃を引き起こした攪乱を取り除くだけで回復が促されるのか，または土壌環境の改善が必要なのか，外来種との競合を緩和させる必要があるのかなど，管理手法を検討することができる．このためには，荒廃へ至るプロセスの解明と回復を促す研究の連携も不可欠である．

生態系修復の実践では，どの状態への回復を促したいのかという目標設定も重要である．乾燥地において回復を検証した実証研究で，在来種の回復やイネ

科草本の被度の増加は観察されても，もとの植生の状態へ完全に戻ったという研究例はほとんど存在しなかった．むしろ，荒廃や回復の過程で生じた新たな植物−土壌の関係により，新しい状態へ群集が向かうと考えたほうが自然かもしれない．たとえば，オーストラリアの耕作地において，放棄年数が異なる（1-100 年）耕作地の植生を調べた研究によると，サイト間でのもともとの植物種組成は異なるにもかかわらず，放棄後の植生はどのサイトも似通った種組成を示した．つまり，耕作放棄後の植生はもとの状態でも荒廃した状態でもない，新たな状態で安定している可能性を提示した（Scott and Morgan 2012）．このように，荒廃した状態と回復した状態の間は必ずしも双方向に軌道があるわけではなく，攪乱から解放された状態からの軌道は，新しい生態系の状態へと向かっている可能性も考えられる．

　実際の管理に投入できる資金や労力は制限されており，効率的な手段をとる必要もある（Suding et al. 2004）．生物多様性の状態に加え，放牧地ならイネ科草本の増加を目標とするなど，生態系サービスの大きさと持続性を考慮して目標を設定することも重要である．いずれにせよ，過去の荒廃はなぜ生じたのか，現在どのような非生物的・生物的要因が働いているのか（Suding et al. 2004），また荒廃や回復の過程で新たな種間相互作用は生じていないかを検証することは，適切な管理を選択していくうえで不可欠である．

引用文献

Allington, G. R. H. and T. J. Valone. 2010. Reversal of desertification: the role of physical and chemical soil properties. Journal of Arid Environments, 74: 973-977.

Allington, G. R. H. and T. J. Valone. 2011. Long-term livestock exclusion in an arid grassland alters vegetation and soil. Rangeland Ecology & Management, 64: 424-428.

Angassa, A. and G. Oba. 2010. Effects of grazing pressure, age of enclosures and seasonality on bush cover dynamics and vegetation composition in southern Ethiopia. Journal of Arid Environments, 74: 111-120.

Ansley, R. J. and M. J. Castellano. 2006. Strategies for savanna restoration in the southern great plains: effects of fire and herbicides. Restoration Ecology, 14: 420-428.

Bestelmeyer, B. T., M. C. Duniway, D. K. James, L. M. Burkett and K. M. Havstad. 2013. A test of critical thresholds and their indicators in a desertification-prone ecosystem: more resilience than we thought. Ecology Letters,

16：339-345.
Briske, D. D., S. D. Fuhlendorf and F. E. Smeins. 2003. Vegetation dynamics on rangelands：a critique of the current paradigms. Journal of Applied Ecology, 40：601-614.
Burke, E. J., S. J. Brown and N. Christidis. 2006. Modeling the recent evolution of global drought and projections for the twenty-first century with the hadley centre climate model. Journal of Hydrometeorology, 7：1113-1125.
Cao, S. X., L. Chen, D. Shankman, C. M. Wang, X. B. Wang and H. Zhang. 2011. Excessive reliance on afforestation in China's arid and semi-arid regions：lessons in ecological restoration. Earth-Science Reviews, 104：240-245.
Castellano, M. J. and T. J. Valone. 2007. Livestock, soil compaction and water infiltration rate：evaluating a potential desertification recovery mechanism. Journal of Arid Environments, 71：97-108.
Cione, N. K., P. E. Padgett and E. B. Allen. 2002. Restoration of a native shrubland impacted by exotic grasses, frequent fire, and nitrogen deposition in southern California. Restoration Ecology, 10：376-384.
Cramer, V. A., R. J. Hobbs and R. J. Standish. 2008. What's new about old fileds? Land abandonment and ecosystem assembly. Trends in Ecology & Evolution, 23：104-112.
Eldridge, D. J., S. Soliveres, M. A. Bowker and J. Val. 2013. Grazing dampens the positive effects of shrub encroachment on ecosystem functions in a semi-arid woodland. Journal of Applied Ecology, 50：1028-1038.
Fernandez-Gimenez, M. E. and B. Allen-Diaz. 1999. Testing a non-equilibrium model of rangeland vegetation dynamics in Mongolia. Journal of Applied Ecology, 36：871-885.
Fernandez-Gimenez, M. and B. Allen-Diaz. 2001. Vegetation change along gradients from water sources in three grazed Mongolian ecosystems. Plant Ecology, 157：101-118.
Isbell, F., D. Tilman, S. Polasky, S. Binder and P. Hawthorne. 2013. Low biodiversity state persists two decades after cessation of nutrient enrichment. Ecology Letters, 16：454-460.
James, J. J., R. L. Sheley, T. Erickson, K. S. Rollins, M. H. Taylor and K. W. Dixon. 2013. A systems approach to restoring degraded drylands. Journal of Applied Ecology, 50：730-739.
小堀巌. 1996. 乾燥地域の水利体系. 大明堂, 東京.
小泉博・大黒俊哉・鞠子茂. 2000. 草原・砂漠の生態. 共立出版, 東京.
Loeser, M. R. R., T. D. Sisk and T. E. Crews. 2007. Impact of grazing intensity during drought in an Arizona grassland. Conservation Biology, 21：87-97.
Merritt, D. J. and K. W. Dixon. 2011. Restoration seed banks：a matter of scale. Science, 332：424-425.
Miehe, S., J. Kluge, H. von Wehrden and V. Retzer. 2010. Long-term degradation of Sahelian rangeland detected by 27 years of field study in Senegal. Jour-

nal of Applied Ecology, 47 : 692-700.
Millenium Ecosystem Assessment. 2005. Ecosystems and Human Well-being : Desertification Synthesis. World Resources Institute, Washington.
Reynolds, J. F., D. M. Stafford Smith, E. F. Lambin, B. L. Turner, M. Mortimore, S. P. J. Batterbury, T. E. Downing, H. Dowlatabadi, R. J. Fernandez, J. E. Herrick, E. Huber-Sannwald, H. Jiang, R. Leemans, T. Lynam, F. T. Maestre, M. Ayarza and B. Walker. 2007. Global desertification : building a science for dryland development. Science, 316 : 847-851.
Safriel, U., Z. Adeel, D. Niemeijer, J. Puigdefabregas, R. White et al. 2005. Dryland Systems. In (Hssan, R., R. Scholes and N. Ash, eds.) Ecosystems and Human Well-Being : CurrentState and Trends. Millenium Ecosystem Assessment. pp. 623-662. Island Press, Washington.
Sasaki, T., T. Okayasu, U. Jamsran and K. Takeuchi. 2008. Threshold changes in vegetation along a grazing gradient in Mongolian rangelands. Journal of Ecology, 96 : 145-154.
Sasaki, T., T. Okayasu, T. Ohkuro, Y. Shirato, U. Jamsran and K. Takeuchi. 2009. Rainfall variability may modify the effects of long-term exclosure on vegetation in Mandalgobi, Mongolia. Journal of Arid Environments, 73 : 949-954.
佐藤俊夫. 2002. 乾燥地農業論――ウィドソー「乾燥農法論」の現代的意義. 九州大学出版会, 福岡.
Scheffer, M., S. Carpenter, J. A. Foley, C. Folke and B. Walker. 2001. Catastrophic shifts in ecosystems. Nature, 413 : 591-596.
Scheffer, M. and S. R. Carpenter. 2003. Catastrophic regime shifts in ecosystems : linking theory to observation. Trends in Ecology & Evolution, 18 : 648-656.
Scott, A. J. and J. W. Morgan. 2012. Recovery of soil and vegetation in semi-arid Australian old fields. Journal of Arid Environments, 76 : 61-71.
Smith, D. M., G. M. McKeon, I. W. Watson, B. K. Henry, G. S. Stone, W. B. Hall and S. M. Howden. 2007. Learning from episodes of degradation and recovery in variable Australian rangelands. Proceedings of the National Academy of Sciences of the United States of America, 104 : 20690-20695.
Smith, D. M., N. Abel, B. Walker and F. S. Chapin, iii. 2009. Drylands : coping with uncertainty, threshold, and changes in state. In (Chapin, iii, F. S., G. P. Kofinas and C. Folke, eds.) Principles of Ecosystem Stewardship. pp. 171-195. Springer, New York.
Standish, R. J., V. A. Cramer, R. J. Hobbs and H. T. Kobryn. 2006. Legacy of land-use evident in soils of Western Australia's wheatbelt. Plant and Soil, 280 : 189-207.
Suding, K. N., K. L. Gross and G. R. Houseman. 2004. Alternative states and positive feedbacks in restoration ecology. Trends in Ecology & Evolution, 19 : 46-53.

Suding, K. N. and R. J. Hobbs. 2009. Threshold models in restoration and conservation : a developing framework. Trends in Ecology & Evolution, 24 : 271-279.

恒川篤史．2007．21 世紀の乾燥地科学——人と自然の持続性．古今書院，東京．

United Nations Convention to Combat Desertification in Those Countries Experiencing Serious Drought and/or Desertification, Particularly in Africa (UNCCD). 1994.

Valone, T. J., M. Meyer, J. H. Brown and R. M. Chew. 2002. Timescale of perennial grass recovery in desertified arid grasslands following livestock removal. Conservation Biology, 16 : 995-1002.

Valone, T. J. and P. Sauter. 2005. Effects of long-term cattle exclosure on vegetation and rodents at a desertified arid grassland site. Journal of Arid Environments, 61 : 161-170.

Walker, B., L. Pearson, M. Harris, K.-G. Maler, C.-Z. Li, R. Biggs and T. Baynes. 2010. Incorporating resilience in the assessment of inclusive wealth : an example from south east Australia. Environmental & Resource Economics, 45 : 183-202.

Weber, K. and S. Horst. 2011. Desertification and livestock grazing : the roles of sedentarization, mobility and rest. Pastoralism : Research, Policy and Practice, 1 : 19.

Zhang, J. Y., W. Wang, X. Zhao, G. Xie and T. Zhang. 2005. Grassland recovery by protection from grazing in a semi-arid sandy region of northern China. New Zealand Journal of Agricultural Research, 48 : 227-284.

第13章
予測と時間
生物多様性保全におけるモニタリング
深澤圭太

　生物多様性保全策の効果を評価することや，望ましくない異変を早期に発見して適切な対策を考えるうえで，モニタリング結果にもとづいて生物の量の変動に寄与する要因を推測し，将来予測をすることはとても重要である．そのためには，個体群や群集の動態を数式として要約した「モデル」を時系列で得られたデータから推定する必要がある．しかし，生物の量の変動には不確実性があり，さらにそれを観測してモニタリングデータにする過程においても，偶然性に起因する不確実性が生じる．近年の生態学においては，そのような2種類の異なる不確実性が介在している状況下でデータとモデルを対応させるための統計手法として，一般化状態空間モデルが注目されている．このモデルは観測されたデータとその背後にある真の生物の量の関係を記述した「観測モデル」と，生物の量の確率的な時間変化に関する「プロセスモデル」というパーツからなる．それぞれのパーツの選び方次第で，捕食圧の推定，外来生物防除効果の評価と根絶予測，メタ個体群動態の推定などさまざまな応用が可能である．この章では，状態空間モデルの構造や実際の応用例について解説する．

13.1　モニタリングと予測

　毎年同じ場所で生物を観察していると，そこで出会える数はたいてい年ごとに異なるはずである．たとえば，里山の管理放棄などの環境変化により，もともと見られていた生きものが年を追うごとに少なくなり，悲しい思いをした経験を持つ読者は多いだろう．その反対に，実際に保全活動に携わるなかで，生息地の管理による保全対象種の回復を実感した経験を持っている方もいるかもしれない．そのような生物の量の時間変化をモニタリングすることは，生物多様性の異変に気づき適切な対策を考えることや，実際に行った管理の効果を評価することにつながる．さらに，モニタリングデータから生物の量の変動を決

めるメカニズムを知ることができれば，将来予測も可能になるだろう．

近年の保全生態学では，そのようなデータにもとづく推測，予測のための方法論を提供することが重要なテーマである．不確実性をともなう生態系管理においては，継続的なモニタリングによって計画を評価・修正しながら管理するアプローチ，すなわち順応的管理 (Shindler et al. 1997) が推奨されているが，データにもとづく予測はその実現に大きく寄与する．順応的管理の実装においては，モニタリングデータからいかにして管理の達成状況を評価し，その結果をつぎの計画に反映するかが課題となることが多い．統計的手法にもとづく現状把握やシミュレーションによる将来予測は，それまでの取り組みを評価するうえで有用である．また，シミュレーション上でその後の管理について「仮想実験」を行うことで，管理戦略の見直しにも寄与することができる．さらに，データからなにを明らかにするかが明確になり，それによってモニタリングの方法論も精緻化されていくことが期待できる．

生物の量を予測する際には，自然界の複雑なメカニズムをシンプルな一群の数式，すなわちモデルとして要約する必要がある．生物の量の時間変化をモデルにより表現すること自体は，マルサスの人口論 (Malthus 1798) 以来の長い歴史がある．しかしながら，モニタリングデータからモデルを特定するための研究がさかんになったのは 2000 年代に入ってからである．その背景として，一般化状態空間モデルという時系列データ解析のフレームワークが生態学において普及したことで，さまざまな不確実性をともなう野生生物の動態を記述し，定量化することができるようになったことがあげられる．本章では，一般化状態空間モデルの基本的な考え方を用いて，モニタリングデータと生物の量の時間変化をつなぐという保全生態学の挑戦を紹介する．

13.2　一般化状態空間モデル

一般に，生物の動態を記述・予測するモデル（プロセスモデル）は，ある時点 t $(=0, 1, 2, \cdots)$ での生物の状態変数 x_t（たとえば，1 種または複数種の個体数，個体密度，分布パターン）から直後 $t+1$ の状態 x_{t+1} を求める式であり，関数 $x_{t+1} = f(x_t)$ として表される．さらに時点 $t+1$ の状態変数をその関数に代入してやれば，$t+2$ の値が計算できるというように，1 ステップごとの計算を逐次繰り返すことで将来予測ができる．

このようなプロセスモデルで表現される現象には，個体群の成長や種間競争，

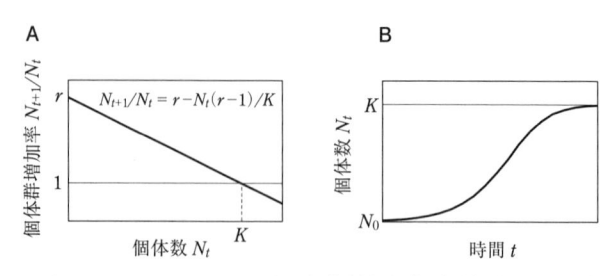

図 13.1 ロジスティックモデルにおける個体数と個体群増加率の関係（A），および個体数のシミュレーション結果（B）．

資源制約による成長の抑制などさまざまなものがある．例として，密度効果を含む個体群動態について考えてみる．ごく単純に，図 13.1A のように個体密度 N_t に対して個体群増加率 ($=N_{t+1}/N_t$) が直線的に減少すると考えると，下記の式で表すことができる．

$$N_{t+1}/N_t = r - N_t(r-1)/K$$
$$\Leftrightarrow N_{t+1} = N_t(r - N_t(r-1)/K)$$

これはロジスティックモデルという生態学でもっともよく扱われる個体群動態モデルになり，この式も，$N_{t+1} = f(N_t)$ という形を満たしている．このモデルの振る舞いは r と K という 2 つの変数によって決まるが，これらの変数（パラメータと呼ばれる）を推定することが個体数の予測には必要となる．r は内的自然増加率と呼ばれ，個体密度が十分小さく密度効果が無視できるときの個体群増加率に相当する．また，K は密度効果により個体群が増えも減りもしなくなるとき ($N_{t+1}/N_t=1$) の個体密度に相当し，環境収容力と呼ばれる．この式にしたがって，適当な初期状態 N_1 から個体数を計算していくと，図 13.1B のように時間に対して S 字型を描きながら K で安定する密度変化が計算される．

しかし，実際にこのようなプロセスモデルを定量的な予測に使うにあたっては，それが既存のモニタリングデータをよく再現できることが前提となる．これまで起こったことをいいあてられないモデルに将来をいいあてられると信じることは当然できないだろう．そのためには，モデルのパラメータを適切にチューニングする必要がある．

だが，パラメータをチューニングし，予測をデータに対応させることはじつは簡単ではない．その根本的な理由は，そもそもプロセスモデル自体が複雑な現実を単純化した「模型」にすぎないからである．たとえば，先に紹介したロ

ジスティックモデルは個体群増加率と密度の関係が直線になるとしているが，それはあくまで仮定の話である．実際は直線ではなく曲線かもしれないし，気象条件などの環境要因の影響を受けて密度とは関係なく増加率が上下するかもしれない．また，捕食者や競争相手の影響も受けているかもしれない．現実世界は間接的な効果まで含めれば「すべてのものはすべてのものと関係している」(Tobler 1970) ともいえる複雑系である．それらすべてをプロセスモデル化してパラメータを決めようとしたら，いくらデータがあっても足りないということになり，あまり現実的ではない．

ではどうするか．1つの方法は，不確実性を含むシンプルなプロセスモデルを用いることである．これはすなわち，実際のプロセスは，シンプルな因果関係で平均的な振る舞いを予測することはできるが，それだけでは説明できない確率的ゆらぎにも左右されると考えることに相当する．確率的ゆらぎは，考慮できない要因による「不確実性の合計」であり，過程誤差（プロセスエラー）とも呼ばれる．これを模式図で表すと図 13.2 のようなパス図で表すことができる．ある時点の状態変数 x_{t+1} は，直前の状態変数 x_t とパラメータ，そしてプロセスエラーの値によって決まる．なお，この模式図は，後に一般化状態空間モデルの「パーツ」としてまた登場することになる．

確率的ゆらぎを含むモデルの例として，ロジスティックモデルに平均 0，分散 σ^2 の正規分布にしたがうプロセスエラー e_t を導入した確率論的ロジスティックモデルを考えることができる．

$$N_{t+1} = N_t \left(r - N_t (r-1)/K \right) \exp(e_t)$$

$\exp(e_t)$ は対数正規分布にしたがってばらつく変数になる．これは 0 より大きい値しかとらず，最頻値が 1 になるので個体群動態のゆらぎを表現するのに適している．実際のシミュレーション結果を図 13.3A に示した．プロセスエラーの値はシミュレーションの 1 ステップごとに異なるランダムな値をとるので，結果は毎回異なる．しかし，シミュレーションを何回も繰り返せば，大半のシミュレーションで個体数は一定の範囲に収まる．予測結果は個体数が収まる幅，すなわち区間推定値として表される（図 13.3B）．

このように，プロセスに未知の成分があることを認めて予測に幅を持たせることは，誤差を含まないモデルで「自信をもってまちがった予測を行う」よりはましである．先に，プロセスモデルは一般に $x_{t+1} = f(x_t)$ という関係で表すことができるとしたが，プロセスエラーを含む場合には，x_{t+1} は確率分布にしたがい，$f(x_t)$ がその平均的な振る舞いを決めることになる．このような，直

218 第 13 章 予測と時間

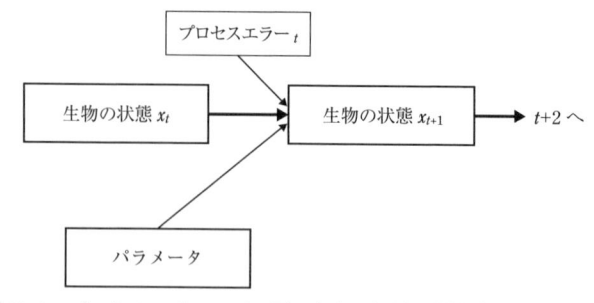

図 13.2 プロセスモデルのパス図．矢印は因果関係を意味する．

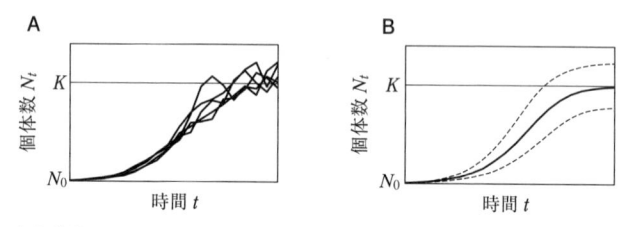

図 13.3 確率論的ロジスティックモデルのシミュレーション結果．シミュレーション 5 回分の結果（A），およびシミュレーションを多数回繰り返したときの平均（太実線）と 95% 区間（破線）（B）．

前の状態からつぎの状態が確率的に決まるプロセスは総称して「マルコフ過程」と呼ばれる．

もし，状態変数を正しく測定できれば，x_{t+1} を応答変数，x_t を説明変数とした回帰分析（直前の「自分自身」が説明変数になるので自己回帰分析と呼ばれる）によって，上記のモデルのパラメータとプロセスエラーの大きさを推定できる．しかし，野外におけるモニタリングデータは必ずしも真の生物の状態と一致しない．まず，技術的な制約から興味のある状態変数を直接観察できない場合，得られるデータはそれと関連する「指標」であることも多い．また，かりに興味のある状態変数を直接観察できたとしても，ほとんどの場合でそれは観測誤差を含んでいて，真の値からずれてしまう．例として，ある地域において一定の生息密度を持つ鳥を対象にルートセンサスを行い，観察された個体数を記録するという状況を考えてみよう．ここでは，鳥の個体密度が興味のある生物の状態とする．普通に考えれば，個体密度が 2 倍違えば，平均的に観察される個体数（平均観察数）も 2 倍になるだろう．すなわち，個体密度と平均観察数は比例関係になる．また，平均観察数は調査ルートの距離にも比例するだ

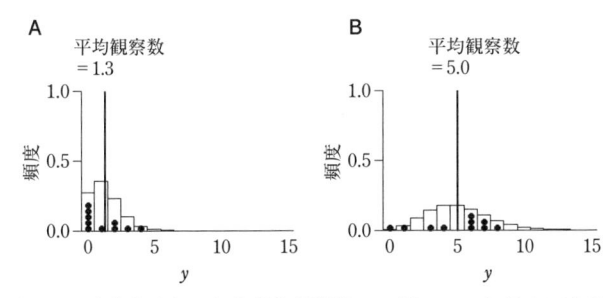

図 13.4 ポアソン分布とそれにしたがう観測値の一例．ヒストグラムはポアソン分布から計算される確率，黒丸はそれにしたがう観測値を示している．Aは平均観察数1.3の場合，Bは平均観察数5.0の場合．

ろう．鳥の個体密度を状態変数 x_t，平均観察数を λ_t，調査ルート距離を E_t とすれば，それらの関係は

$$\lambda_t = \alpha x_t E_t \qquad ①$$

となる．ここで，α は鳥と観察者の遭遇頻度で決まる比例係数に相当するパラメータである．そして，1回ごとの調査における観察数 y_t は平均観察数 λ_t のまわりでばらつくが，観察数は 0, 1, 2……というような 0 以上の整数値しかとらない．生態学においては，このような観察数のばらつき方はポアソン分布 (Poisson distribution) という確率分布により記述されることが多い．ポアソン分布は，図13.4のヒストグラムのような形の分布になり（図13.4A, Bはそれぞれ例として平均=1.3, 5.0のポアソン分布），観察数はこの頻度分布にしたがう．これを，$y_t \sim \text{Poisson}(\lambda_t)$ と表記する．式①を代入すれば，

$$y_t \sim \text{Poisson}(\alpha x_t E_t)$$

となる．観測値 y_t は，そのときの状態変数 x_t とパラメータにより平均が決まり，観測誤差の確率分布にしたがってばらついたものになる．それを図13.2のようなパス図で表したものが図13.5である．このように観測誤差がある状況で観測値そのものに対して自己回帰分析を行っても，当然ながら誤った結論を導いてしまうことになる．これがモデルとデータを対応させるうえでのもう1つの困難である．

上記のように，データとモデルの間にはプロセスエラーと観測誤差という2種類の不確実性が存在し，それが従来の統計手法の適用を阻む要因となっている．一般化状態空間モデルは，そのような状況において，時系列で得られたモニタリングデータから状態変数の推定とパラメータのチューニングを同時に行

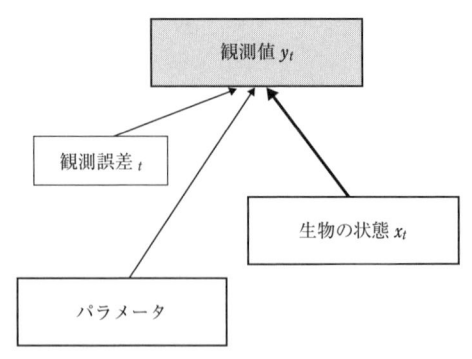

図 13.5 観測モデルのパス図．網掛けの箱は観測による既知の値，白抜きの箱は未知数を表し，矢印は因果関係を意味する．

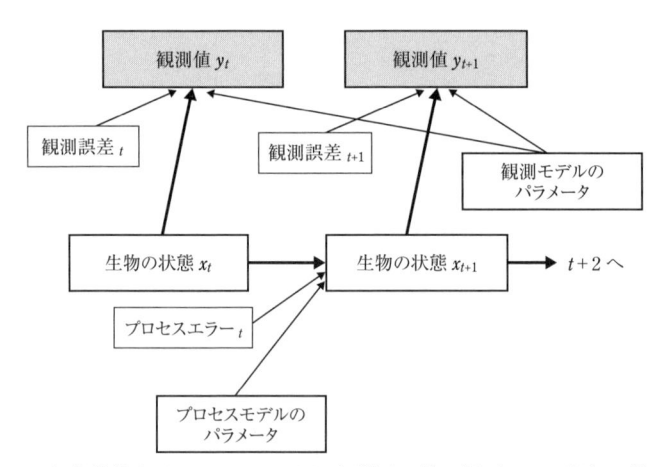

図 13.6 一般化状態空間モデルのパス図．網掛けの箱は観測による既知の値，白抜きの箱は未知数を表し，矢印は因果関係を意味する．

うことができる統計モデルであり，その構造は図 13.6 のパス図として表現される．このパス図は，図 13.2 の「状態変数が直前の状態にしたがって確率的に決定されるモデル」と図 13.5「データの値が各時点における状態変数にしたがって確率的に決定されるモデル」の組み合わせからなる．モデルを構成する 2 つの要素のうち，前者はプロセスモデルと呼ばれるのに対し，後者は観測モデルと呼ばれる．一般化状態空間モデルの推定にあたっては，手元にある観測値から状態変数とパラメータを特定することになる．しかし，これでは観測値に対して未知数の数が多く，ほんとうにこれで推定できるのか不安になるか

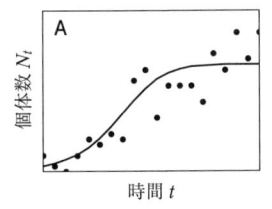

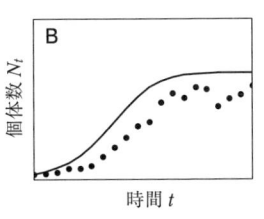

図 **13.7** 観測誤差とプロセスエラーそれぞれが生じるばらつきと平均値とのずれ．実線は誤差なしのロジスティックモデルのシミュレーション結果，黒丸は誤差を含んだシミュレーションの一例．A：観測誤差は後に持ち越さない誤差であるため，誤差なしのモデルの周囲で偏りなくばらつく．B：プロセスエラーは後に持ち越す誤差であるため，それを含むモデルによるシミュレーションは誤差なしのモデルから偏りを持つ．

もしれない．このようなモデルをどのように推定するかについての厳密な理解はベイズの定理など確率論の素養を必要とするためここでは割愛するが，大雑把なイメージとしては，観測誤差とプロセスエラーが同時に小さくなるように状態変数とパラメータの組み合わせを探索することに相当する．それがどのようなことか直感的に把握するには，前提として観測誤差とプロセスエラーによって生じるばらつきのパターンが異なることを理解しておく必要がある．図 13.7A はロジスティックモデルに観測誤差のみを与えたもの，図 13.7B はプロセスエラーのみを与えたものを図示している．A では誤差なしのモデルの周囲に値が均等にばらついているが，B では一方向へのずれが生じている．この違いは，観測誤差が状態変数には影響を与えない誤差であるのに対し，プロセスエラーは状態変数そのものに作用して，その後の状態変数および観測値全体に影響を残すことに起因している．誤差のかかり方が違うなら，時系列データのパターンからそれぞれの寄与の大きさを分離することが可能そうに見える．パラメータの値を変えていったときに，そうして分離された双方の誤差がもっとも小さくなるときが，パラメータの最適解ということになる．なお，一般化状態空間モデルの理論や推定については，樋口（2007）などにくわしい解説がある．

一般化状態空間モデルは生態学の文献では，Borchers *et al.*（2002）や Buckland *et al.*（2004）などで紹介されて以来，生態学のデータ解析によく使われるようになったが，保全や資源管理への応用や生態学特有のデータ構造に対応した新たなモデルの開発も進んでいる．一般化状態空間モデルが生態学で広く用いられるようになった背景として，このモデルが多くの種類の観測データ（例：出現回数データ，出現個体数データ），生物の状態を表す変数（例：

種の在不在，生息個体数，相対密度），そして背後にあるメカニズム（例：個体群の成長，メタ個体群の消長，種間競争，捕食-被食関係など）の関係を観測誤差と測定誤差を明示して記述し，推定することができる一般性の高い枠組みであるところが大きい．これより先，一般化状態空間モデルを実際の時系列モニタリングデータにあてはめて，生物の保全にかかわる生態プロセスや生物の状態を推測した事例を紹介する．

13.3 個体群増加率に影響を与える要因を明らかにする

　一般化状態空間モデルを使う目的の1つに，個体群増加率に影響を与えている要因や，その効果の強さを明らかにすることがあげられる．ロジスティックモデルは個体密度そのものがそのときの個体群増加率に影響するモデルであるが，それ以外にも捕食者の量，餌資源の量，土地利用タイプなどを組み込むことができる．その効果の強さを推定することで，それぞれの要因が実際に効いているかを評価することができる．こうした評価は，保全対象種の回復を抑制している要因を明らかにし，必要な対策を示すために重要なことである．この節では，奄美大島においてフイリマングース（以下マングース）防除にともなう在来ネズミ類，外来ネズミ類の動態を規定する要因を明らかにしたFukasawa et al.（2013b）の事例を紹介する．

　奄美大島におけるマングース防除事業（第9章参照）においては，罠によるマングースの除去が実施されており，罠の設置位置情報および日付，マングース捕獲数，および在来種の混獲数が記録されてきた．混獲される在来種には，マングースの捕食圧により一時は絶滅が危ぶまれていた在来ネズミ類のアマミトゲネズミ（奄美大島固有種），ケナガネズミ（奄美大島・徳之島・沖縄本島固有種）や，外来種クマネズミが含まれていた．マングースの胃内容分析結果から，クマネズミもマングースの餌資源となっていることが知られている（阿部 1992）．これまで数理モデル（Courchamp et al. 1999）や海外の島における実例（Rayner et al. 2007）から，外来捕食者の駆除によるクマネズミの増加とそれにともなう在来種への二次的被害，すなわち中位捕食者の解放の効果（mesopredator release effect）の存在に警鐘が鳴らされてきた（西川・宮下 2011；亘 2011）．マングースの防除においても，捕食圧から解放されたクマネズミの爆発的な増加が危惧されていた．また，奄美大島においては二次林，農地，市街地など人為的な影響下で成立した景観が広がっており，自然林は島面

積の3%しか残されていない．このような土地改変もマングースの捕食圧とあいまって在来・外来ネズミ類の動態に影響を与える可能性が考えられた．もしマングースがクマネズミの増加を抑えているとすればマングースだけでなくその対処も必要になるだろうし，土地改変が在来ネズミ類に負のインパクトを与えているとすれば自然林の持続可能性の担保や，改変された土地における長い時間スケールでの自然林の回復も視野に入れる必要が出てくるだろう．

Fukasawa *et al*. (2013b) は，マングース捕食圧と土地改変がネズミ類の個体群動態に与えた影響を評価するため，一般化状態空間モデルを上記のマングース防除において得られたデータに適用した．この研究では，景観構造やマングースの量に応じて場所ごとに異なる個体群動態を比較するため，島を約 2 km のグリッドセルに分割し，年度ごとセルごとに3種のネズミの混獲数と捕獲努力量（罠日）を 2002-09 年度まで集計した．状態変数はネズミの相対密度（初年度の平均を1とした個体密度の相対値）であり，これも年度ごとセルごとに異なる値をとるとしている．観測モデルとして混獲数の平均は相対密度と捕獲努力量のべき乗の積に比例し，観測される混獲数はポアソン分布にしたがってばらつくというモデルを採用している．そして，プロセスモデルとしてロジスティックモデルのような密度効果を考慮したモデルの一種であるゴンペルツモデル（Knape and de Valpine 2012）に，マングースの量や土地改変の程度などの説明変数とプロセスエラーを加えた，つぎのモデルを採用し，パラメータを推定した．

ln (相対密度 $[i, t]$)＝α×ln(相対密度 $[i, t-1]$)
$\quad\quad\quad\quad$＋β_0
$\quad\quad\quad\quad$＋β_1×堅果の豊凶指数 $[t]$
$\quad\quad\quad\quad$＋β_2×土地改変の程度 $[i]$
$\quad\quad\quad\quad$＋β_3×マングースの相対密度 $[i, t-1]$
$\quad\quad\quad\quad$＋β_4×土地改変の程度 $[i]$×マングースの相対密度 $[i, t-1]$
$\quad\quad\quad\quad$＋プロセスエラー $[i, t-1]$

（$[i, t]$ は t 年目，i 番目のセルを意味する）
α は密度効果の大きさを意味するパラメータである．また，β_1-β_4 は各要因の効果であり，正の値をとれば要因は個体群増加率を高める効果があり，負の値であれば逆に低下させることを意味する．

推定値から明らかになったのは，クマネズミは在来ネズミ類と比較すると，マングースの捕食圧が個体群増加率に与えた影響はごくわずかであったことで

ある．これは，クマネズミの内的自然増加率がマングースの捕食による減少を補って余りあるほどに高く，クマネズミの密度はマングース捕食圧よりは環境収容力で決まっていたと考えるのが妥当である．そして，土地改変の係数の違いから，在来ネズミ類は自然林でより環境収容力が大きい傾向が見られたが，クマネズミはその逆で，二次林，農地や市街地でより密度が高くなることがわかった．これらのことから，マングース防除はクマネズミではなく在来ネズミ類の回復に寄与したこと，そして自然林の保全も在来ネズミ類を増加させるうえで重要であることが明らかとなった．

この研究では，マングースの捕食圧や土地改変の影響を受けて低密度になった在来ネズミ類を対象としていたため，セル単位で見ると単年度の混獲数が0というデータが多かった．このようなデータの値の比をとって個体群増加率を求めようとすると，分母に0がきて増加率が $+\infty$ という非現実的な計算結果が出てしまい，自己回帰モデルのような時系列データどうしを直接関連づけるような手法が使いづらい．ポアソン分布を観測誤差とする一般化状態空間モデルを用いることで，検出数が0の場合でも背後にある相対密度は0とは限らないという現実的な仮定のもとでその動態を規定する要因を推測することが可能となった．このような一般化状態空間モデルのアドバンテージは，希少生物の個体群動態を解析するうえで非常に有効である．

なお，このような生物の観察頻度の時空間変化から，個体群動態のプロセスを一般化状態空間モデルにより推定した研究として Wikle (2003) がある．北米における大規模繁殖鳥類モニタリング (Breeding Bird Survey) で得られた 1966 年から 1999 年までのメキシコマシコ (house finch) の発見頻度を年ごとおよびグリッドセルごとに集計したデータから，拡散係数 (≒あるセルにいる個体のうち，1 年間で隣のセルに移動する割合) および内的自然増加率を推定している．

13.4 捕獲データから個体数や捕獲の効果を推定する

水産資源管理，野生鳥獣管理，外来生物管理，これらは管理の目的が違うが，人為による捕獲の影響下にある個体群を扱うという点では共通している．いずれにおいても，捕獲の効果を評価することや，個体数（またはバイオマス）を評価することが個体群管理の意思決定においてしばしば求められる．捕獲データから時系列で個体数を推測する手法は「余剰生産モデル (surplus-production model)」(Hilborn and Walters 1992) または「収量による推定（harvest-based estimation)」と呼ばれて水産資源管理分野においては古くから知られており，陸域における野生動物管理にも応用されている (Matsuda *et al.* 2002). しかし，古典的な手法では観測誤差かプロセスエラーのどちらかしか考慮できず，その場合には推定個体数がバイアスを受けることが知られていた (Polacheck *et al.* 1993). その両方を考慮した推定を行うには，余剰生産モデルを一般化状態空間モデルとして記述することが必要になる (Yamamura *et al.* 2008). ここでは，外来生物防除において一般化状態空間型余剰生産モデルを応用した Fukasawa *et al.* (2013a) を例に，モデルの構造や推定結果から明らかになったことを解説する.

　奄美大島のマングース防除事業では，最終的にはマングースの根絶を目標としている．防除開始以降，マングースは減少し在来被食者も回復を見せていたので，防除がマングースの個体群を縮小させていたことは確かであった．しかし，このままマングースの除去が順調に進んだ場合，どれくらいの期間でマングースが根絶できるのかは明らかでなかった．それを予測するには，残存個体数，マングースの増殖能力，捕獲効率などさまざまな未知数を明らかにする必要がある．しかし，すでに密度が低下したマングースの個体数を標識再捕獲法などにより推定することは現実的ではなく，時系列で得られる情報は捕獲数と捕獲努力量（罠日）であった．

　Fukasawa *et al.* (2013a) はマングース防除事業で得られた 2010 年度までの捕獲数と捕獲努力量の時間変化から，毎年の残存個体数や内的自然増加率，捕獲効率を同時に推定する一般化状態空間型余剰生産モデルを構築した．

　このモデルにおける観測モデルは，毎年の捕獲数に関するものである．外来生物の捕獲は，個体群から捕獲努力量に応じた捕獲率で個体を非復元抽出する作業と見なすことができる．すると，捕獲数は，繰り返し数＝個体数の 2 項分布にしたがう．その生起確率（捕獲率）はつぎのような捕獲努力量に対する曲線として近似した．
$$捕獲率 = 1 - \exp(-c \times 捕獲努力量^{\beta})$$
　c は捕獲効率，β は捕獲努力量増加に対する効率の低下の程度を意味するパラメータである．この曲線は，捕獲努力量が 0 のときは捕獲率も 0 で，捕獲努力量が増えると捕獲率も増加するが，確率なので 1 を超えることはないという，生物の捕獲に関する基本的な性質を満たしている．

　そして，プロセスモデルにおいては，13.3 節のネズミ類の例とは異なり，

個体数そのものの変化を記述することになる．捕獲の影響を受けている個体群の挙動を決めるのは個体群成長と除去である．捕獲圧により個体数が抑えられていれば密度効果は重要ではないため個体群成長は等比級数的であるとし，そのばらつきはポアソン分布にしたがうとした．

捕獲前個体数 $[t]$ ～ Poisson(自然増加率×個体数 $[t]$)

($[t]$ は t 年目を意味する添え字．以下同じ．)

ポアソン分布にしたがう過程誤差によりばらついた個体数から捕獲数を引いた残りが次年度に持ち越される．

個体数 $[t+1]$＝捕獲前個体数 $[t]$－捕獲数 $[t]$

捕獲数が観測モデルだけでなくプロセスモデルにも登場するのが余剰生産モデルの特徴である．

　しかし，このモデルを捕獲数のみから推定しようとしたところ，不確実性が非常に大きくなってしまい現実的な推定値が得られなかった．そこで，奄美大島におけるマングースの導入記録から1979年度の個体数を30頭として事前に与えて推定を行った．これは，最初の時点における状態変数の値がわかっている状況で，それ以降の個体数，内的自然増加率，捕獲効率を推定することに相当する．

　その結果，1979年の導入から2011年度までの個体数が図13.8Aのように推定された．導入以降マングース個体数はほぼ指数関数的に増加し，2000年度には6141頭（95% CI：5415-6817）に達したが，それをピークに個体数は減少に転じ，2011年度には169頭（95% CI：42-408）まで減少したと推定された．捕獲率は捕獲努力量の増加とともにこれまで増加傾向にあり，捕獲作業がマングースの個体群をどの程度抑制してきたかを定量的に推測することができた．また，内的自然増加率は0.49（95% CI：0.43-0.57）であると推定された．そして，これらの推定値を用いたシミュレーションにより，努力量に応じてマングースの根絶年数の分布を計算することが可能である．その結果，2010年度と同様の努力量で防除を続けた場合，根絶達成確率が90%を超えるのは2023年度であると予測された（図13.9）．

　このような手法を用いることで，外来生物防除の過程で得られた新たな捕獲データにより推定値のアップデートが可能になる．このような特性は，生態系管理において望ましいとされる「為すことで学ぶ（learning by doing）」（Park 2004）という意思決定のフィードバックループを実現することに寄与するだろう．

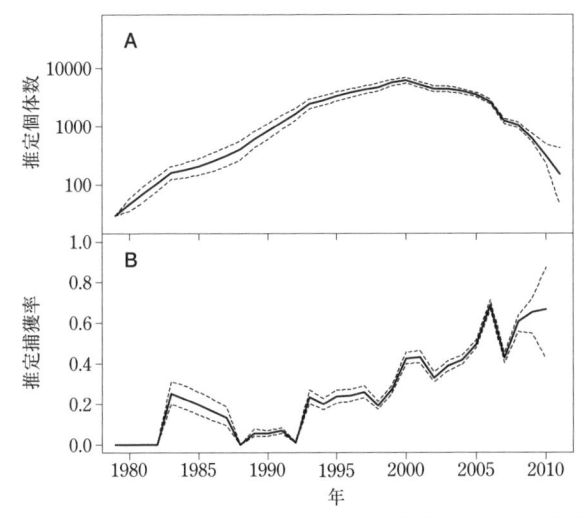

13.4 捕獲データから個体数や捕獲の効果を推定する　*227*

図 13.8　奄美大島におけるフイリマングースの推定個体数（A），推定捕獲率（B）（＝捕獲数／推定個体数）（Fukasawa *et al.* 2013a より改変）．

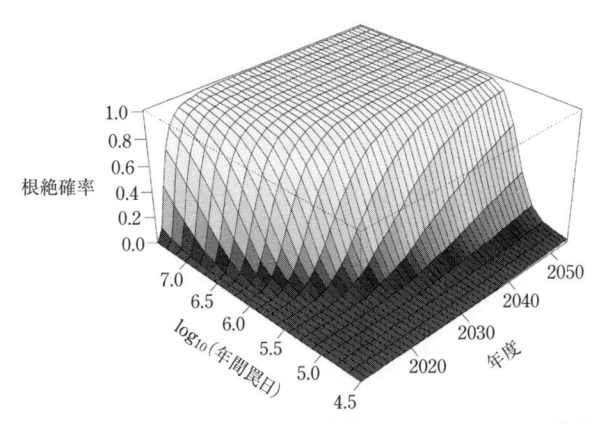

図 13.9　奄美大島におけるフイリマングース防除のシミュレーション結果．2011 年の個体数を初期値としたシミュレーションを年間罠日を変化させて 3000 回反復し，年度ごとの根絶確率を算出した（Fukasawa *et al.* 2013a より改変）．

13.5 在不在データからメタ個体群の移入率・絶滅率を推定する

　ここまでは生物の相対密度や個体数など，個体群の量的な状態変数とその変化に着目した研究を紹介してきた．パッチ状に散在する生息地でメタ個体群的に維持されているような生物集団の存亡を予測するには，個体数よりもパッチ単位での絶滅や，空きパッチへの加入によって決まるパッチごとの在不在に着目するのが有効である．そのために必要な生物の在不在調査は，一般には同じ方法で対象生物を探索し，発見・未発見を記録するものであるが，「未発見」と「不在」は必ずしも一致しない．発見率が1ではない場合，実際にはパッチに生物が存在しているにもかかわらず発見できないことが起こりうる．このようなデータからメタ個体群動態を推定する際にも，状態空間モデルの枠組みは有効である．この節ではパッチごとの生物の在不在という質的な状態の時間変化を一般化状態空間モデルの枠組みで扱った動的占有モデル（dynamic occupancy model）に関するRoyle and Kéry（2007）の研究を紹介する．

　動的占有モデルの構造は図13.10のようなプロセスモデルと観測モデルの組み合わせにより表される．各パッチにおける毎時間ごとの真の在（1）不在（0）を状態変数 z とする．このような過程誤差はベルヌイ分布という確率分布にしたがう．直前に不在だったパッチが在になるのは移入によると考え，それが起こる確率を移入率 γ とする．また，在パッチが不在になるのは局所個体群の絶滅によると考え，その確率を絶滅率 $1-\varphi$ とする（φ は生残率）．そして，状態変数が在であるときに，1回の調査では一定の確率 p でそれを発見できると考える．同定ミスなどにより不在のパッチでまちがって「発見」してしまうことはないと仮定している．

　Royle and Kéry（2007）は，ミズイロアメリカムシクイ（Cerulean Warbler）の446地点における40年間の在不在データに動的占有モデルをあてはめ，局所個体群の生残率と移入率を推定した．この例では，生残率と移入率はそれぞれ年の効果と場所の効果の和で決まるとしたモデルを用いることで，時間変化や場所ごとの不均一性を分離して評価していた．その結果，平均的な生残率は0.874と高く，移入率は0.321と低かった．このことは，ミズイロアメリカムシクイの分布域の変動が大きくなかったことを意味している．また，生残率は分布中心からの距離にしたがって低下していたが，移入率は明確な傾向が見られなかった．このようなパターンは，ミズイロアメリカムシクイの分布

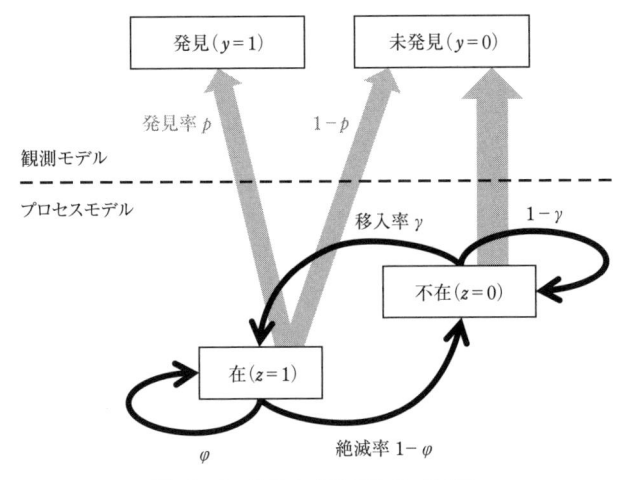

図 **13.10** 動的占有モデルのパス図.

境界が生残率の低下によって決まっていることを示唆している.

この研究のように，野外における生物の発見・未発見データからメタ個体群における局所個体群の移入・絶滅を推測する際，発見ミスを考慮することは非常に重要な意味を持つ．発見ミスを含む観察データにおいては，実際の在不在よりも高頻度で 1 と 0 の推移が発生するので，それをそのまま局所個体群における移入・絶滅の結果と見なしてしまうと，移入率と絶滅率をともに過大評価することになるからである.

なお，これまで動的占有モデルはさまざまな拡張がなされている．たとえば，Bled et al. (2010) は，移入率や生残率が，隣接する周囲のパッチにおける平均的な出現頻度の影響を受けるようにモデルを拡張し，その影響の強さを推定した．また，Fukaya and Royle (2013) は動的占有モデルを多種系に拡張し，推移行列として生息地パッチをめぐる種の入れ替わりを推定した.

13.6 保全への示唆

これまで，北米の大規模繁殖鳥類モニタリング (Breeding Bird Survey; https://www.pwrc.usgs.gov/bbs/) など，野生生物の広域スケールでの長期的なモニタリングはおもに海外で行われてきたが，近年では日本においても「モニタリングサイト 1000 (http://www.biodic.go.jp/moni1000/)」など長期モニ

タリングに向けた体制が整備されてきている．このような試みは，長い時間スケールで変化する野生生物の個体群を比較可能な形で定量化し，食い止めるべき生物多様性の劣化をいち早く検出し，その要因を把握して対策につなげるうえできわめて有効である．また，外来生物防除など保全活動の現場においても，保全対策の効果を評価するためのモニタリングを行うことが常識になりつつある．野外における生物の時系列モニタリングにおいては，本章で述べたように動態プロセスと観測の双方に不確実性があるため，それらのデータの解析においては一般化状態空間モデルが力を発揮することになるだろう．近年の一般化状態空間モデルの枠組みにおける統計モデリングの発展は，生態学における時系列データの解析の幅を飛躍的に広げつつある．効果的なモニタリングデザインを検討するうえで，広がりを見せる時系列データ解析手法は大いに参考になるだろう．そのためには，モニタリングの計画段階から，統計手法を熟知した生態学者が参加することが望ましい．

引用文献

阿部愼太郎．1992．マングースたちは奄美で何を食べているのか？　チリモス，3：1-18．
Bled, F., J. A. Royle and E. Cam. 2010. Hierarchical modeling of an invasive spread : the Eurasian Collared-Dove *Streptopelia decaocto* in the United States. Ecological Applications, 21：290-302.
Borchers, D. L., S. T. Buckland and W. Zucchini. 2002. Estimating Animal Abundance : Closed Populations. Springer-Verlag, London.
Buckland, S. T., K. B. Newman, L. Thomas and N. B. Koesters. 2004. State-space models for the dynamics of wild animal populations. Ecological Modelling, 171：157-175.
Courchamp, F., M. Langlais and G. Sugihara. 1999. Cats protecting birds : modelling the mesopredator release effect. Journal of Animal Ecology, 68：282-292.
Fukasawa, K., T. Hashimoto, M. Tatara and S. Abe. 2013a. Reconstruction and prediction of invasive mongoose population dynamics from history of introduction and management : a Bayesian state-space modelling approach. Journal of Applied Ecology, 50：469-478.
Fukasawa, K., T. Miyashita, T. Hashimoto, M. Tatara and S. Abe. 2013b. Differential population responses of native and alien rodents to an invasive predator, habitat alteration and plant masting. Proceedings of the Royal Society B：Biological Sciences, 280：2013-2075.
Fukaya, K. and J. A. Royle. 2013. Markov models for community dynamics al-

lowing for observation error. Ecology, 94：2670-2677.
樋口知之．2007．統計数理は隠された未来をあらわにする——ベイジアンモデリングによる実世界イノベーション．東京電機大学出版局，東京．
Hilborn, R. and C. J. Walters. 1992. Quantitative Fisheries Stock Assessment：Choice, Dynamics and Uncertainty. Springer, New York.
Knape, J. and P. de Valpine. 2012. Are patterns of density dependence in the Global Population Dynamics Database driven by uncertainty about population abundance? Ecology Letters, 15：17-23.
Malthus, T. R. 1798. An Essay on the Principle of Population. Electronic Scholarly Publishing Project.
Matsuda, H., H. Uno, K. Tamada, K. Kaji, T. Saitoh, H. Hirakawa, T. Kurumada and T. Fujimoto. 2002. Harvest-based estimation of population size for sika deer on Hokkaido Island, Japan. Wildlife Society Bulletin, 30：1160-1171.
西川潮・宮下直．2011．外来生物——生物多様性と人間社会への影響．裳華房，東京．
Park, K. 2004. Assessment and management of invasive alien predators. Ecology and Society, 9：12.
Polacheck, T., R. Hilborn and A. E. Punt. 1993. Fitting surplus production models：comparing methods and measuring uncertainty. Canadian Journal of Fisheries and Aquatic Sciences, 50：2597-2607.
Rayner, M. J., M. E. Hauber, M. J. Imber, R. K. Stamp and M. N. Clout. 2007. Spatial heterogeneity of mesopredator release within an oceanic island system. Proceedings of the National Academy of Sciences of the United States of America, 104：20862-20865.
Royle, J. A. and M. Kéry. 2007. A Bayesian state-space formulation of dynamic occupancy models. Ecology, 88：1813-1823.
Shindler, B., K. A. Creek and G. H. Stankey. 1997. Monitoring and evaluating citizen and agency interactions：framework developed for adaptive management. Report submitted to the USDA Forest Service, Cooperative Agreement PNW 94-0584. Department of Forest Resources, Oregon State University, Portland.
Tobler, W. R. 1970. A computer movie simulating urban growth in the Detroit region. Economic Geography, 46：234-240.
亘悠哉．2011．外来種を減らせても生態系が回復しないとき——意図せぬ結果に潜むプロセスと対処法を整理する．哺乳類科学，51：27-38.
Wikle, C. K. 2003. Hierarchical Bayesian models for predicting the spread of ecological processes. Ecology, 84：1382-1394.
Yamamura, K., H. Matsuda, H. Yokomizo, K. Kaji, H. Uno, K. Tamada, T. Kurumada, T. Saitoh and H. Hirakawa. 2008. Harvest-based Bayesian estimation of sika deer populations using state-space models. Population Ecology, 50：131-144.

おわりに

　野生動植物の保全はもちろん，さまざまな「環境問題」の現場での議論で，生態系サービス間のトレードオフの問題に直面する．農作物の生産性の向上と水質の改善，防災機能の向上と野生生物の存続性の向上……トレードオフがあるなかのどこに目標を設定すべきか．自然科学は，このような場面で最適な目標値を示すことはできない．目標設定は，あくまでも多様なステークホルダー間の合意形成に委ねられる．自然科学の重要な役割の1つは，ある目標を採用して管理を進めた場合（シナリオ）の帰結を予測し，どのようなサービスがどの程度向上しまた低下するかといった情報を合意形成の場に供することにある．

　生態系サービス間のトレードオフ構造を検討するうえでは，空間スケールと時間スケールを明確に設定する必要がある．社会がとりうるそれぞれのシナリオの帰結について，ローカルスケールからグローバルスケールまで，短期スケールから長期スケールまで，多様な視点から予測を示すことが望ましい．短期的あるいは局所的には社会が望むような帰結をもたらすことが予測される場合でも，長期的あるいは広域的には悪影響をもたらすようなケースもあるからだ．

　大スケール・長期スケールの予測では，多量のデータを集積するだけでなく，新しいモデル，観測技術，解析技術の駆使が必要である．本書ではそのような挑戦の一端を紹介した．地道なデータ積み上げというよりも，現場のニーズに応えるために「背伸び」しているケースもあり，オーソドックスな科学の視点から見れば荒削りに感じられる内容もあったかもしれない．しかし現場の課題に応えようとするこれらの挑戦は，基礎科学のレベル向上にも寄与するだろう．

　いや，そのような基礎‒応用という二分法はすでに過去のもので，本書の執筆者の多くは，そのような違いは意識せず，社会的使命感と知的好奇心の両方をエネルギーに，日々の挑戦を楽しんでいるようにも見える．本書がそのような活動や人材を紹介する一助となると同時に，この分野を志す人への刺激になれば幸いである．

　本書は，2009年からの5年間にわたって行われた文部科学省グローバルCOEプログラム「自然共生社会を拓くアジア保全生態学」（代表：九州大学・矢原徹一，副代表：東京大学・鷲谷いづみ）の成果である．このプロジェクト

に参加，協力，助言してくださった多くの皆様方に，この場を借りて感謝を申し上げたい．

2015 年 4 月

西廣 淳

索　引

ア　行

IUCN　22
IUCN のレッドデータリスト　25
アジア・太平洋地域渡り性水鳥保全戦略　36
足環　26
足環標識　25
アブラヤシ　61
アルゴスシステム　27
rbcL　115
安定齢分布　132
アンモニア化　44
EAAF パートナーシップ　36
一般化状態空間モデル　219
移動分散能力　175
移入の貸付　173
違法伐採　117, 121
衛星追跡　27
衛星追跡／衛星テレメトリー　26
栄養段階カスケード　157
越冬地　25
沿岸湿地　22
堰堤　75
オオカミ　131

カ　行

回復度　162
回遊履歴　6
海洋環境の変動　11
外来魚　64
外来種　64
科学的モニタリング　17
攪乱　59
隔離集団　136
過剰な漁獲　12
過剰捕食　154
河川横断構造物　75
河川の直線化　56
過程誤差（プロセスエラー）　217
河畔林　53
カルシウム　6
環境改善の不完全性　190
環境クズネッツ曲線仮説　111
環境収容力　162
環境省レッドデータブック　25
環境スチュワードシップ　100
環境保全型農業直接支援対策　100
観賞魚　65
乾燥度指数　199
観測誤差　218
観測モデル　220
黄ウナギ　4
鬼界カルデラ　136
希少魚　65
キーストーン種　129
key species　37
キバシヘラサギ　23
救済効果　174
行政事業レビュー　163
漁業管理　13
魚道　75, 77, 80
銀ウナギ　4
空間・環境勾配の変化　70
駆除活動　140
国指定鳥獣保護区　34
クリーン開発メカニズム　122
系外放出　187
系統的多様性　117
広域害虫管理　95

236　索　引

合意形成　16
降河回遊　3
降河回遊魚　4
更新ニッチ　190
護岸化　55
枯死　117
個体群管理　129, 144
個体群動態　133
古代湖　73
個体数指数　143
個体標識法　26
コモンズの悲劇　9
固有種　137
混獲致死ゼロの呪縛　157
ゴンペルツモデル　223

サ　行

最終氷期　136
在来魚　64
サンクチュアリ　15
散布体バンク　190, 191, 196
ジェネラリスト　90
シカ防除柵　144
止水性魚類　79
耳石　6
史前帰化　65
自然増加率　132, 141
持続可能　65
GPS　27
集水域　53
住民管理型林業　122
収量による推定　225
取水堰　55
種組成変化の不可逆性　189
種多様性　117
種同定　113
種プール　77
狩猟　130
純淡水魚　71
順応管理　162
硝化　44
消失種　193

縄文遺跡　136
食物連鎖　23
シラスウナギ　4
新規加入　117
森林減少・劣化からの温室効果ガス排出削減　122
森林推移　112
森林動態　117
森林認証制度　121
水系網　70
水質汚染　57
水生植物　184, 193
水生植物回復　188
推定個体数　140
水田　59
数値目標　162
スケール　65
ストロンチウム　6
ストロンチウムとカルシウムの比（Sr/Ca比）　6
スペシャリスト　90
成育場の保全と回復　14
成育場の劣化　12
生息地特異性　176
生息場所分断化　97
生態系管理　129
生態系サービス　63, 184
性比　132
生物間相互作用　157
生物多様性国家戦略　36
生物多様性ホットスポット　113
生物的閾値　207
生物的窒素固定　44
生命表　132
世代時間　175
セッキ深度　187
絶滅危惧種　137
絶滅の渦　174
絶滅の負債　171
瀬淵構造　53
遷移帯　37
総合的害虫管理（IPM）　88

索引　237

総合的生物多様性管理（IBM）　89
遡河回遊魚　4
底上げ効果　161

タ　行

大気沈着　44
タイムラグ　161, 188, 196
濁度　58
脱窒　45
タテ方向の連結性　73, 74
ダム　58
多面的機能支払交付金（旧農地・水保全管理交付金）　100
多様な種から構成される生態系　186
タンチョウ　30
窒素酸化物　40
窒素制限　45
窒素同化　44
窒素飽和　45
窒素無機化　44
中位捕食者の解放の効果　222
潮間帯　22
長期モニタリング　162, 187, 196
地理的分化　130
沈水植物　185
DNAバーコーディング　115
泥炭湿地　59
点源負荷　47
通し回遊魚　3, 72
動的占有モデル　228
土壌シードバンク　191
土地荒廃　201
トラップシャイ　158

ナ　行

内部循環　45
為すことで学ぶ　226
夏の渡り　30
ニホンウナギの個体群構造　8
ニホンウナギの産卵場　11
ニホンジカ　126
妊娠率　133

ネオニコチノイド系農薬　92
農作物被害　128

ハ　行

パーム油　61
斑点米カメムシ類　91
氾濫原　59, 70
東アジア・オーストラリア地域フライウェイ（EAAF）　36
東アジアの協働　18
干潟　22
干潟-沿岸湿地　22
ヒステリシス（履歴効果）　161, 188, 204
非生物的閾値　207
ピートスワンプ　59
非武装地帯　30
Beal博士の実験　194
フイリマングース　222
フェアトレード　122
富栄養化　185
不可逆性　204
付着藻類　54
浮遊植物　185
冬鳥　25
浮葉植物　185
フライウェイ　23
プランテーション　61
プロセスモデル　215, 220
分子系統解析　33
ヘイズ　60
ヘラサギ　23
ヘラサギ属　23
ベルクマンの法則　131
ベルヌイ分布　228
ポアソン分布　219
放流　14
捕獲数　141
ポテンシャルハビタット　161

マ　行

matK　115
マルコフ過程　218

澪筋　55
三日月湖　69
見せかけの競争　154
ミトコンドリア（mt）DNA　32
面減負荷　47

ヤ　行

ヤクシカ　135
誘導異常発生（リサージェンス）　88
遊牧　200
溶脱　45
ヨコ方向の連結性　74, 76
余剰生産モデル　224

ラ　行

落下昆虫　54

乱獲　63
流水性魚類　79
両側回遊魚　4
輪紋　6
レジームシフト　187, 195, 202
レプトセファルス　4
ロイヤルヘラサギ　23
ロジスティックモデル　216
ロードマップ　167

ワ　行

渡り　25
渡り鳥　23
ワンド　69

執筆者一覧（執筆順，所属は刊行時）

宮下　直（みやした・ただし）　東京大学大学院農学生命科学研究科
海部健三（かいふ・けんぞう）　中央大学法学部
西田　伸（にしだ・しん）　宮崎大学教育文化学部
智和正明（ちわ・まさあき）　九州大学北海道演習林
鹿野雄一（かの・ゆういち）　九州大学持続可能な社会のための決断科学センター
宮崎佑介（みやざき・ゆうすけ）　神奈川県立生命の星・地球博物館
吉岡明良（よしおか・あきら）　国立研究開発法人国立環境研究所
遠山弘法（とおやま・ひろのり）　九州大学大学院理学研究院
辻野　亮（つじの・りょう）　奈良教育大学自然環境教育センター
小野田雄介（おのだ・ゆうすけ）　京都大学大学院農学研究科
矢原徹一（やはら・てつかず）　九州大学大学院理学研究院
亘　悠哉（わたり・ゆうや）　国立研究開発法人森林総合研究所
小柳知代（こやなぎ・ともよ）　東京学芸大学環境教育研究センター
西廣　淳（にしひろ・じゅん）　東邦大学理学部
柿沼　薫（かきぬま・かおる）　東京工業大学大学院理工学研究科
深澤圭太（ふかさわ・けいた）　国立研究開発法人国立環境研究所

編者略歴

宮下　直（みやした・ただし）

1961 年　長野県に生まれる．
1985 年　東京大学大学院農学系研究科修士課程修了．
現　在　東京大学大学院農学生命科学研究科教授，博士（農学）．
専　門　生態学．
主　著　『保全生態学の技法』（共編，2010 年，東京大学出版会），
　　　　『生物多様性のしくみを解く』（2014 年，工作舎）ほか．

西廣　淳（にしひろ・じゅん）

1971 年　千葉県に生まれる．
1999 年　筑波大学大学院生物科学研究科博士課程修了．
現　在　東邦大学理学部准教授，博士（理学）．
専　門　植物生態学・保全生態学．
主　著　『保全生態学の技法』（共編，2010 年，東京大学出版会），
　　　　『湖沼近過去調査法』（分担執筆，2014 年，共立出版）
　　　　ほか．

保全生態学の挑戦　空間と時間のとらえ方

2015 年 6 月 5 日　初　版

［検印廃止］

編　者　宮下　直・西廣　淳

発行所　一般財団法人　東京大学出版会

代表者　古田元夫

153-0041　東京都目黒区駒場 4-5-29
電話　03-6407-1069　Fax　03-6407-1991
振替　00160-6-59964

印刷所　株式会社三秀舎
製本所　誠製本株式会社

© 2015 Tadashi Miyashita and Jun Nishihiro
ISBN 978-4-13-060228-0　Printed in Japan

JCOPY　〈(社)出版者著作権管理機構　委託出版物〉
本書の無断複写は著作権法上での例外を除き禁じられています．複写される
場合は，そのつど事前に，（社）出版者著作権管理機構（電話 03-3513-6969,
FAX 03-3513-6979, e-mail: info@jcopy.or.jp）の許諾を得てください．

鷲谷いづみ・宮下直・西廣淳・角谷拓編
保全生態学の技法
調査・研究・実践マニュアル――A5判／344頁／3000円

鷲谷いづみ・鬼頭秀一編
自然再生のための生物多様性モニタリング――A5判／248頁／2400円

鷲谷いづみ・武内和彦・西田睦
生態系へのまなざし――四六判／328頁／2800円

武内和彦・鷲谷いづみ・恒川篤史編
里山の環境学――A5判／264頁／2800円

宮下直・野田隆史
群集生態学――A5判／200頁／3200円

矢原徹一
花の性
その進化を探る――A5判／328頁／4800円

樋口広芳編
保全生物学――A5判／264頁／3200円

鬼頭秀一・福永真弓編
環境倫理学――A5判／304頁／3000円

武内和彦・渡辺綱男編
日本の自然環境政策
自然共生社会をつくる――A5判／260頁／2700円

ここに表示された価格は本体価格です．ご購入の際には消費税が加算されますのでご了承ください．